高等职业学校“十四五”规划新形态一体化特色教材
供临床医学类、护理类、药学类、中医药类、医学技术类等专业使用

无 机 化 学

主　编　罗孟君　左　丽
副主编　李海霞　何　萍　李江兵
编　者　（以姓氏拼音为序）
何　萍（广东岭南职业技术学院）
李海霞（海南医学院）
李江兵（贵州健康职业学院）
罗孟君（益阳医学高等专科学校）
王　琼（益阳医学高等专科学校）
杨　柳（海南医学院）
钟胜佳（益阳医学高等专科学校）
左　丽（铁岭卫生职业学院）

华中科技大学出版社
中国·武汉

内容提要

本书为高等职业学校"十四五"规划新形态一体化特色教材。

本书内容包括理论知识和实训指导两个部分。理论知识除绪论外，共分为十二章，包括原子结构和元素周期律、化学键与分子间作用力、溶液、胶体与表面现象、化学反应速率和化学平衡、电解质溶液和溶液的酸碱性、难溶电解质的沉淀-溶解平衡、氧化还原反应与电极电势、配位化合物、s 区主要元素及其重要化合物、p 区主要元素及其重要化合物、过渡元素及其重要化合物。实训指导分为无机化学实训基础知识和十二个实训，包括粗食盐的提纯、溶液的配制等内容。附录部分介绍了国际单位制的基本单位、常见配离子的稳定常数等内容。

本书可供高职高专院校药学、医学检验技术等专业学生使用。

图书在版编目(CIP)数据

无机化学/罗孟君，左丽主编. —武汉：华中科技大学出版社，2022.8
ISBN 978-7-5680-8506-9

Ⅰ. ①无… Ⅱ. ①罗… ②左… Ⅲ. ①无机化学-高等学校-教材 Ⅳ. ①O61

中国版本图书馆 CIP 数据核字(2022)第 132035 号

无机化学　　罗孟君　左　丽　主编
Wuji Huaxue

策划编辑：史燕丽
责任编辑：丁　平
封面设计：原色设计
责任校对：阮　敏
责任监印：周治超
出版发行：华中科技大学出版社(中国・武汉)　　电话：(027)81321913
武汉市东湖新技术开发区华工科技园　　邮编：430223
录　　排：华中科技大学惠友文印中心
印　　刷：武汉市洪林印务有限公司
开　　本：889mm×1194mm　1/16
印　　张：13.75　插页：1
字　　数：423 千字
版　　次：2022 年 8 月第 1 版第 1 次印刷
定　　价：49.90 元

高等职业学校“十四五”规划新形态
一体化特色教材编委会

网络增值服务

使用说明

欢迎使用华中科技大学出版社医学资源网 yixue.hustp.com

1 教师使用流程

（1）登录网址：http://yixue.hustp.com（注册时请选择教师用户）

注册 → 登录 → 完善个人信息 → 等待审核

（2）审核通过后，您可以在网站使用以下功能：

教师：下载教学资源、建立课程、管理学生、布置作业、查询学生学习记录等

2 学员使用流程

（建议学员在PC端完成注册、登录、完善个人信息的操作）

（1）PC端操作步骤

①登录网址：http://yixue.hustp.com（注册时请选择普通用户）

注册 → 登录 → 完善个人信息

②查看课程资源：（如有学习码，请在个人中心－学习码验证中先验证，再进行操作）

首页课程（选择课程） › 课程详情页 › 查看课程资源

（2）手机端扫码操作步骤

手机扫码 → 登录 → 查看数字资源

手机扫码 → 注册 → 登录

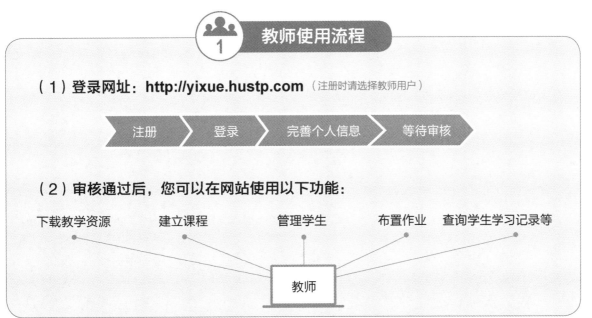

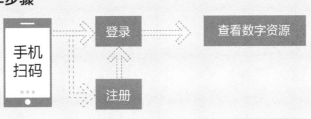

前言

本书根据华中科技大学出版社组织的高等职业学校“十四五”规划新形态一体化特色教材编写研讨会精神编写，突出高素质、技能型人才的培养，强调“三基”(基础理论、基本知识、基本技能)和“三目标”(知识目标、能力目标、素质目标)，坚持“必需、够用、实用”的原则。本书重点阐述无机化学基本概念和基本理论，利用网络在线学习平台，突出药学、医学检验技术等专业与岗位需求特点，优化教材内容。

为适应化学与医药学相互渗透的发展需求，本书适当增加了“知识拓展”，以利于激发学生学习无机化学的兴趣，提高学生的化学素养。为提高教学的综合效果，每章正文前列出与教学大纲相对应的“三目标”，正文后列出“能力检测”，检测题便于学生在学习过程中对照要求自我检测，及时查找不足，补齐“短板”，在理论知识之后，编排了无机化学实训指导。实训指导包括无机化学实训基础知识和实训内容，无机化学实训基础知识包括实验室安全和实训基本操作，实训内容(实训一至实训十二)与理论知识相联系，又相对独立。

本书适应现代教学网络化的特点，大部分章节有教学课件和微课、知识拓展、能力检测答案，学生都可通过扫码查看和学习。

本书采用以国际单位制(SI)为基础的《中华人民共和国法定计量单位》和国家标准量和单位(GB 3100～3102—93)中所规定的符号和单位。

本书推荐学时为 54～64 学时，编写人员包括益阳医学高等专科学校罗孟君(绪论、第三章“溶液”、第七章“难溶电解质的沉淀-溶解平衡”、实训二)、海南医学院李海霞(第九章“配位化合物”和实训八)、广东岭南职业技术学院何萍(第八章“氧化还原反应与电极电势”、无机化学实训基础知识、实训一、实训三、实训七和实训九)、铁岭卫生职业学院左丽(第五章“化学反应速率和化学平衡”、第六章“电解质溶液和溶液的酸碱性”、实训五和实训六)、海南医学院杨柳(第二章“化学键与分子间作用力”)、益阳医学高等专科学校王琼(第一章“原子结构和元素周期律”、第四章“胶体与表面现象”、实训四)、益阳医学高等专科学校钟胜佳(第十章“s 区主要元素及其重要化合物”、实训十、实训十一和实训十二)、贵州健康职业学院李江兵(第十一章“p 区主要元素及其重要化合物”、第十二章“过渡元素及其重要化合物”)。益阳医学高等专科学校钟胜佳协助主编对全书进行了整理。

由于编者水平有限，书中不足之处在所难免，恳请广大读者批评指正！

编　者

目录

绪　论

学习目标

知识目标

1. 掌握：无机化学的主要内容。
2. 熟悉：无机化学的研究对象和发展趋势。
3. 了解：无机化学与医药、人体健康的关系，学习无机化学的方法。

能力目标

能说出无机化学研究的主要内容。

素质目标

认识到学习无机化学的重要性。

学习引导

生活中，无机化学无处不在。有人不禁要问：什么是无机化学？我们为什么要学无机化学？怎样才能学好无机化学？

化学是在原子、离子或分子等层次上研究物质组成、结构、性质、变化规律和变化过程中能量变化关系的一门学科。化学变化的基本特征是物质发生质变、量变，同时伴随着能量变化。

一、无机化学的研究内容

无机化学是一门研究所有元素的单质及化合物（除碳氢化合物及其衍生物）的组成、结构、性质、变化和应用的学科。

无机化学的研究范围非常广泛，涉及化学反应的基本原理和所有元素及其化合物，其内容包括物质结构（原子结构、分子结构、晶体结构）、溶液、化学平衡（解离平衡、沉淀-溶解平衡、氧化还原平衡、配位平衡）、化学热力学基础、化学动力学、元素及其化合物。本书主要介绍物质结构、溶液、化学平衡、元素及其化合物。

无机化学是一门理论和实践相结合的学科。通过本课程的学习，同学们要掌握无机化学的基础理论、基本计算和基本技能，具备分析和解决无机化学问题的基本能力，为后续专业基础课程和专业课程的学习打下基础。

二、无机化学的重要性

（一）生命必需元素

必需元素是构成机体组织，维持机体生理功能、生化代谢所需的元素。这些元素为人体（或动物）生理所必需，在组织中含量较恒定，它们不能在体内合成，必须从食物和水中摄入。其中除碳、氢、氧、氮主要以有机化合物形式存在外，其余元素无论含量多少，统称为无机盐或矿物质。含量大于0.01%者称为常量元素或宏量元素，如钙、磷、钠、钾、氯、镁、硫7种元素。含量在0.01%以下的元素称为微量元素，包括铁、锌、铜、锰、铬、硒、钼、钴、氟等18种元素。微量元素虽然含量不高，但是每种微量元素在人体中都发挥着特殊的生理作用。如果微量元素缺乏，也会引起相应的疾病。如果机体缺铁，容易引起缺铁性贫血，如果缺锌，很容易引起口、眼、肛门、外阴等处红肿、长湿疹。微量元素有一定的防癌抗癌作用，比如铁和硒等对胃肠道的癌症有拮抗作用，镁对淋巴癌以及慢性白血病有治疗作用，锌可以对抗食管癌或者肺癌，碘对甲状腺癌以及乳腺癌有拮抗作用。

（二）无机化学在医药中的应用

(1) 医学的许多领域都涉及无机化学知识。疾病的诊断需进行血、尿、体液等生物样品的检验，临床检验常用无机化学方法进行，如 pH 的测定。临床常用药物中，用于补充电解质的生理盐水、KCl 注射液，纠正酸中毒的 $NaHCO_3$ 注射液，纠正碱中毒的 NH_4Cl 注射液都属于无机化合物。疾病的治疗常利用化学反应判断药物的药理作用、毒副作用。例如，治疗重金属中毒就是利用重金属与多齿配体形成配合物，降低游离的重金属离子浓度，如依地酸二钠钙($CaNa_2EDTA$)治疗重度和极重度铅中毒。许多无机金属材料性质稳定，是医疗器械的首选材料，如早期的心脏支架主要材料为不锈钢、镍钛合金或钴铬合金。

(2) 在卫生监督、疾病预防等方面常需进行饮水分析、食品检验、环境检测，包括人体必需元素的研究、食品安全、重金属污染检测等，它们都以无机化学为基础。

三、学习无机化学的方法

要想学好无机化学这门课程，应做到以下几点。

1. 课前预习

预习的过程会产生疑问，带着问题听课，要特别注意课前预习中自己不理解的部分，使自己做到有的放矢。

2. 课堂认真听讲

课堂是教学中的重要环节。听讲时要紧跟老师的思路，积极思考，听课时做好笔记，这有利于课后复习，提高自学能力。

3. 课后及时归纳总结

本门课程理论性较强，有些概念也比较抽象。对于较难学的知识，只靠听讲是不能完全掌握的，一定要通过不断的思考和归纳总结才能逐渐加深理解并掌握其实质。

4. 课后完成作业

课后完成一定量的习题有助于深入理解课堂内容。学完一个章节后，要“趁热打铁”，按时完成作业，及时消化。争取独立完成，并按时交作业。

5. 查阅参考书及互联网资源

在学习过程中，阅读一定量的课外参考书是必要的。大学的图书馆和阅览室为我们创造了很好的条件，应根据个人情况充分利用。另外，互联网日趋普及，在线精品课程和各级开放性课程，为大学生的学习提供了丰富的资源，闲暇时可以上网查阅和学习相关资料，这对养成独立思考习惯和提高自学能力非常有利。

6. 重视实验课

无机化学是建立在实验基础上的学科，除了学好理论知识外，还必须重视无机化学实验。实验不仅能验证理论，而且能提高动手能力、培养科学素养、形成团队合作意识。只有理论联系实际，才能学好无机化学。

（罗孟君）

第一章

原子结构和元素周期律

PPT

学习目标

知识目标

1. 掌握：电子云、原子轨道、四个量子数的概念，核外电子排布规律。
2. 熟悉：原子轨道近似能级图，元素周期表的组成和元素周期律。
3. 了解：有效核电荷数、屏蔽效应及其对能级交错的影响。

能力目标

1. 能够运用电子排布三原则，正确书写常见元素的核外电子排布式。
2. 能判断常见原子的价层电子构型。

素质目标

提高量变引起质变的辩证唯物主义意识。

学习引导

碘是生物必需的一种微量元素，缺乏碘会引起碘缺乏病，如甲状腺肿大。通常通过食用加碘食盐的方式补充碘，而碘有多种同位素。请思考：什么是同位素？同位素的性质相同吗？

第一节　原子结构

微课

丰富多彩的大千世界是由物质组成的，物质种类繁多，性质千差万别。不同物质的性质差异是由物质内部结构不同引起的，即物质的性质是结构的反映。分子结构和原子结构是物质内部结构的基础，物质发生化学反应时，其原子核外的电子将发生得失或偏移。因此，要了解物质的性质及其变化规律，首先要研究组成各种物质的分子、原子的内部结构。

从 19 世纪末，随着科学的进步和科学手段的加强，在电子、放射性和 X 射线等被发现后，人们对原子内部较复杂结构的认识越来越清楚。

一、原子结构

1911 年，卢瑟福(E. Rutherford)建立了有核原子模型，指出原子是由原子核和核外电子组成的，原子核是由中子和质子等微观粒子构成的，质子带正电荷，核外电子带负电荷。

1. 原子

原子由原子核和核外电子构成，原子核的半径约为 10^{-15} m，相当于原子半径的十万分之一，由带正电荷的质子和不带电荷的中子组成，原子核对带负电荷的核外电子有一定的束缚作用，使得电子围绕中央的原子核在半径约为 10^{-10} m 的核外空间内高速运动，详见图 1-1。

原子核所带的正电荷数称为核电荷数，对原子而言，原子序数＝核电荷数＝核内质子数＝核外电子数。

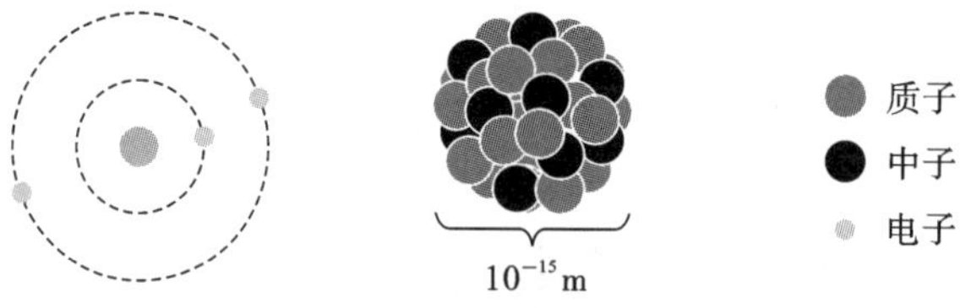

图 1-1　原子结构示意图

2. 质量数

相对于质子和中子，电子的质量很小，可以忽略不计，原子的质量主要由原子核决定。中性原子中，将原子核内所有的质子和中子的相对质量取近似整数值相加，所得的数值称为质量数，即质量数(A)＝质子数(Z)＋中子数(N)。

3. 原子的表示方式

在标记原子时，X 表示元素符号，在元素符号的左上角标记质量数(A)，在左下角标记核内质子数(Z)，如${}^{A}_{Z}\mathrm{X}$。

二、同位素

1. 同位素

元素是质子数相同的同一类原子的总称。质子数相同而中子数不同的同一种元素的不同原子互称为**同位素**，在元素周期表中占据同一个位置。由于质子数相同，核外电子数也相同。电子层结构相同，同位素的化学性质基本相同。

2. 同位素的应用

凡是在自然界中能自发地放出射线的元素，称为放射性元素。同位素根据其能否放出射线分为稳定性同位素和放射性同位素。

放射性同位素的原子核可以释放出 α 射线、β 射线或 γ 射线。利用射线的可测性，可追踪一种放射性同位素的踪迹，显示其在机体内的部位和数量，以达到诊断疾病的目的。同时，利用射线的破坏性，使其聚积于某个脏器，可达到治疗疾病的目的。如人体甲状腺的正常功能需要碘，碘被吸收后会聚集在甲状腺内，给人注射碘的放射性同位素碘-131，然后定时用探测器测量甲状腺及其邻近组织的放射强度，有助于诊断甲状腺的器质性和功能性疾病。

讨论 1-1：写出${}^{16}_{8}\mathrm{O}$、${}^{17}_{8}\mathrm{O}$、${}^{18}_{8}\mathrm{O}$ 三种氧原子中的质子数、电子数和中子数。

第二节　核外电子的运动状态

微课

在一般化学反应中，原子核并不发生改变，只是核外电子运动状态发生改变。因此，原子核外电子层的结构和电子运动的规律，特别是原子核外电子层的结构，就成为化学领域中重要问题之一。

一、核外电子运动的特征

(一) 微观粒子的波粒二象性

光具有的干涉、衍射现象，是波动性的典型表现；而光电效应则反映出光同时具有粒子性。这二重性被称为光的波粒二象性。

1924 年，法国物理学家德布罗意(L. V. de Broglie)在光的波粒二象性被广泛接受的基础上，大胆假设微观粒子也具有波粒二象性。他认为所有微观粒子都具有波粒二象性，如电子、质子、中子、原子等，并提出了德布罗意假说，式(1-1)称为德布罗意关系式。式中微观粒子波动性和粒子性的参数出现在同一个表达式中，体现了微观粒子的波粒二象性。

$$\lambda = \frac{h}{P} = \frac{h}{mv} \tag{1-1}$$

式中，λ 为粒子波的波长；m 为粒子的质量；v 为粒子运动速度；P 为粒子的动量；h 为普朗克常数。

1927 年，戴维逊(C. J. Davisson)和革末(L. H. Germer)合作完成的电子衍射实验验证了电子具有的波动性。同时，汤姆逊(G. P. Thomson)也独立完成了用电子穿过晶体薄膜得到衍射纹的实验，并测出了电子的德布罗意波长。

图 1-2 是电子衍射实验的示意图，当经过电位差加速的电子束 A 入射到镍单晶 B 上，观察散射电子束的强度和散射角的关系，结果得到完全类似于单色光通过小圆孔那样的衍射图像，表明电子确实具有波动性。电子衍射实验证明了德布罗意假说的正确性。

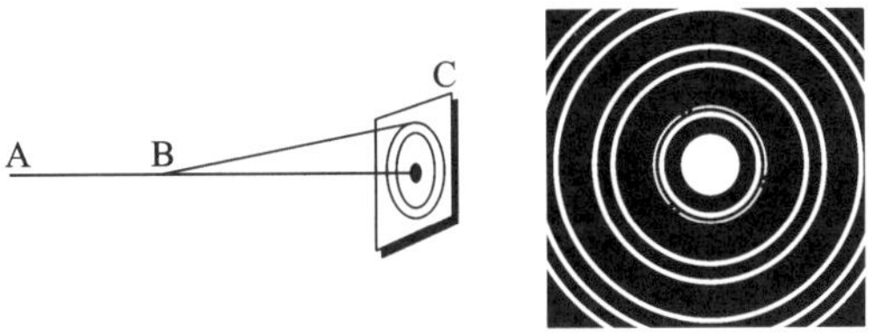

图 1-2　电子衍射实验示意图

（二）不确定原理

在经典力学中，一个宏观物体在任一瞬间的位置和动量是可以同时准确测定的。例如，射出一颗子弹，如果知道它的质量、初速度及起始位置，就能准确地预测某一时刻子弹的位置、速度(或动量)。而对于微观粒子，情况则不同。由于它们质量很小且运动速度快，1927 年，海森堡(W. K. Heisenberg)提出了不确定原理(uncertainty principle)：当研究微观粒子时，我们无法同时准确测定它的坐标 x 和动量 p，若坐标测得越准确，其动量就测得越不准确；反之，亦然。其数学表达式为

$$\Delta x \cdot \Delta p_x \geqslant h/4\pi \qquad (1\text{-}2)$$

不确定原理指出，核外电子的运动不能像宏观物体那样有固定的轨道，无法确定其运动轨迹，也无法预测某一时刻电子所在的位置。那么，如何描述核外电子的运动状态？薛定谔(E. Schrödinger)(图 1-3)应用量子力学，从微观粒子的波粒二象性角度建立了波动方程，来描述核外电子的运动状态。

图 1-3　奥地利理论物理学家薛定谔

（三）薛定谔方程

研究电子出现的空间区域，需要一个函数，用该函数的图像与空间区域建立联系。这种函数就是微观粒子运动的波函数(Ψ)。1926 年，奥地利理论物理学家、量子力学的奠基人之一薛定谔建立了著名的微观粒子波动方程，即薛定谔方程(Schrödinger equation)。描述微观粒子运动状态的波函数 Ψ 就是解题薛定谔方程求出的。薛定谔方程是二阶偏微分方程，基本形式如下：

$$\frac{\partial \Psi^2}{\partial x^2} + \frac{\partial \Psi^2}{\partial y^2} + \frac{\partial \Psi^2}{\partial z^2} + \frac{8\pi^2 m}{h^2}(E - V)\Psi = 0 \qquad (1\text{-}3)$$

式中，Ψ 表示波函数(wave function)；E 表示电子总能量；V 表示电子势能；m 表示电子质量；h 表示普朗克常数；x、y、z 表示空间直角坐标；波函数所表示的原子轨道代表运动状态，是表示电子运动状态的一个函数。

本教材不要求对此方程进行求解，只需掌握解方程过程中得出的一些重要结论。

二、核外电子运动状态的描述

（一）电子云

电子云是处于一定空间运动状态的电子在原子核外空间的概率密度分布特征的图像，如图 1-4 所

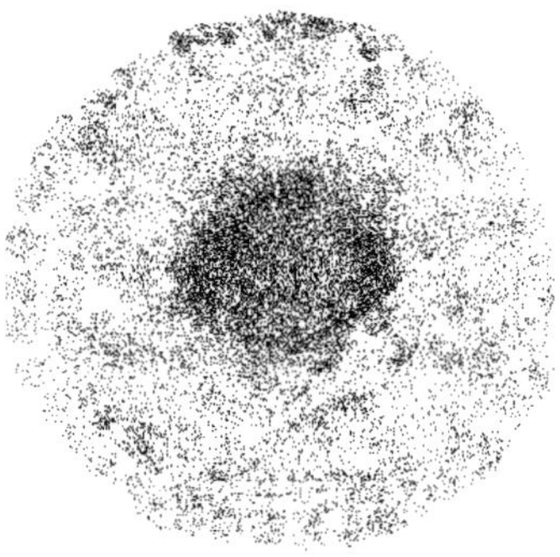

图 1-4　氢原子电子云截面图

示，图中小黑点表示电子在此空间出现的概率。电子云密集的地方，表示电子出现的概率大；电子云稀疏的地方，表示电子出现的概率小。因此，电子云中的小黑点并不代表原子核外的一个电子，而是表示电子在此空间出现的概率。

（二）量子数及其物理意义

在解薛定谔方程的过程中，为了得到合理的解释，引入了四个量子数，四个量子数决定着一个波函数所描述的电子及其所在原子轨道的某些物理量的量子化情况。如电子的能量、角动量，原子轨道离原子核的远近、原子轨道的形状和在空间的伸展方向等，由量子数 n、l、m 说明。

1. 主量子数(n)

主量子数(n)描述核外电子距离核的远近，决定电子层数，n 的取值为 1、2、3、…、n 的正整数。n 决定了原子轨道能量的高低，n 越大，表示电子层离核距离越远，轨道能量越高。n 的每一个值表示一个电子层数，与各 n 值对应的电子层和光谱学符号见表 1-1。

表 1-1　主量子数(n)对应的电子层和光谱学符号

n 的取值	1	2	3	4	5	6	…	n
电子层	第一层	第二层	第三层	第四层	第五层	第六层	…	…
光谱学符号	K	L	M	N	O	P	…	…

必须指出，电子层并不是指电子固定地在某些区域运动，而是指电子在该区域出现的概率最大。对于单电子原子(例如氢原子)，电子的能量完全由 n 决定，而对于多电子原子，电子的能量除与 n 的取值有关外，还与电子亚层即电子云的形状有关。

2. 角量子数(l)

角量子数(l)描述电子云的形状，并在多电子原子中和 n 一起决定电子的能量。l 的数值不同，电子云的形状就不同，角量子数(l)的取值受 n 的限制，n 确定后，角量子数 $l=0、1、2、\cdots、n-1$ 的正整数。

例如，$n=1$，l 只能取 0；$n=2$，l 可取 0、1 两个值。不同的 l 值，对应的光谱学符号和电子云形状见表 1-2。

表 1-2　角量子数(l)对应的光谱学符号和电子云形状

l 的取值	0	1	2	3	…	$n-1$
光谱学符号	s	p	d	f	…	…
电子云形状	球形	哑铃形	花瓣形＋纺锤形	—	…	…

同一电子层中，随着 l 的增大，原子轨道能量依次升高，顺序为 $E_{ns}<E_{np}<E_{nd}<E_{nf}$，即在多电子原子中，角量子数 l 与主量子数 n 共同决定电子的能级。

3. 磁量子数(m)

磁量子数(m)描述原子轨道在空间的伸展方向。m 的取值受到 l 的制约，当 l 一定时，m 可取 0、±1、±2、…、$\pm l$，共有 $2l+1$ 个值。

在同一亚层中，m 有几个取值，该亚层就有几个不同伸展方向的原子轨道，如图 1-5 所示。

$l=0$ 时，电子属于 s 亚层，m 只能取 0，即球形 s 轨道，只有一个伸展方向。

$l=1$ 时，电子属于 p 亚层，m 有 -1、0、$+1$ 三个取值，可有三个哑铃形 p 轨道，它们分别在 x、y、z 轴上伸展，即 p_x、p_y、p_z 三个轨道，这三个轨道的伸展方向互相垂直。

$l=2$ 时，电子属于 d 亚层，m 有 0、±1、±2 五个取值，即有五个 d 轨道，其中四个花瓣形，一个纺锤形。它们能量相等，在空间平均分布。

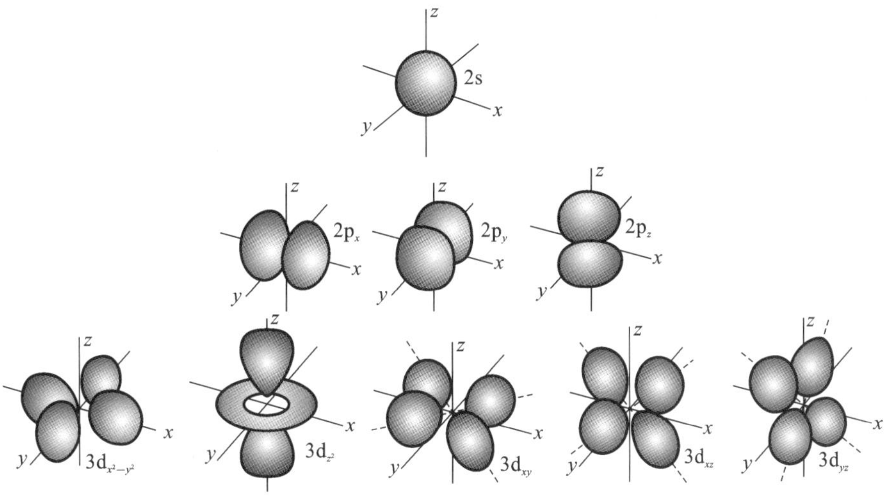

图 1-5 s、p、d 电子云的示意图

通常把一定的电子层中，具有一定形状和伸展方向的电子云所占据的原子核外空间称为一个原子轨道，简称为轨道。用方框“□”或圆形“○”表示。

原子轨道能量与 m 无关，当 n 和 l 相同，而 m 不同时，各原子轨道之间能量相等。这种能量相等的轨道称为**简并轨道**或**等价轨道**。例如：$l=1$，电子为 p 亚层，m 有三个取值，分别为 p_x、p_y、p_z，这三个轨道能量相同，即为三重简并轨道。同样，d 亚层的 5 个原子轨道能量相同；f 亚层的 7 个原子轨道能量相同。

综上所述，用 n、l、m 三个量子数的合理组合，可确定一个波函数，即核外电子运动的 1 个原子轨道的大小、形状及伸展方向。

4. 自旋量子数(m_s)

自旋量子数(m_s)是描述电子自旋方向的量子数。m_s 的取值只有 $+1/2$ 或 $-1/2$，代表电子的自旋运动只有顺时针和逆时针两种方向，分别用向上和向下的箭头(↓和↑)表示。

在原子中，不存在四个量子数完全相同的两个电子。换言之，**每个原子轨道上，最多能容纳两个自旋方向相反的电子**。

综上所述，主量子数(n)决定电子的能量和电子运动的区域(即电子层)；角量子数(l)决定原子轨道或电子云的形状，同时在多电子原子中决定电子的能量；磁量子数(m)决定原子轨道在空间的伸展方向；自旋量子数(m_s)决定电子的自旋方向。

讨论 1-2：多电子原子中，决定电子能量的量子数是(　　)。

(1) n　(2) l　(3) m　(4) m_s

三、原子轨道能级

(一) 屏蔽效应和钻穿效应

1. 屏蔽效应

在多电子原子中，一个电子既受到原子核(核电荷数为 Z)的吸引，又受到其他电子($Z-1$ 个)的排斥。由于电子间的排斥作用产生的效果与原子核对电子的作用相反，其他电子的存在，会削弱原子核对某一电子的吸引，相当于抵消了一部分核电荷，这种排斥会削弱核对该电子的吸引，使电子感受到的核电荷数低于实际核电荷数，称为有效核电荷数(Z^*)。

多电子原子中原子核对某个电子的吸引力，因其他电子对核电荷的排斥而被削弱的作用，称为**屏蔽效应**。屏蔽效应的大小，用屏蔽常数(σ)表示。屏蔽常数和有效核电荷数的关系如下：

$$Z^* = Z - \sigma \tag{1-4}$$

式中，Z^* 为有效核电荷数；Z 为核电荷数；σ 为屏蔽常数。其他电子所抵消掉的核电荷用屏蔽常数(σ)表示。σ 越大，屏蔽效应越强。

一般内层电子对外层电子的屏蔽作用大，外层电子对内层电子几乎没有屏蔽作用。这也是能级交错产生的主要原因。

2. 钻穿效应

研究表明，电子可以出现在原子内任何位置上，因此，最外层电子可能钻到内层，出现在离核很近的地方，受到原子核吸引力较大。由于电子钻穿而引起能量变化的现象称为**钻穿效应**。

钻穿的结果是降低了其他电子对某个电子的屏蔽作用，增加有效核电荷数，降低了轨道能量。电子钻穿越靠近核，轨道能量越低。

电子的角量子数 l 不同，其钻穿到原子核附近的概率也有所不同，能量相近时，钻穿效应 s 电子＞p 电子＞d 电子＞f 电子。

自身钻穿效应：4s 电子＞3d 电子，5s 电子＞4d 电子，6s 电子＞4f 电子。这也是能级交错产生的重要原因。

（二）能级

1. 能级划分

多电子原子的原子轨道能级由 n 和 l 共同决定，所以每一个亚层都有确定的能量。通常把每一个电子亚层看作一个能级，能级书写形式由代表电子层数的数字和代表电子亚层的符号组成。例如 1s、2s、2p、3s、3p 等分别代表不同的能级。

我国著名化学家徐光宪，根据光谱实验数据，对基态多电子原子轨道的能级高低提出了一种定量的近似规则，轨道($n+0.7l$)值越大，轨道能级越高，并把 $n+0.7l$ 的第一位数字相同的能级组合为一组，称为一个能级组。据此将原子轨道划分为七个能级组(表 1-3)。**能级组的划分是元素周期表划分为七个周期的根本原因**。

表 1-3　多电子原子能级组

能级	1s	2s	2p	3s	3p	4s	3d	4p	5s	4d	5p	6s	4f	5d	6p
$n+0.7l$	1.0	2.0	2.7	3.0	3.7	4.0	4.4	4.7	5.0	5.4	5.7	6.0	6.1	6.4	6.7
能级组	1	2		3		4			5			6			
组内电子数	2	8		8		18			18			32			

2. 能级能量高低的比较

(1) 当 l 相同，n 不同时，n 越大，则能级能量越高。

例如：$E_{1s}<E_{2s}<E_{3s}<E_{4s}$。

(2) 当 n 相同，l 不同时，l 越大，则能级能量越高。

例如：$E_{4s}<E_{4p}<E_{4d}<E_{4f}$。

(3) 对于 n 和 l 都不同的原子轨道，按 $E=n+0.7l$ 求算，E 值越大，能级能量越高。

例如：$E_{4s}<E_{3d}<E_{4p}$，$E_{5s}<E_{4d}<E_{5p}$，$E_{6s}<E_{4f}<E_{5d}<E_{6p}$。

能级交错现象是从第四能级组开始的。各能级能量高低，是由该能级轨道上电子的屏蔽效应和钻穿效应共同决定的。

第三节　原子核外电子的排布

微课

原子核外电子排布可用**核外电子排布式**来表示，**它是按电子在原子核外各亚层中分布的情况，在亚层符号的右上角注明填充的电子数**。

通常将已达稀有气体原子电子层结构的内层电子称为**原子实**，原子实以外的外层电子称**价层电子**。

用**原子实**来表示原子的内层电子结构，并可用相应的稀有气体元素符号充当“原子实”，价层电子常用价层电子结构或价层电子组态来表示，以简化核外电子排布式。

例如，$_9F$ 的核外电子排布为 $1s^2 2s^2 2p^5$，也可用[He]$2s^2 2p^5$ 来表示。

基态原子核外电子排布遵循以下三个规律。

一、泡利不相容原理

在同一原子中，不可能同时有运动状态完全相同的两个电子存在。或者说，每个原子轨道最多只能容纳两个电子，且自旋方向必须相反。由此可知每一个原子轨道中最多只能容纳两个自旋方向相反的电子。

二、能量最低原理

在不违背泡利不相容原理的前提下，核外电子总是尽量先排布在能量最低的轨道上，然后依次排布在能量较高的轨道上，这个规律称为能量最低原理。只有这样，电子在核外各轨道排布时，原子的能量才是最低的。这种能量最低(也最稳定)的状态称为原子的基态。能量稍微一高，就成了激发态，激发态不稳定，易释放能量回到基态。原子的激发态很多，而基态只有一种。

根据多电子原子的近似能级图和能量最低原理，人们总结了核外电子填入各亚层轨道的先后顺序，也就是能级顺序，可表示为 $E_{ns}<E_{(n-2)f}<E_{(n-1)d}<E_{np}$，详细能级图见图 1-6。

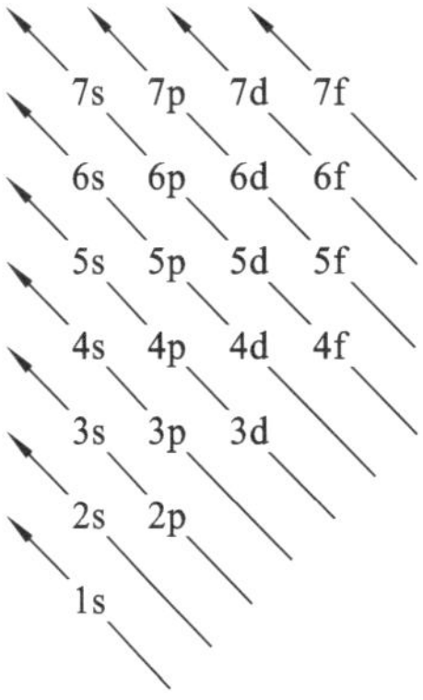

图 1-6　原子核外电子填充能级图

三、洪特规则

基态电子在简并轨道(等价轨道)上排布时，尽量以相同自旋方式分占尽可能多的轨道。例如 2p 亚层有 3 个轨道，若有 2 个电子进入 2p 亚层，则 2 个电子各分占一个轨道且自旋方向相同，可写成[↑|↑|]，而不是[↑|↓|]或[↑↓| |]。氮原子($_7N$)有 7 个电子，其电子排布方式为 $1s^2 2s^2 2p^3$，3 个 2p 电子也各分占一个轨道，且自旋方向相同。

量子力学证明，这种排布可使原子能量最低，体系最稳定，因此，洪特规则可视为“能量最低原理”的补充。

用洪特规则解释电子排布时，有时需要用到**洪特特例**，即**在简并轨道中，电子处于全充满**(p^6、d^{10}、f^{14})**，半充满**(p^3、d^5、f^7)**和全空**(p^0、d^0、f^0)**时，原子的能量较低，体系较稳定**。例如，铁离子(Fe^{3+}，$3d^5$)和亚铁离子(Fe^{2+}，$3d^6$)，从 $3d^6 \rightarrow 3d^5$ 才稳定，这和亚铁离子不稳定易被氧化的事实相符。

通常，参与化学反应的只是原子的外围电子，称为价层电子或价电子，即参加化学反应时能用于成键的电子。价电子所处的电子层称为价电子层。参加化学反应时，内层电子结构一般不变，可以用原子实来表示原子的内层电子结构。

例如：$_{24}Cr$ 表示为[Ar]$3d^5 4s^1$，$_{29}Cu$ 表示为[Ar]$3d^{10} 4s^1$，$_{46}Pd$ 表示为[Kr]$4d^{10} 5s^0$。

应用鲍林的近似能级图，根据核外电子的排布规律，就可以写出元素周期表中绝大多数元素的核外电子排布式。

例如：$_6C$ 和 $_{11}Na$ 的电子排布式分别为[He]$2s^2 2p^2$ 和[Ne]$3s^1$。

现代光谱实验结果证明，大多数元素原子基态的电子构型符合上述三条排布规律，只有少数副族元素(特别是第 6、7 周期的元素)例外。因为三条规律(洪特特例)都是对元素电子排布实践的总结，少数元素的实验测定结果不能用这三条排布规律来完美解释，只能说明这些排布规律大部分适用，局部有待完善。

讨论 1-3：为什么 $_{24}Cr$ 和 $_{29}Cu$ 的原子核外电子排布式分别是[Ar]$3d^5 4s^1$ 和[Ar]$3d^{10} 4s^1$，而不是[Ar]$3d^4 4s^2$ 和[Ar]$3d^9 4s^2$？

第四节　元素周期表和元素周期律

微课

一、元素周期律

元素按照原子量由小到大排列，元素的性质呈现周期性的递变规律称为**元素周期律**，元素周期律由俄国化学家门捷列夫发现并得到证实，因此也称为门捷列夫周期律。元素呈周期性变化的性质包括原子核外电子排布、原子半径、电离能和电负性等。

元素的化学性质主要取决于原子的最外层电子构型，最外层电子构型又取决于核电荷数和核外电子排布规律。同周期元素，从左到右，随着核电荷数的增大，原子半径逐渐减小，非金属性逐渐增强；同族元素，从上至下，随着电子层数的增加，原子半径逐渐增大，金属性逐渐增强。

二、元素周期表

1. 原子的电子结构和周期

元素周期表共有 7 个横行，每个横行称为一个周期，共有 7 个周期。元素在元素周期表中所属周期数等于该元素基态原子的电子层数，也等于元素原子的最外电子层的主量子数，即周期数＝核外电子层数＝主量子数。

各周期所包含的元素的数目，等于相应能级组中的原子轨道所能容纳的电子总数。

2. 原子的电子结构和族

在元素周期表中，把不同横行（即周期）中最外层电子数相同的元素按电子层数递增的顺序由上往下排成纵行。元素周期表共有 18 个纵行，划分为 16 个族。除 0 族和第Ⅷ族外，主族（A 族）和副族（B 族）各有 7 个。

3. 原子的价层电子构型和区

根据原子价层电子构型的不同，元素周期表可分为 s 区、p 区、d 区、ds 区和 f 区（图 1-7）。

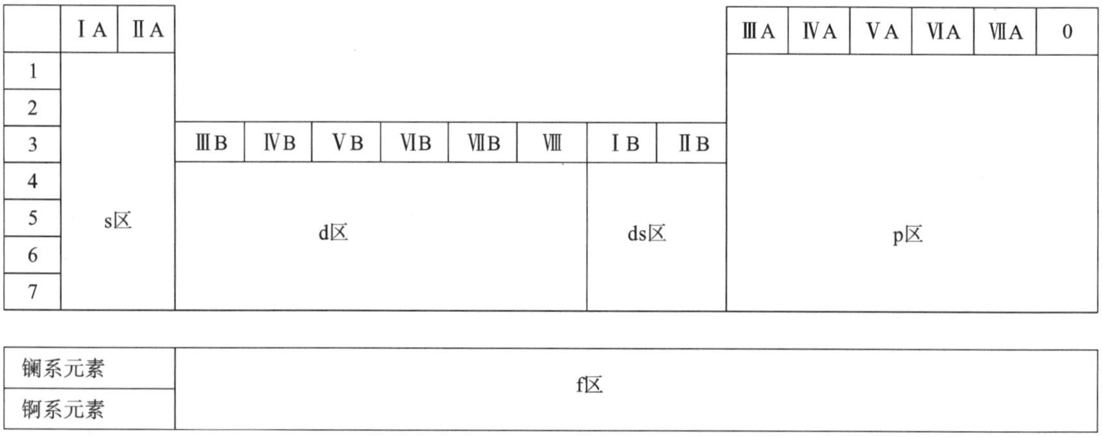

图 1-7　元素周期表的分区

（1）s 区元素：价层电子构型是 ns^1 和 ns^2，包括第ⅠA、ⅡA 族元素。s 区元素性质活泼，属于活泼金属元素（氢除外）。

（2）p 区元素：价层电子构型是 $ns^2np^{1\sim6}$，包括第ⅢA 族到 0 族元素。氦元素虽然没有 p 电子，但也归入此区。

（3）d 区元素：价层电子构型是 $(n-1)d^{1\sim9}ns^{1\sim2}$，从第ⅢB 族到第Ⅷ族元素。Pd 虽然为 $(n-1)d^{10}ns^0$ 构型，但也归入此区。$(n-1)$d 轨道上的电子可以部分或全部参与成键，因此，这些元素有多种氧化数。

（4）ds 区元素：价层电子构型是 $(n-1)d^{10}ns^1$ 和 $(n-1)d^{10}ns^2$，包括第ⅠB、ⅡB 族。

（5）f 区元素：价层电子构型是 $(n-2)f^{0\sim14}(n-1)d^{0\sim2}ns^2$，包括镧系和锕系元素。该区元素最外层和次外层电子数大部分相同，因此每个系中元素的化学性质很相似。

元素在元素周期表中所处的位置与原子的电子排布密切相关。可根据元素的原子序数，写出该原子的核外电子排布式，推测元素在元素周期表中的位置；或根据元素在元素周期表中的位置，推测其原子序数。

三、元素周期表中元素性质的递变规律

元素原子的内部结构的周期性变化，决定了元素性质的周期性变化。下面主要讨论原子半径和电负性等随原子结构的周期性变化规律。

（一）原子半径

原子半径指分子或晶体中相邻同种原子的核间距离的一半。元素原子半径的大小直接影响元素的性质。

同一周期元素原子的电子层数相同，从左到右，随着核电荷数增大，原子核对外层电子的吸引力逐渐增强，原子半径逐渐减小。

主族元素的原子半径，从上到下，电子层数增加，原子半径逐渐增大。同一副族，从上到下，原子半径增加幅度较小。

（二）电负性

元素的电负性是指元素的原子在分子中吸引电子的能力，用符号(χ)表示。电负性可以综合衡量各元素的金属性和非金属性。

根据热力学数据和键能，鲍林(Pauling)电负性标度指定最活泼的非金属元素 F 的电负性为 3.98，然后通过比较得到其他元素的电负性。元素的电负性越大，非金属性也就越强，得电子能力越强；元素的电负性越小，金属性也就越强，失电子能力越强。元素的电负性数据见图 1-8。

由图 1-8 可知，随着原子序数的递增，电负性明显地呈周期性变化。同一周期元素，从左到右，电负性逐渐增大。同一主族元素，从上到下，电负性逐渐减小。副族元素的电负性变化无规律。非金属元素的电负性大部分在 2.00 以上，金属元素的电负性大部分在 2.00 以下。

ⅠA	ⅡA	ⅢB	ⅣB	ⅤB	ⅥB	ⅦB	Ⅷ			ⅠB	ⅡB	ⅢA	ⅣA	ⅤA	ⅥA	ⅦA
H 2.10																
Li 0.98	Be 1.57											B 2.04	C 2.55	N 3.04	O 3.44	F 3.98
Na 0.93	Mg 1.31											Al 1.61	Si 1.90	P 2.19	S 2.58	Cl 3.16
K 0.82	Ca 1.00	Sc 1.36	Ti 1.54	V 1.63	Cr 1.66	Mn 1.55	Fe 1.80	Co 1.88	Ni 1.91	Cu 1.90	Zn 1.65	Ga 1.81	Ge 2.01	As 2.18	Se 2.55	Br 2.96
Rb 0.82	Sr 0.95	Y 1.22	Zr 1.33	Nb 1.60	Mo 2.16	Tc 1.90	Ru 2.28	Rh 2.20	Pd 2.20	Ag 1.93	Cd 1.69	In 1.73	Sn 1.06	Sb 2.05	Te 2.10	I 2.66
Cs 0.79	Ba 0.89	La 1.10	Hf 1.30	Ta 1.50	W 2.36	Re 1.90	Os 2.20	Ir 2.20	Pt 2.28	Au 2.54	Hg 2.00	Tl 2.04	Pb 2.33	Bi 2.02	Po 2.00	At 2.20

图 1-8 元素的电负性

讨论 1-4：电负性的大小与元素金属性及非金属性有怎样的联系？

能力检测

能力检测答案

知识拓展：量子力学的应用

一、单项选择题（15×2＝30 分）

1. 基态$_{25}$Mn 的核外电子排布正确表达为(　　)。

A. [Ar]$4s^2 3d^5$　　B. [Kr]$3d^6 4s^1$　　C. [Ar]$3d^5 4s^2$　　D. [Ar]$4s^2$

2. 某一电子有下列成套量子数(n、l、m、m_s)，其中不可能存在的是(　　)。

A. 3、1、0、1/2　　B. 2、−1、0、1/2　　C. 1、0、0、−1/2　　D. 3、1、−1、1/2

3. 原子的价层电子构型中 3d 亚层全空，4s 亚层只有一个电子的元素是(　　)。

A. 汞　　B. 银　　C. 铜　　D. 钾

4. 某基态原子的核外电子排布是[Ar]$3d^{10}4s^2$，该元素属于(　　)。

A. 第 3 周期，ⅡA 族，s 区　　B. 第 4 周期，ⅡA 族，p 区

C. 第 4 周期，ⅠB 族，d 区　　D. 第 4 周期，ⅡB 族，ds 区

5. 下列各元素原子排列中，其电负性排列顺序正确的是（　　）。

A. K>Na>Li　B. F>O>N　C. As>P>H　D. N>O>F

6. 现有四种元素，基态原子的价层电子排布分别为①$2s^22p^5$、②$3s^23p^3$、③$3s^2$、④$4s^2$，其中电负性最大和最小的分别是（　　）。

A. ①和②　B. ③和④　C. ②和③　D. ①和④

7. 在多电子原子中，决定电子能量的量子数为（　　）。

A. n 和 l　B. n　C. n、l 和 m　D. l

8. 某基态原子的核外电子排布是[Ar]$3d^{10}4s^24p^2$，该元素的价层电子是（　　）。

A. $3d^{10}4s^24p^2$　B. $4s^24p^2$　C. $3d^{10}$　D. $4p^2$

9. 基态$_{11}$Na 最外层电子的四个量子数分别为（　　）。

A. 3，1，0，1/2　B. 4，1，1，1/2　C. 3，0，0，1/2　D. 4，0，0，1/2

10. 下列基态原子中，未成对电子数最多的是（　　）。

A. $_{25}$Mn　B. $_{26}$Fe　C. $_{27}$Co　D. $_{28}$Ni

11. 下列四种电子构型的原子中最稳定的是（　　）。

A. ns^2np^3　B. ns^2np^4　C. ns^2np^5　D. ns^2np^6

12. 电子排布为[Ar]$3d^54s^0$ 者，可以表示（　　）。

A. $_{25}$Mn　B. $_{26}Fe^{3+}$　C. $_{27}Co^{2+}$　D. $_{28}Ni^{2+}$

13. 若将氮原子的电子排布式写成 $1s^22s^22p_x^22p_y^1$，违背了（　　）。

A. 能量最低原理　B. 能量守恒原理

C. 泡利不相容原理　D. 洪特规则

14. 多电子原子中，下列能级能量最高的是（　　）。

A. $n=3，l=1$　B. $n=2，l=0$　C. $n=4，l=1$　D. $n=3，l=2$

15. 主量子数等于 3 的电子层所含有的电子亚层数为（　　）。

A. 1　B. 2　C. 3　D. 4

二、多项选择题（5×4＝20 分）

1. 下列关于元素周期表的说法错误的是（　　）。

A. 能生成碱的金属元素都在第ⅠA 族

B. 原子序数为 14 的元素位于元素周期表的第 3 周期ⅣA 族

C. 稀有气体元素原子的最外层电子数均为 8

D. 第 2 周期ⅣA 族元素原子的核电荷数和中子数一定为 6

2. 下列属于 s 区元素的是（　　）。

A. Na　B. K　C. Ca　D. Cr

3. 下列有关同位素的说法正确的是（　　）。

A. 同位素原子的性质都相同

B. 同位素原子中质子数相同

C. $^1_1$H 和$^2_1$H 是同位素

D. 同位素之间的相互转化可能是核变化

4. 第 4 周期某主族元素的原子的最外电子层有 1 个电子，下列关于该元素的叙述中正确的是（　　）。

A. 原子半径比钙的原子半径小　B. 氯化物难溶于水

C. 氢氧化物易溶于水　D. 该元素符号为 K

5. 关于核外电子的四个量子数的说法正确的是（　　）。

A. 电子的能量主要取决于 n 和 l

B. $2p_x$ 、$2p_y$ 和 $2p_z$ 是等价轨道，能量相同，伸展方向也相同

C. 2s 有 1 个等价轨道，只能容纳 2 个自旋方向相反的电子

D. 一个轨道，只有 1 个电子时，顺时针方向或逆时针方向都可以

三、判断题（10×2=20 分）

1. 激发态氢原子的电子排布可写成 $2p^1$。（　　）
2. s 区元素原子的内电子层都是全充满的。（　　）
3. 氢原子的 1s 电子激发到 3p 轨道比激发到 3s 轨道所需的能量大。（　　）
4. 非金属元素的电负性均大于 2.0。（　　）
5. p 区和 d 区元素多有可变的氧化数，s 区元素（氢除外）没有。（　　）
6. L 电子层原子轨道的主量子数都等于 2。（　　）
7. 最外层电子组态为 ns^1 或 ns^2 的元素，都位于 s 区。（　　）
8. 基态氢原子的能量可以准确测得，它的核外电子的位置和动量也可以同时准确地测定。（　　）
9. s 电子在球面轨道上运动，p 电子在双球面轨道上运动。（　　）
10. 在写基态原子的电子排布时，只需按照能级由低到高的顺序且遵守泡利不相容原理排列电子就行。（　　）

四、问答题（2×15=30 分）

1. 完成下表（基态）。

元素符号	位置（区、周期、族）	价层电子排布	单电子数
Na			
		$3d^5 4s^2$	
	ds 区、第 4 周期、ⅠB 族		
		$2s^2 2p^4$	

2. 写出原子序数为 24 的元素的元素符号以及基态原子的电子排布式，并用四个量子数分别表示每个价电子的运动状态。

参考文献

[1] 冯务群. 无机化学[M]. 4 版. 北京：人民卫生出版社，2018.

[2] 付煜荣，罗孟君，卢庆祥. 无机化学[M]. 武汉：华中科技出版社，2016.

（王　琼）

第二章

化学键与分子间作用力

学习目标

知识目标

1. 掌握：离子键、共价键的概念及特点，现代价键理论的基本要点，氢键的特点。
2. 熟悉：杂化轨道理论，氢键对物质物理性质的影响。
3. 了解：杂化轨道理论的基本要点，共价键和分子的极性。

能力目标

1. 能够运用共价键理论解释常见物质的物理性质和空间构型。
2. 能判断氢键的存在与否和物质水溶性的大小。

素质目标

提高运用物质物理性质的变化规律分析和解决问题的能力。

学习引导

分子是组成物质并决定物质性质的一种微粒。然而分子是由原子组成的，那么原子和原子如何结合成分子？它们之间的结合力又是什么？物质的性质与原子在空间的排列有何关系？

第一节 离 子 键

PPT　微课

一、离子键的形成

由活泼非金属元素和活泼金属元素形成的化合物，在水溶液中或在熔融状态下能够导电，表明这类化合物中有带相反电荷的阳离子和阴离子。德国著名化学家柯塞尔(Kosel)在 20 世纪初根据稀有气体具有较稳定的结构提出了离子键模型，该模型认为活泼非金属原子和活泼金属原子在相互接近时，可以通过电子转移形成具有稳定结构的阴离子和阳离子，活泼金属原子失去电子形成阳离子，活泼非金属原子得到电子形成阴离子，**这种由阴、阳离子间通过静电作用而形成的化学键称为离子键**(ionic bond)。活泼金属原子和活泼非金属原子形成的是离子键。一般而言，成键原子电负性差值在 1.7 以上，形成的是离子键。下面以 NaCl 为例来阐述离子键的形成。Na 原子的电子排布为 $1s^2 2s^2 2p^6 3s^1$，当失去最外层的一个电子后会形成 $1s^2 2s^2 2p^6$ 的结构，形成具有稳定结构的 Na^+；Cl 原子的电子排布为 $1s^2 2s^2 2p^6 3s^2 3p^5$，当得到一个电子后会形成 $1s^2 2s^2 2p^6 3s^2 3p^6$ 的结构，形成具有稳定结构的 Cl^-。带正电荷的 Na^+ 和带负电荷的 Cl^- 由于静电吸引而相互靠近，当接近到一定程度时，它们的电子云和原子核之间就会产生较强的排斥作用。静电吸引和排斥作用达到平衡时就形成离子键。

NaCl 中离子键的形成可以简单表示为

$$Na\cdot + \cdot\ddot{\underset{\cdot\cdot}{Cl}}: \longrightarrow Na^+[:\ddot{\underset{\cdot\cdot}{Cl}}:]^-$$

二、离子键的特点

离子的电荷分布是球形对称的，因此，在任何方向可以同等地吸引带有相反电荷的离子，也就是阴、阳离子间的静电作用没有空间选择性，也就是说离子键无方向性。另外，只要空间允许，它们就尽可能多地吸引带相反电荷的离子，因此离子键无饱和性。

三、离子的电荷和半径

1. 离子的电荷

离子键的本质是静电吸引，阴、阳离子间的静电引力与离子的电荷乘积成正比，与核间距离的平方成反比。离子所带电荷的多少直接影响离子键的强度。一般情况下，离子所带电荷越多，对带相反电荷离子的引力越大，离子键越牢固，形成的离子化合物越稳定。例如 Ca^{2+} 所带电荷比 Na^{+} 多，所以 CaO 的熔点比 Na_2O 的熔点要高。另外，同种元素的不同价态离子也显示出不同的性质，如 Fe^{3+} 具有氧化性，Fe^{2+} 具有还原性。

2. 离子半径

离子半径是决定离子间引力大小的因素之一。离子半径越小，离子所带电荷越多，离子间的引力越大，所形成的离子化合物的熔点、沸点越高。离子半径的变化规律大致如下：同主族元素的离子，从上到下由于电子层数增多，离子半径依次增大；同周期元素的相同电子层数离子，从左到右由于核电荷数增大，离子半径逐渐减小；同种元素能形成几种带不同电荷的阳离子时，低价离子半径较大，如 Fe^{2+} 的半径大于 Fe^{3+} 的半径。

四、离子化合物

由阳离子和阴离子形成的化合物称为离子化合物。活泼金属（如钠、钾、镁等）原子与活泼非金属（如氟、氯、氧、硫等）原子相互化合时，活泼金属原子失去电子形成带正电荷的阳离子（如 Na^{+}、K^{+}、Ca^{2+}、Mg^{2+} 等），活泼非金属原子得到电子形成带负电荷的阴离子（如 F^{-}、Cl^{-}、O^{2-}、S^{2-} 等），阳离子和阴离子靠静电作用形成了离子化合物。例如，氯化钠是由带正电荷的钠离子（Na^{+}）和带负电荷的氯离子（Cl^{-}）构成的离子化合物。在离子化合物中，阳离子所带的正电荷总数等于阴离子所带的负电荷总数，整个化合物呈电中性。常见的离子化合物有碱性氧化物（如 Na_2O）、盐（如 NaCl）、铵盐（如 NH_4Cl）、碱（如 NaOH）等。

第二节 共 价 键

PPT 微课

在 NaCl、K_2S 这类化合物中，阴、阳离子通过离子键结合在一起。但在 H_2、Cl_2、NH_3、HCl 等分子中不可能形成离子键。那么它们是如何形成的？两个原子之间通过共用电子对吸引原子核，结合在一起构成分子，通过共用电子对产生的原子间强烈的相互作用力称为共价键。HCl 中共价键的形成可以表示如下：

$$H\cdot + \cdot\ddot{\underset{\cdot\cdot}{Cl}}: \longrightarrow H:\ddot{\underset{\cdot\cdot}{Cl}}:$$

一、经典价键理论

1916 年，美国化学家路易斯（Lewis）提出了经典的共价键理论（即八隅律）。他认为分子中的原子都有形成稀有气体电子结构的趋势，以求得本身的稳定。而达到这种结构，既可以通过电子转移形成离子键来完成，也可以通过共用电子对来实现。

例如：$H\cdot + \cdot H \longrightarrow H:H$（或以 H—H 表示）

$$:\ddot{\underset{\cdot\cdot}{Cl}}\cdot + \cdot\ddot{\underset{\cdot\cdot}{Cl}}: \longrightarrow :\ddot{\underset{\cdot\cdot}{Cl}}:\ddot{\underset{\cdot\cdot}{Cl}}:$$（或以 Cl—Cl 表示）

虽然经典的价键理论能够解释一些物质的结构，但是不能解释可以稳定存在的非八隅体分子，也不能说明共价键的本质和分子的几何构型。

二、现代价键理论

（一）现代价键理论的基本要点

1927 年，海特勒(W. Heiter)和伦敦(F. London)用量子力学处理氢分子结构，提出并完善了现代价键理论。基本要点如下。

(1) 具有自旋方向相反的未成对电子的两个原子相互接近时，才可以配对形成稳定的共价键。

下面以氢分子的形成过程为例来说明。当具有自旋方向相同未成对电子的两个氢原子相互接近时，两个氢原子间发生排斥，两核间的电子云密度减小，系统的能量比两个独立氢原子的能量之和还高，这种状况下，两个氢原子之间不能稳定结合。

当具有自旋方向相反的未成对电子的两个氢原子相互接近时，虽然存在核与核、电子与电子之间的排斥作用，但一个氢原子的原子核与另外一个氢原子的电子之间的吸引力占主要作用，随着核间距离的减小，两个氢原子的原子轨道相互重叠，导致两核间的电子云密度增大，从而减小了两核间的正电排斥力，使系统能量降低，最终形成稳定的氢分子。显然，电子云重叠的程度越大，释放出的能量就越多，共价键就越稳定。

(2) 成键时，双方原子轨道相互重叠越大，形成的共价键越牢固，这就是原子轨道最大重叠原理，图 2-1(a)中的原子轨道重叠最大，可以形成稳定的共价键。

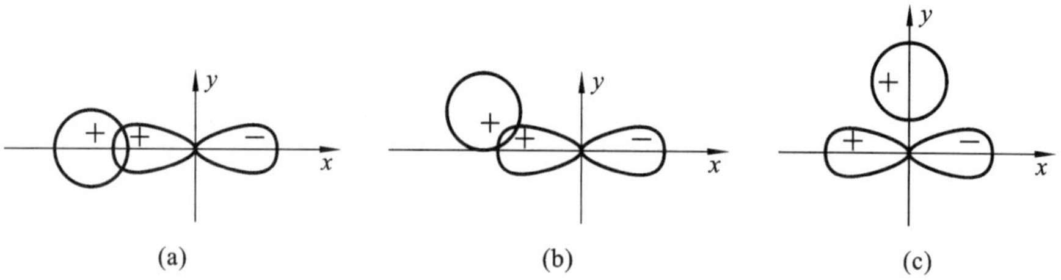

图 2-1　s 轨道和 p 轨道重叠方式示意图

（二）共价键的特征

1. 饱和性

一个原子有几个未成对电子，就最多能与几个自旋方向相反的电子配对成键，或者说，原子能形成共价键的数目是受原子中未成对电子数目限制的，这就是共价键的饱和性。例如，H 原子只有一个未成对电子，它只能形成 H_2 而不能形成 H_3；N 原子有 3 个未成对电子，N 和 H 只能形成 NH_3，而不能形成 NH_4。由此可见，一些元素的原子(如 N、O、F 等)的共价键数等于其未成对电子数。

2. 方向性

原子轨道中，除 s 轨道呈球形对称外，p 轨道、d 轨道都有一定的空间取向，它们在成键时，原子轨道间的重叠只能沿着一定的方向(键轴方向)进行，才会达到最大程度的重叠(最大重叠原理)，即共价键具有方向性。

讨论 2-1：(1) 分析 HF、H_2O、NH_3 等分子中共价键的方向性和饱和性。

(2) NaCl、NaOH、CH_3COONa 中是否存在共价键？

（三）共价键的类型

1. 根据成键原子间原子轨道重叠方式的不同分为 σ 键和 π 键

(1) σ 键：成键原子沿着两原子核连线(或键轴)方向，原子轨道以“头碰头”的形式重叠，形成的共价键称为 σ 键(图 2-2)。该键的特点是重叠部分集中于两核之间，并沿键轴对称分布。形成 σ 键的电子称为 σ 电子。

(2) π 键：成键原子的原子轨道垂直于两核连线，以“肩并肩”的形式重叠，形成的共价键称为 π 键。

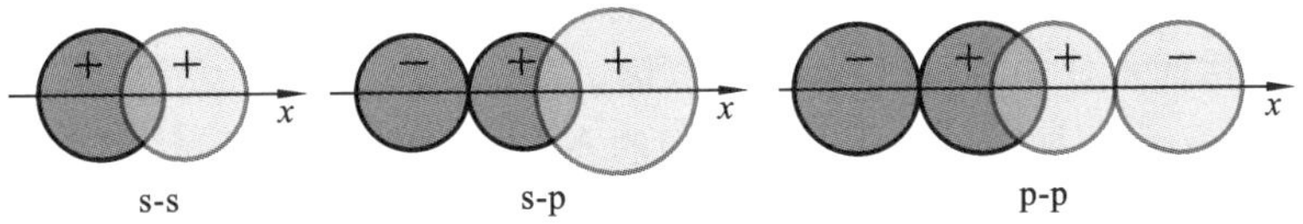

图 2-2 σ键形成示意图

π键的特点是重叠部分分布在键轴的两侧，形成π键的电子称为π电子。比如：乙烯分子中存在5个σ键、1个π键，如图2-3所示。

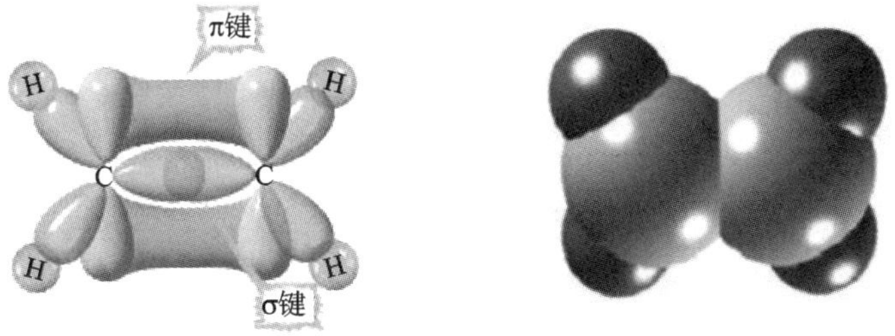

图 2-3 乙烯分子中的σ键、π键及其分子结构

又如：氮原子的电子构型为 $1s^2 2s^2 2p_x^1 2p_y^1 2p_z^1$，每个氮原子的 $2p_x$、$2p_y$ 和 $2p_z$ 轨道中各有一个未成对电子，当两个N原子相结合时，每个N原子以一个 p_x 轨道沿着 x 轴方向"头碰头"重叠形成一个σ键，而两个N原子的 p_y 轨道与 p_y 轨道、p_z 轨道与 p_z 轨道只能以"肩并肩"的方式重叠，形成两个互相垂直的π键(图2-4)。因此，在 N_2 分子中，两个N原子以一个σ键和两个π键结合，N_2 分子的结构可表示为N≡N。

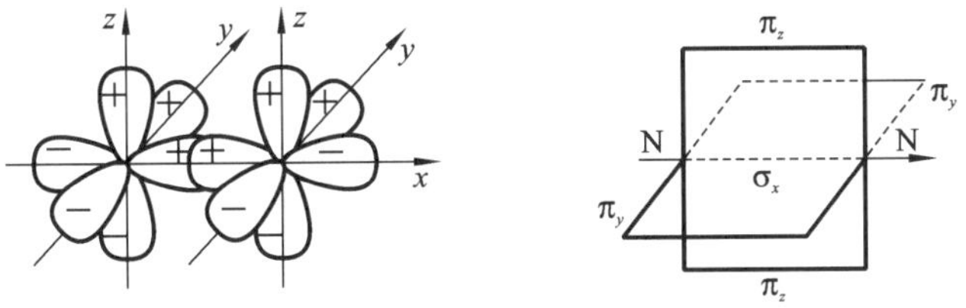

图 2-4 N_2 分子形成示意图

σ键与π键的比较见表2-1。

表 2-1 σ键与π键的比较

比较项目	σ键	π键
轨道组成	由s-s、s-p、p-p原子轨道组成	由p-p、p-d原子轨道组成
成键方式	轨道以"头碰头"方式重叠	轨道以"肩并肩"方式重叠
重叠部分	沿键轴呈圆筒形对称，电子密集在键轴上	垂直于键轴呈镜面对称，电子密集在键轴上面和下面
存在形式	一般由一对电子组成单键	仅存于双键或三键中
键的性质	重叠程度大、键能大、稳定性高	重叠程度小、键能小、稳定性低

2. 根据两原子间所成共价键的数目分为单键、双键、三键

(1) 单键(single bond)：两个原子共同拥有一对电子，如H—H、Cl—Cl、H—Cl。

(2) 双键(double bond)：两个原子共同拥有两对电子，如O═C═O、$H_2C═CH_2$。

(3) 三键(triple bond)：两个原子共同拥有三对电子，如N≡N、H—C≡N、H—C≡C—H。

3. 根据两原子间共用电子对的来源可分为正常共价键和配位键

(1) 正常共价键：由成键的两个原子各提供一个电子形成的共价键，符号为"—"或"═"或"≡"。

(2) 配位键：配位键是一种特殊的共价键，它的共用电子对不是由两个原子分别提供的，而是全部由一个原子提供，另**一个原子只提供空轨道**。我们把这种由**一个原子单独提供一对孤电子对与另一个有空轨道的原子共用**而形成的共价键，称为**配位键**。

如图 2-5 所示，铵离子(NH_4^+)就是由氨分子中的 N 原子提供孤电子对、氢离子(H^+)提供空轨道而形成的。NH_4^+ 结构式中的单向箭头就是配位键，它由孤电子对的供方原子指向提供空轨道(容纳孤电子对)的受方原子。

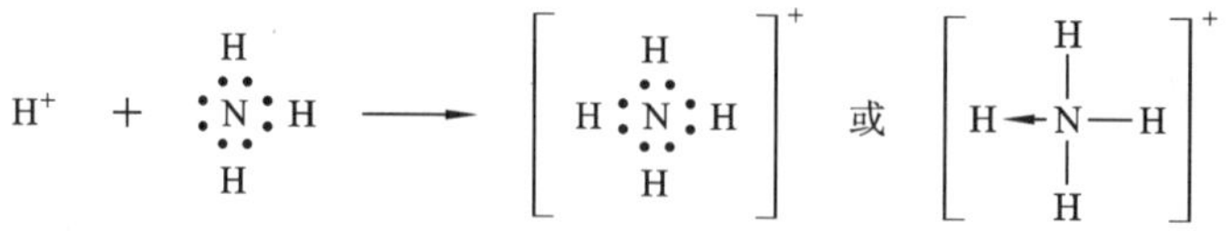

图 2-5　NH_4^+ 形成示意图

NH_3、CN^-、SCN^- 及—COO^- 等分子或离子中的 N、C、S、O 等原子上的孤电子对可以与许多过渡金属离子(或金属原子)以配位键形成配合物，如$[Ag(NH_3)_2]^+$、$[Fe(CN)_6]^{4-}$、$[Fe(SCN)_6]^{4-}$ 等配离子中，位于中心的金属离子与配体之间均以配位键结合，详见本书第九章“配位化合物”。

4. 根据键的极性分为极性共价键和非极性共价键

当两个相同的原子通过共用电子对成键时，电子云重叠部分(亦即共用电子对)正处于两个原子核连线的中间，为两个原子均等共用，没有发生电子对的偏移，这种共价键称为**非极性共价键**。例如：O_2、H_2、N_2、Cl_2 中的共价键均为非极性共价键。

如果由不同元素的原子形成共价键，由于它们吸引电子对的能力大小不同，共用电子对将偏向电负性大的原子一边，导致其带有较多的负电荷，而另一方则因电子对的远离，带有部分正电荷。这样的共价键就有极性，称为**极性共价键**。

例如：

	H—F		H—Cl		H—Br		H—I	
χ	2.10	3.98	2.10	3.16	2.10	2.96	2.10	2.66
$\Delta\chi$	1.88		1.06		0.86		0.56	

——————————————→
极性变小

再如，HF、H_2O 和 NH_3 中共价键的极性大小为 H—F>H—O>N—H。

共价键的极性大小与成键原子的电负性差值有关，差值越大，极性越大；若差值为零则为非极性共价键。极性共价键是非极性共价键和离子键的过渡键型。

讨论 2-2：分析 I_2、HF、H_2O、NH_3、CH_4、CH_3OH 等分子中共价键的极性。

（四）键参数

化学键的性质可以用某些物理量来描述。例如，用共价键的键能表征键的强弱，用键长和键角描述化学键的空间结构等。键能、键角、键长这些表征化学键性质的物理量统称为键参数(bond parameter)。

1. 键能(bond energy)

键能是表征键的牢固程度的参数，用符号 E 表示。它的定义是，在 298 K 和 100 kPa 下，断开 1 mol 键所需要的能量，单位是 kJ/mol。一般来说，键能越大，表明键越牢固，由该化学键形成的分子也就越稳定。

需要注意的是，因为单键一般是指双原子之间的普通 σ 键，而多重键有 σ 键和 π 键，所以多重键的键能不等于相应单键键能的简单倍数。

2. 键长(bond length)

键长是指构成这个共价键的两个原子的核间距离，用符号 L 表示。分子中成键的两个原子核间的平衡距离称为键长，常用单位为 pm(皮米)。

一些共价键的键长和键能见表 2-2。

表 2-2 一些共价键的键长和键能

共价键	L/pm	E/(kJ/mol)	共价键	L/pm	E/(kJ/mol)
H—H	74	436	C—H	109	414
C—C	154	347	C—N	147	305
C═C	134	611	C—O	143	360
C≡C	120	837	C═O	121	736
N—N	145	159	C—Cl	177	326
O—O	148	142	N—H	101	389
Cl—Cl	199	244	O—H	96	464
Br—Br	228	192	S—H	136	368
I—I	267	150	N≡N	110	946
S—S	205	264	F—F	128	158

3. 键角(bond angle)

键角是指分子中相邻键和键之间的夹角,用符号 θ 表示。如果知道了一个分子的所有键长和键角数据,那么这个分子的几何形状也就确定了。例如氨分子,已知 H—N—H 键角是 107°18′,3 个 N—H 键长相等,均为 101 pm,由此可知氨分子呈三角锥形;又如二氧化碳中 O═C═O 键角等于 180°,则二氧化碳分子呈直线形,而且两个 C═O 键长相等。一些分子的键长、键角和分子构型见表 2-3。

表 2-3 一些分子的键长、键角和分子构型

分子	L/pm	θ	分子构型	分子	L/pm	θ	分子构型
$HgCl_2$	234	180°	直线形	SO_3	143	120°	平面三角形
CO_2	121	180°	直线形	NH_3	101	107°18′	三角锥形
H_2O	96	104°45′	角(V)形	SO_3^{2-}	151	106°	三角锥形
SO_2	143	119°30′	角(V)形	CH_4	109	109°28′	正四面体形
BF_3	131	120°	平面三角形	SO_4^{2-}	149	109°28′	正四面体形

三、杂化轨道理论

现代价键理论较好地解释了一些分子的共价键的形成,但对部分多原子分子的空间构型仍无法解释,如 H_2O 分子中 O 的两个未成对电子在两个不同 p 轨道中,形成的两个 O—H 间的键角应是 90°,但实际是 104°45′;NH_3 分子中 N 的三个未成对电子在三个不同 p 轨道中,形成的三个 N—H 的键角亦应接近 90°,但实际却是 107°18′;特别是 CH_4 中的 C 原子只有两个未成对电子,应形成两个共价键,且键角为 90°,但实际却形成了 4 个完全相同的 C—H,键角均为 109°28′。为了解释这些现象,鲍林(L. Pauling)于 1931 年提出了杂化轨道理论,进一步发展和完善了现代价键理论。

1. 杂化轨道理论基本要点

(1) 成键时,同一原子中能量相近的原子轨道,重新组合成能量相等、成分相同的新轨道,这个过程称为轨道杂化,形成的新轨道称为杂化轨道。有几个轨道参与杂化,就形成几个杂化轨道。

(2) 与未杂化的原子相比,杂化轨道的成键能力增强,电子云更集中,轨道分布更合理。

(3) 不同类型的杂化轨道之间的夹角不同,成键后所形成的分子具有不同的空间构型。

2. 杂化轨道的类型

杂化轨道的类型有很多,本章主要介绍常见物质中存在的 s-p 杂化。这种类型的杂化有三种,即 sp、sp^2 和 sp^3 杂化。

(1) sp 杂化:原子在形成分子时,同一原子的 1 个 ns 轨道和 1 个 np 轨道之间进行杂化的过程称

为 sp 杂化，形成的 2 个杂化轨道称为 sp 杂化轨道。sp 杂化轨道的特点是每个杂化轨道中含有 1/2 的 s 轨道成分和 1/2 的 p 轨道成分，两个轨道的夹角为 180°，呈直线形。如气态 $BeCl_2$ 中 Be 的价层电子构型为 $2s^2$，其杂化过程如图 2-6 所示。

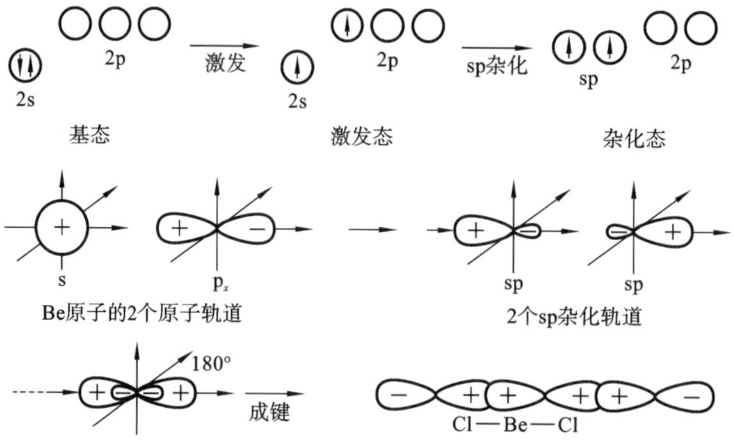

图 2-6 $BeCl_2$ 分子的形成过程示意图

(2) sp^2 杂化：原子在形成分子时，同一原子的 1 个 *n*s 轨道和 2 个 *n*p 轨道之间进行杂化的过程称为 sp^2 杂化。形成的 3 个杂化轨道称为 sp^2 杂化轨道。

sp^2 杂化轨道的特点是每个杂化轨道中含有 1/3 的 s 轨道成分和 2/3 的 p 轨道成分，两个轨道的夹角为 120°，呈平面三角形。如气态 BF_3 中 B 的价层电子构型为 $2s^2 2p^1$，B 原子的杂化过程及 BF_3 分子的空间构型见图 2-7。

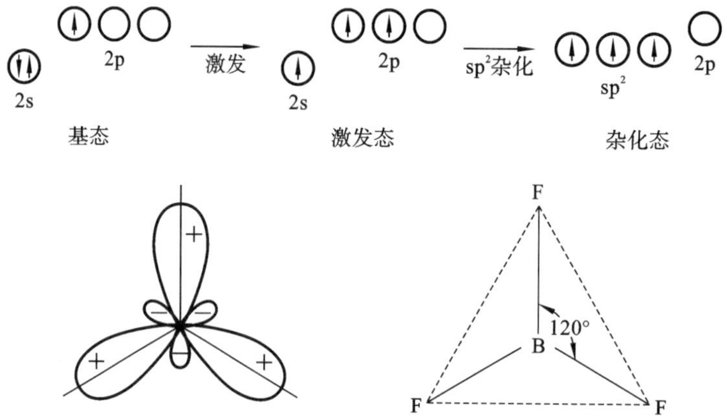

图 2-7 B 原子的 sp^2 杂化轨道和 BF_3 分子的空间构型

(3) sp^3 杂化：原子在形成分子时，同一原子的 1 个 *n*s 轨道和 3 个 *n*p 轨道之间进行杂化的过程称为 sp^3 杂化，形成 4 个等价的 sp^3 杂化轨道。sp^3 杂化轨道的特点是每个杂化轨道中含有 1/4 的 s 轨道成分和 3/4 的 p 轨道成分，两个轨道的夹角约为 109°28′，呈正四面体形。如 CH_4 中 C 的价层电子构型为 $2s^2 2p^2$，C 原子的 sp^3 杂化过程和 CH_4 分子的空间构型见图 2-8。

$BeCl_2$、BF_3 和 CH_4 分子中各自所含杂化轨道的成分和能量完全相同，这种杂化称为**等性杂化**。如果在杂化轨道中有不参与成键的孤对电子存在，使得各杂化轨道的成分或能量不完全相同，这种杂化称为**不等性杂化**。

NH_3 和 H_2O 分子的形成过程中 N 和 O 就是以不等性 sp^3 杂化成键的。

在 NH_3 分子中，N 原子的价层电子构型为 $2s^2 2p^3$，它的 1 个 2s 轨道和 3 个 2p 轨道形成 4 个 sp^3 杂化轨道，如图 2-9 所示，其中 1 个轨道被 N 原子的孤对电子占据，其余 3 个轨道中各有 1 个成单电子，并与氢原子形成 3 个共价单键。由于孤对电子的电子云对成键电子的排斥作用较强，NH_3 分子的键角为 107°18′，空间构型为三角锥形。

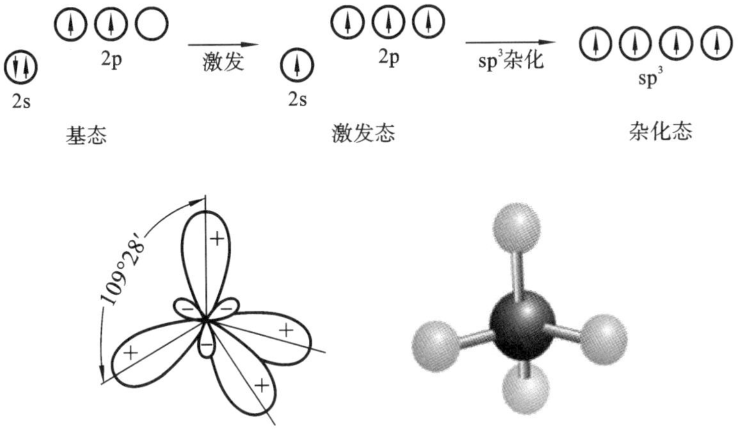

图 2-8 C 原子的 sp^3 杂化轨道和 CH_4 分子的空间构型

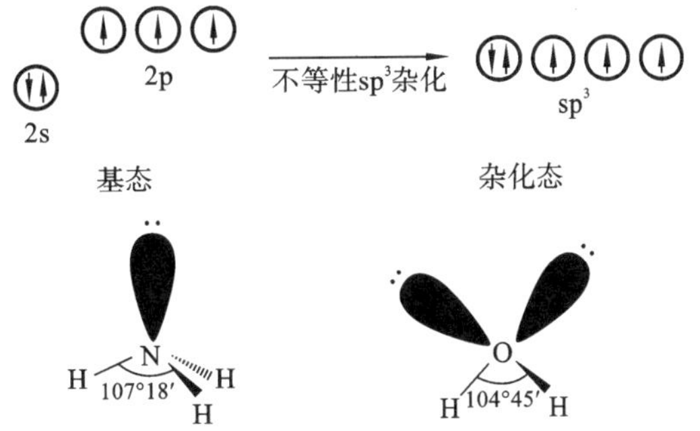

图 2-9 NH_3 分子、H_2O 分子的不等性杂化及空间构型

同样，在 H_2O 分子的形成过程中，O 原子的一个 2s 轨道和 3 个 2p 轨道形成 4 个 sp^3 杂化轨道，其中 2 个轨道被 O 原子的孤对电子占据，其余 2 个轨道中各有 1 个成单电子，与 2 个氢原子形成 2 个 O—H。由于 2 个孤对电子的电子云对成键电子的排斥作用较强，H_2O 分子的键角为 104°45′，空间构型为 V 形。

知识拓展：价层电子对互斥理论简介

应当注意的是，除上述 ns 和 np 可以参与杂化外，nd、$(n-1)$d 原子轨道也可以参与杂化。

由上可知，利用杂化轨道理论既可以说明某些共价化合物分子的成键情况，也能说明它们的几何构型。

讨论 2-3：画出 HF、H_2O、NH_3、CH_4、CH_3OH 等分子的空间结构。

第三节 分子间作用力

PPT 微课

原子结合成分子后，分子之间主要通过分子间作用力结合成物质。物质的三态变化及溶解度等物理性质均与分子间作用力有关。分子间作用力属于静电引力，强度远小于化学键。分子间作用力包括范德华力和氢键。范德华力的大小与分子的极性有关。

一、分子的极性

若分子的正电荷中心和负电荷中心完全重合，则分子没有极性，称为非极性分子；若分子的正、负电荷中心不能完全重合，则为极性分子。

如图 2-10 所示，分子极性的大小用偶极矩（dipole moment，μ）度量，偶极矩定义为正、负电荷中心间的距离 d 与电荷量 q（正电荷中心为 $+q$ 或负电荷中心为 $-q$）的乘积：

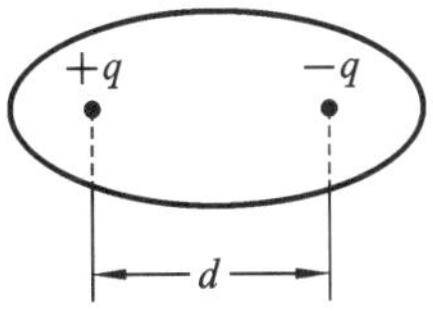

图 2-10 分子的偶极矩示意图

$$\mu = qd$$

非极性分子的 $\mu=0$，极性分子的 $\mu>0$。μ 值越大，说明分子的极性越大。一些分子的偶极矩与分子构型见表2-4。

表 2-4　一些分子的偶极矩与分子构型

分子式	$\mu/10^{-30}$ C·m	分子构型	分子式	$\mu/10^{-30}$ C·m	分子构型
H_2	0	直线形	SO_2	5.33	V 形
N_2	0	直线形	H_2O	6.17	V 形
CO_2	0	直线形	NH_3	4.90	三角锥形
CS_2	0	直线形	HCN	9.85	直线形
CH_4	0	正四面体形	HF	6.37	直线形
CO	0.4	直线形	HCl	3.57	直线形
$CHCl_3$	3.50	四面体形	HBr	2.67	直线形
H_2S	3.67	V 形	HI	1.40	直线形

对于双原子分子，键的极性就是分子的极性。比如 H_2、O_2、N_2 等都是由非极性共价键形成的非极性分子，HF、HCl、HBr 等都是由极性共价键形成的极性分子。

多原子分子要分两种情况判断分子极性：如果由同种元素的原子形成的分子，原子之间的化学键均是非极性键，则分子是非极性分子，如 S_8、P_4 等；如果由不同种元素的原子形成分子，则分子的极性要根据其空间构型来判断。若分子空间构型完全对称，分子的正电荷中心和负电荷中心必然重合，如 CO_2、BF_3、CH_4、CCl_4 等是非极性分子；若不完全对称，则正、负电荷中心不能重合，如 H_2O、NH_3、HCN 等是极性分子。

二、范德华力

范德华力是分子间作用力，属于静电引力。它的能量只有化学键能量的 1/100～1/10。按产生的原因和特点，范德华力可分为取向力、诱导力和色散力三种。

1. 取向力

当极性分子之间相互接近时，一个分子的正极将与另一个分子的负极相互吸引，并按一定的方向产生静电作用。这种由于极性分子之间通过取向产生的分子间作用力，称为取向力。极性分子间的取向力见图 2-11。

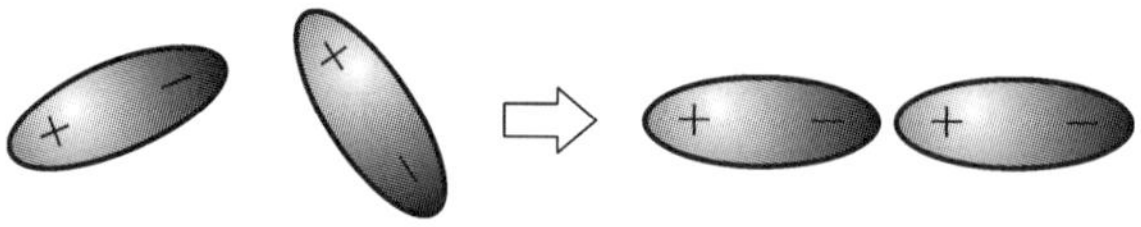

图 2-11　极性分子间的取向力

取向力的大小，与极性分子之间的偶极矩有关。分子的极性越大，取向力越大。

2. 诱导力

当极性分子和非极性分子相互接近时，极性分子的偶极矩产生的电场作用，诱导非极性分子的正、负电荷中心发生偏移，使得非极性分子自身产生一对诱导偶极，再与极性分子以静电引力相吸引，这种分子间作用力称为诱导力。非极性分子受极性分子作用产生诱导偶极矩示意图见图 2-12。

图 2-12　非极性分子受极性分子作用产生诱导偶极矩

诱导力的大小与极性分子的极性有关，也与非极性分子的变形性有关。极性分子之间除产生取向力以外，也存在诱导力。

3. 色散力

在非极性分子之间也存在相互作用力。这是因为分子内部的原子核和电子在不断运动中的某一瞬间，正、负电荷中心发生偏移，产生瞬间偶极矩，当几个分子相互接近时，就会因瞬间偶极矩而发生异极相吸的作用。这种由瞬间偶极矩所产生的作用力称为色散力。非极性分子间的瞬间偶极矩见图2-13。

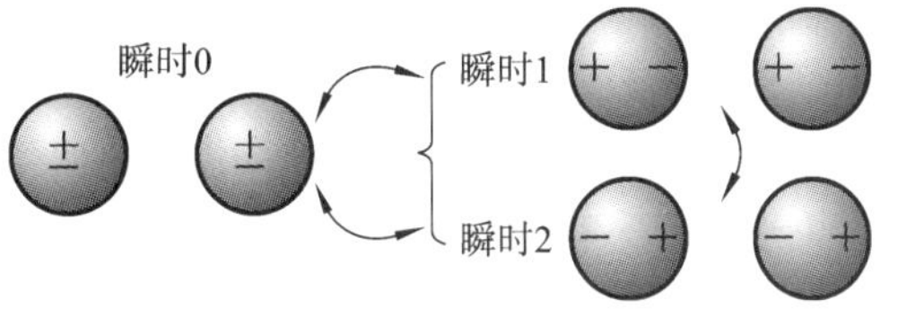

图 2-13 非极性分子间的瞬间偶极矩

瞬间偶极矩虽然是短暂的，但原子核和电子在不断运动，瞬间偶极矩也就不断出现，所以所有分子间都会存在这种作用力。色散力的大小主要与非极性分子的变形性有关，变形性越强，色散力越大。

通常，在非极性分子间只有色散力，在极性分子和非极性分子之间有诱导力和色散力，在极性分子和极性分子之间有取向力、诱导力和色散力。

分子间作用力只有在分子间距足够小时，才能表现出来，随着分子间距的增大而迅速减弱。分子间作用力对物质物理性质的影响较大。分子间作用力越大，物质的熔点、沸点越高，硬度越大；相对分子质量越高，分子的变形性越大，分子间作用力越大。如 F_2、Cl_2、Br_2、I_2 分子的熔点、沸点均依次升高。

讨论 2-4：试说明 HCl、CO_2、H_2O、CCl_4、NH_3、HCN、HF 等分子的极性，找出其中水溶性最大和最小的物质。

三、氢键

按一般规律，氧族元素的氢化物中，H_2O 的相对分子质量最小，分子间作用力应该最弱，熔点、沸点本应小于 H_2S、H_2Se、H_2Te。但实际上，相对于同族其他元素的氢化物，H_2O 的沸点(373 K)和 H_2O 的熔点(273 K)均呈现反常的特别高的数值(图 2-14)，其余三种氧族元素的氢化物的熔点、沸点变化均符合上述一般规律。

从图 2-15 可以看出，同样的反常现象还出现在卤族元素氢化物的 HF 和氮族元素氢化物的 NH_3 中。碳族元素氢化物中 CH_4 的沸点并未出现反常。

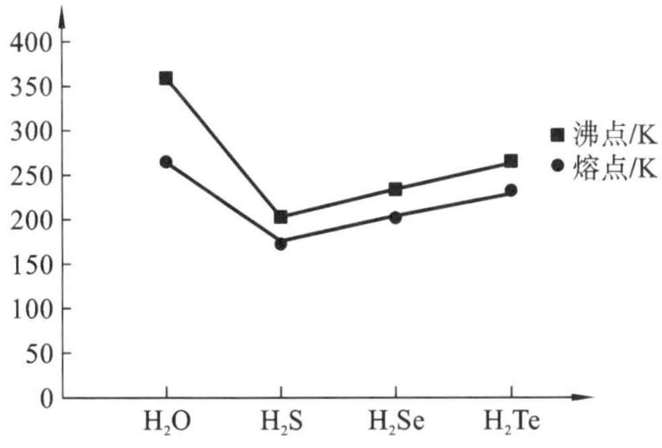

图 2-14 氧族元素氢化物的熔点和沸点变化

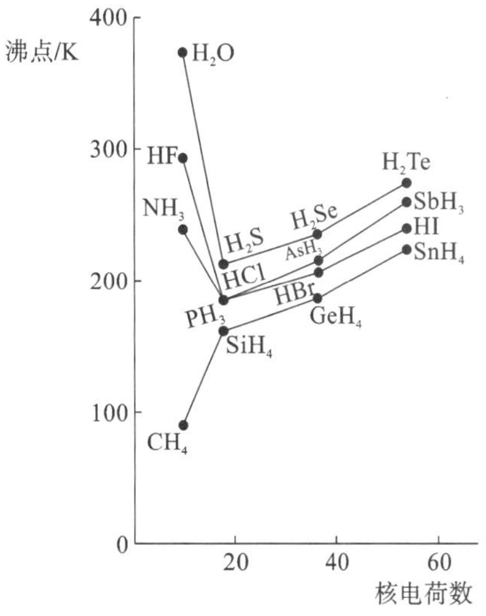

图 2-15 碳、氮、卤、氧四族元素氢化物的沸点曲线

NH_3、H_2O、HF 的高沸点反映出其分子间除了存在一般的分子间作用力外，还有一种更为强大的特殊的分子间作用力。这种强度超出普通分子间作用力数倍的特殊分子间作用力，与 N、O、F(及与

其类似的电负性特别大的原子或基团)上带较强正电荷的 H 原子有关,人们将其称为氢键。

1. 氢键的形成

氢键是指分子中与电负性特别大的原子 X(如 N、O、F)以共价键相连的 H 原子(带接近一个单位的正电荷),和另一分子中(或同一分子邻近基团中)的一个电负性特别大的原子 Y(一般为 N、O、F,所带负电荷接近一个单位)之间的相互作用。

在共价键 X—H 中,由于 X 的电负性大,共用电子对强烈偏向 X 原子,使 H 原子几乎成为“裸露的质子”,产生很大的偶极矩。由于 H 原子只有一个电子,无内层电子保护,在与 X 成键后,可与另一个电负性大、半径较小的带有孤对电子的 Y 原子产生静电吸引而形成氢键。通常用 X—H…Y 表示,其中“…”表示一个氢键。

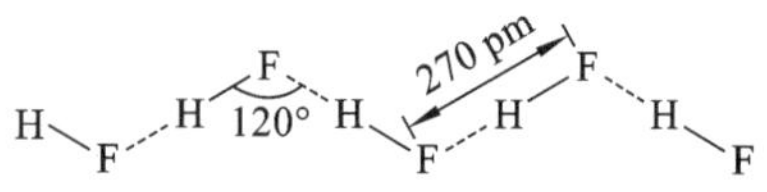

图 2-16 HF 分子间以氢键作用形成缔合分子示意图

HF 分子极性很大,其水溶液酸性却很弱,就是因为氟化氢分子间以氢键形成了缔合分子,导致 HF 解离程度降低,酸性下降。HF 分子间以氢键作用形成缔合分子示意图如图 2-16 所示。

2. 氢键的特点

氢键仍属于静电作用力,比化学键弱,但比分子间作用力强;氢键有方向性和饱和性;能够形成氢键的元素应具有电负性很大、半径小、有孤对电子的特点。通常为 F、O、N 等原子;X、Y 可以相同,也可以不同,即氢键既可以在同种分子间形成,也可以在不同分子间形成。

3. 氢键的分类

氢键可分为分子间氢键和分子内氢键两种。两个分子之间形成的氢键,称为分子间氢键,如水分子间的氢键、氨水中氨与水分子间的氢键、对硝基苯酚和对羟基苯甲酸甲酯分子间的氢键等。同一分子内的相邻原子团之间形成的氢键,称为分子内氢键,如邻硝基苯酚、邻羟基苯甲酸甲酯等分子内氢键。分子间氢键的存在与否会对两个同分异构体的熔(沸)点产生极大影响,详见图 2-17。

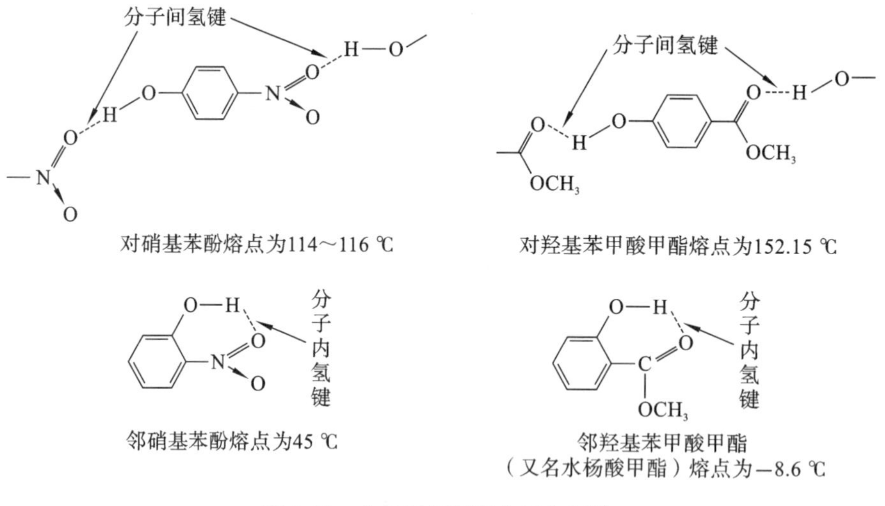

图 2-17 分子间氢键和分子内氢键

4. 氢键的应用

氢键广泛存在于许多物质分子中,它的存在会对物质的物理性质产生极大影响,氢键理论可以解释许多物质特殊的物理性质。

例如,羧酸的高沸点、水结冰后体积的增大都与氢键的存在有关,详见图 2-18。在溶解性方面,如果溶质和溶剂分子之间能形成氢键,则溶解性增强,如氨气与水、氯化氢与水、乙醇与水之间能良好互溶就与氢键的存在有关。

讨论 2-5:(1)“分子中有氢就有氢键”这句话对不对?

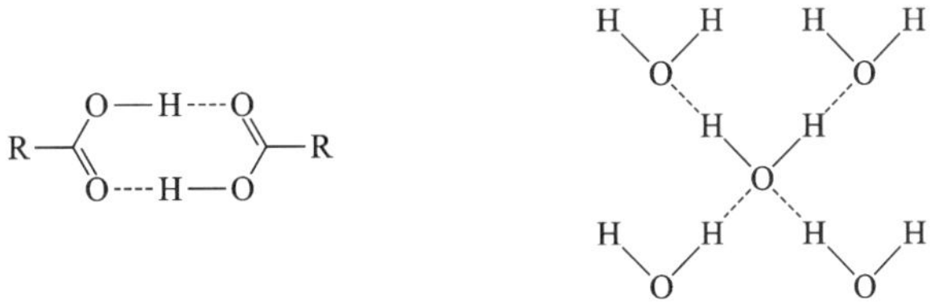

图 2-18 羧酸、水分子中的氢键

(2) 常见有机物 $R—NH_2$、$R—OH$、$R—COOH$、$R—CH_3$、$R—SH$ 中，能产生分子间氢键的物质有哪些？能产生分子内氢键的物质有哪些？

能力检测答案　　知识拓展：DNA 双螺旋结构

能力检测

一、单项选择题(16×3＝48 分)

1. 下列各组物质，全为离子化合物的是(　　)。

A. $NaCl$、K_2S、NH_4Cl、$Ca(OH)_2$　　B. HCl、KI、$CaCl_2$、K_2S

C. H_2SO_4、KI、$CaCl_2$、Na_2S　　D. HBr、$NaBr$、$CaCl_2$、H_2CO_3

2. 原子结合成分子的作用力是(　　)。

A. 化学键　　B. 分子间作用力　　C. 核力　　D. 氢键

3. 水具有反常高的沸点，这是由于分子中存在(　　)。

A. 范德华力　　B. 共价键　　C. 氢键　　D. 离子键

4. 已知 CH_4 是正四面体形分子，则中心原子 C 的杂化方式是(　　)。

A. sp^3 杂化　　B. sp^2 杂化　　C. sp 杂化　　D. 不等性 sp^3 杂化

5. BCl_3 分子空间构型是平面三角形，而 NCl_3 分子的空间构型是三角锥形，则 NCl_3 分子构型是下列哪种杂化引起的？(　　)

A. sp^3 杂化　　B. 不等性 sp^3 杂化　　C. sp^2 杂化　　D. sp 杂化

6. 原子轨道之所以发生杂化是因为(　　)。

A. 进行电子重排　　B. 增加配对的电子数

C. 增大成键能力　　D. 保持共价键方向性

7. 下列化合物中，哪个不具有孤电子对？(　　)

A. H_2O　　B. NH_3　　C. NH_4^+　　D. H_2S

8. 下列说法正确的是(　　)。

A. 固体 I_2 分子间作用力大于液体 Br_2 分子间作用力

B. 分子间氢键和分子内氢键都可使物质熔点、沸点升高

C. HCl 分子是直线形的，故 Cl 原子采用 sp 杂化轨道与 H 原子成键

D. $BeCl_2$ 分子的极性小于 BCl_3 分子的极性

9. 下列关于分子间作用力的说法，正确的是(　　)。

A. 大多数含氢化合物分子间都存在氢键

B. 分子型物质的沸点总是随相对分子质量增加而增大

C. 极性分子间只存在取向力

D. 色散力存在于所有直接相邻的分子间

10. 下列各组分子中，化学键均有极性，但分子偶极矩均为零的是(　　)。

A. NO_2、PCl_3、CH_4　　B. NH_3、BF_3、H_2S

C. N_2、CS_2、PH_3　　D. CS_2、BCl_3、$PCl_5(s)$

11. 下列化合物中含配位键的是(　　)。

A. H_2O　B. NH_3　C. NH_4Cl　D. CH_4

12. 石墨中，层与层之间的结合力是(　　)。

A. 共价键　B. 离子键　C. 金属键　D. 分子间作用力

13. 下列物质中，分子间不存在氢键的是(　　)。

A. H_2O_2　B. C_2H_5OH　C. H_3BO_3　D. CH_3CHO

14. 下列说法正确的是(　　)。

A. π 电子是由 2 个 p 电子“头碰头”重叠形成的

B. σ 键是镜像对称，而 π 键是轴对称

C. 乙烷分子中的键全为 σ 键，而乙炔分子中的键有 π 键和 σ 键

D. 以上说法都对

15. 已知二氧化碳分子的偶极矩为零，下列说法错误的是(　　)。

A. 二氧化碳是结构对称的直线形分子　B. 二氧化碳中仅有非极性共价键

C. 二氧化碳是非极性分子　D. 二氧化碳中存在极性共价键

16. 由诱导偶极矩形成的分子间作用力属于(　　)。

A. 共价键　B. 范德华力　C. 离子键　D. 氢键

二、多项选择题(4×4=16 分)

1. 氢键的特点有(　　)。

A. 具有方向性　B. 具有饱和性

C. 既无方向性也无饱和性　D. 以上都不对

2. 下列分子中偶极矩为零的有(　　)。

A. CH_4　B. NH_3　C. CO_2　D. $CHCl_3$

3. 下列分子构型是直线形的有(　　)。

A. CH_4　B. HCN　C. CO_2　D. $CHCl_3$

4. 下列属于 sp^2 杂化轨道的特点的有(　　)。

A. 每个杂化轨道中含有 1/3 的 s 轨道成分和 2/3 的 p 轨道成分

B. 两个轨道的夹角为 120°

C. 呈平面三角形

D. 两个轨道的夹角为 180°

三、配伍题(7×3=21 分)

【1～4 题】 根据成键原子间原子轨道重叠方式的不同，共价键一般分为以下两种，请选出与描述相符的选项。

A. σ 键　B. π 键

1. 成键原子沿着两原子核连线(或键轴)方向，原子轨道以“头碰头”的形式重叠(　　)

2. 成键原子的原子轨道垂直于两核连线，以“肩并肩”的形式重叠(　　)

3. 重叠程度大、键能大、稳定性高(　　)

4. 重叠程度小、键能小、稳定性低(　　)

【5～7 题】 s-p 杂化类型有以下三种，请选出相应化合物的杂化类型。

A. sp 杂化　B. sp^2 杂化　C. sp^3 杂化

5. $BeCl_2$ 的杂化类型(　　)

6. CH_4 的杂化类型(　　)

7. BF_3 的杂化类型(　　)

四、综合题(第 1 题 5 分，第 2 题 10 分)

1. 化学键有哪几种类型？各有什么特点？

2. 试用杂化轨道理论讨论下列分子的成键过程及空间构型。

(1) CO_2 (2) NH_3 (3) H_2O (4) CCl_4 (5) $CHCl_3$

参考文献

[1] 黄南珍. 无机化学[M]. 北京：人民卫生出版社，2005.

[2] 宋克让，周建庆，于昆. 无机化学[M]. 武汉：华中科技大学出版社，2012.

[3] 牛秀明，林珍. 无机化学[M]. 2 版. 北京：人民卫生出版社，2013.

[4] 蔡自由，杨柳. 基础化学[M]. 北京：中国医药科技出版社，2010.

[5] 张天蓝，姜凤超. 无机化学[M]. 7 版. 北京：人民卫生出版社，2016.

（杨　柳）

第三章

溶液

学习目标

知识目标

1. 掌握：溶液浓度的表示方法、溶液的配制与稀释，渗透压的概念、计算和应用。
2. 熟悉：不同浓度之间的换算，分散系的分类和性质。
3. 了解：稀溶液的依数性。

能力目标

1. 会进行物质的量浓度、质量浓度、质量分数、体积分数、渗透浓度相关的计算。
2. 能说出溶液配制和稀释的基本步骤，能判断常见临床药物所属分散系种类，以及细胞在常见溶液中的形态。

素质目标

提高规范操作和健康饮食的意识。

学习引导

0.9%的盐水在临床上常用来补充体液，其中的0.9%是表示什么？如何配制500 mL的0.9%的盐水？

第一节 分 散 系

PPT 微课

一、分散系的概念

分散系(dispersed system)是一种或几种物质的微粒，分散在另一种物质中形成的体系。分散系中被分散的物质称为**分散相**(dispersed phase)或分散质，容纳分散相的物质称为**分散介质**(dispersed medium)或分散剂。例如，消毒用的碘酒就是碘分散在乙醇中形成的分散系，其中碘是分散相，乙醇是分散介质。

二、分散系的分类和性质

不同分散系中的分散相粒子大小不一样，根据分散相粒子大小，分散系可分为三种类型：分子或离子分散系、胶体分散系和粗分散系。

（一）分子或离子分散系

分散相粒子直径小于1 nm(1 nm=10^{-9} m)的分散系称为分子或离子分散系(molecular and ionic dispersion system)，又称为真溶液。通常将溶液中的分散相称为溶质，分散介质称为溶剂。水是一种常用的溶剂，不具体注明溶剂的溶液就是水溶液，如葡萄糖溶液、氯化钠溶液。

分子或离子分散系中分散相粒子为单个的分子或离子。由于分散相粒子太小，它能让光线通过，分散相与分散介质之间也不存在界面，这类分散系是一类均匀、稳定、透明的分散系。分散相粒子能透过滤纸和半透膜。

（二）胶体分散系

分散相粒子直径为 1～100 nm 的分散系称为胶体分散系（colloidal dispersion system），主要包括溶胶和大分子溶液。通常将固态分散相分散在液态分散介质中形成的胶体溶液称为溶胶。

溶胶的胶粒是许多分子、原子或离子的聚集体，分散相与分散介质之间有界面，能让部分光线通过，因而透明度不一。溶胶的主要特征是不均匀、相对稳定，胶粒能透过滤纸但不能透过半透膜。

大分子溶液的分散相粒子是单个大分子，粒子大小在胶体分散系范围内。分散相与分散介质之间没有界面，是均匀、稳定、透明的体系。分散相粒子能透过滤纸但不能透过半透膜。

（三）粗分散系

分散相粒子直径大于 100 nm 的分散系称为粗分散系（coarse disperse system）。粗分散系的分散相粒子由较多的分子聚集而成。根据分散相状态不同，粗分散系分为悬浊液和乳浊液。固体小颗粒分散在液体中的粗分散系称为悬浊液，久置后会出现沉淀，如泥浆水、外用皮肤杀菌剂硫黄合剂等。分散相以小液滴分散在另一互不相溶的液体分散介质中所形成的粗分散系称为乳浊液，久置后会出现分层，如乳汁、敌百虫乳剂、外用松节油搽剂等。

粗分散系的分散相和分散介质之间有界面，能阻止光线通过，故粗分散系不均匀、不稳定，外观浑浊，分散相粒子不能透过滤纸和半透膜。

分散系的分类及主要性质见表 3-1。

表 3-1　分散系的分类及主要性质

分散系类型	分　类	分散相粒子	粒子直径/nm	主要特征
分子或离子分散系	真溶液	单个的分子或离子	<1	均匀、稳定、透明，分散相粒子能透过滤纸和半透膜
胶体分散系	溶胶	分子、原子或离子聚集体	1～100	透明度不一、不均匀、相对稳定，分散相粒子能透过滤纸但不能透过半透膜
	大分子溶液	单个大分子		均匀、稳定、透明，分散相粒子能透过滤纸但不能透过半透膜
粗分散系	悬浊液	固体小颗粒	>100	不均匀、不稳定、外观浑浊，分散相粒子不能透过滤纸和半透膜
	乳浊液	小液滴		

乳浊液在医药上又称为乳剂。乳剂一般不稳定，要使其稳定，必须加入使乳剂稳定的物质，这种物质称为乳化剂。乳化剂是一类表面活性剂，含有亲水基和亲油基，可在分散相的小液滴表面形成一层乳化剂薄膜，使小液滴间不易相互聚集。常见表面活性剂有肥皂、合成洗涤剂、构成细胞膜的磷脂、血液中的某些蛋白质、体内的胆汁酸盐等。

乳化作用在医学上有重要的意义。油脂在体内的消化吸收过程依赖于胆汁中胆汁酸盐的乳化作用，其可以加速油脂的水解，使油脂水解产物易被小肠吸收。药用油类物质常需乳化后才能内服，如鱼肝油乳剂，其目的是便于吸收和尽量减小对胃肠功能的扰乱作用。

讨论 3-1：判断下列物质分别属于什么分散系。

（1）生理盐水　（2）硫黄合剂　（3）牛奶　（4）血液

第二节　溶液的浓度

PPT　微课

溶液的性质常与溶液中溶质和溶剂的相对组成有关。稀硫酸能与铁发生置换反应放出氢气；而浓硫酸则可使铁钝化，在铁表面生成一层致密的氧化膜以阻止硫酸继续与铁反应。同为硫酸，由于浓度不同，故性质不同。因此，配制一种溶液，不仅要标明溶质和溶剂的名称，还必须标明溶液的浓度

(concentration)。

溶液的浓度是指溶液中溶质和溶剂的相对含量，同一种溶液，根据不同的需要，可选择不同的浓度表示方法，常见溶液浓度的表示方法有物质的量浓度、质量浓度、质量分数、体积分数、物质的量分数、质量摩尔浓度等。

一、溶液的浓度表示方法

（一）物质的量浓度

物质的量是国际七个物理量之一，符号为 n，单位为摩尔(mol)，简称摩。物质的量是表示微观粒子的集合体，1 mol 物质中含有与 0.012 kg ^{12}C 中原子数相同的基本单元，约为 6.02×10^{23} 个(阿伏加德罗常数)，例如：1 mol H_2 可表示为 $n_{H_2}=1$ mol。

1 mol 物质具有的质量称为摩尔质量。科学证明，任何物质 B 的摩尔质量 M_B，如果以 g/mol 作为单位，数值上就等于该物质的相对分子质量或相对原子质量，例如 NaCl 的摩尔质量记为 $M_{NaCl}=58.5$ g/mol或者 $M(NaCl)=58.5$ g/mol。物质的量(n_B)、质量(m_B)和摩尔质量(M_B)之间的关系可以表示如下：

$$n_B=\frac{m_B}{M_B} \tag{3-1}$$

物质的量浓度(molality)简称浓度，是指单位体积溶液中所含溶质 B 的物质的量，用符号 c_B 表示，也可用 c(B)表示，即

$$c_B=\frac{n_B}{V} \tag{3-2}$$

根据式(3-1)有

$$c_B=\frac{m_B}{M_B\times V} \tag{3-3}$$

式中，c_B 为溶质 B 的物质的量浓度；n_B 为溶质 B 的物质的量；V 是溶液的体积。物质的量浓度的 SI(国际单位制)单位为 mol/m^3(摩尔每立方米)，医学上常用的单位是 mol/L(摩尔每升)，mmol/L(毫摩尔每升)和 μmol/L(微摩尔每升)等。

使用物质的量浓度时，必须指明物质 B 的基本单元。基本单元可以是分子、原子、离子以及其他粒子或这些粒子的特定组合。例如：

$c_{H_2SO_4}=0.1$ mol/L，表示每升溶液中含 0.1 mol H_2SO_4 基本单元。

$c_{\frac{1}{2}H_2SO_4}=0.1$ mol/L，表示每升溶液中含有 0.1 mol $\frac{1}{2}H_2SO_4$ 基本单元。若说硫酸的物质的量浓度为 0.1 mol/L，含义就不清了，因为未指明基本单元，基本单元可能是$\frac{1}{2}H_2SO_4$，也可能是 H_2SO_4。

1. 已知溶质的质量和溶液的体积，计算溶液的浓度

【例 3-1】 正常人每 100 mL 血浆中含 Ca^{2+} 10.0 mg，求 Ca^{2+} 的物质的量浓度(单位：mmol/L)。

解：已知 $V=100$ mL$=0.1$ L，$m_{Ca^{2+}}=10.0$ mg，$M_{Ca^{2+}}=40.0$ g/mol。

根据物质的量浓度的定义 $c_B=\frac{n_B}{V}=\frac{m_B}{M_B\times V}$，得

$$c_{Ca^{2+}}=\frac{n_{Ca^{2+}}}{V}=\frac{m_{Ca^{2+}}}{M_{Ca^{2+}}\times V}=\frac{10.0\text{ mg}}{40.0\text{ g/mol}\times0.1\text{ L}}=2.5\text{ mmol/L}$$

答：正常人血浆中 Ca^{2+} 的物质的量浓度为 2.5 mmol/L。

2. 已知溶液的浓度，计算一定体积的溶液中所含溶质的量

【例 3-2】 配制临床用物质的量浓度为 154 mmol/L 的盐水 500 mL，需 NaCl 多少克？

解：已知 $c_{NaCl}=154$ mmol/L$=0.154$ mol/L，$V=500$ mL$=0.5$ L，$M_{NaCl}=58.5$ g/mol。

根据物质的量浓度的定义 $c_B=\frac{m_B}{M_B\times V}$，得

$$m_{NaCl}=c_{NaCl}\times V\times M_{NaCl}=0.154\text{ mol/L}\times0.5\text{ L}\times58.5\text{ g/mol}=4.5\text{ g}$$

故要配制物质的量浓度为 154 mmo/L 的盐水 500 mL，需 NaCl 4.5 g。

【例 3-3】 中和 0.1 mol/L NaOH 溶液 20.0 mL，需要 0.1 mol/L H_2SO_4 溶液多少毫升？

解：已知 $c_{NaOH}=0.1$ mol/L，$V_{NaOH}=20.0$ mL$=0.020$ L，$c_{H_2SO_4}=0.1$ mol/L。

设需要 0.1 mol/L H_2SO_4 溶液的体积为 V。

$$H_2SO_4 \quad + \quad 2NaOH = Na_2SO_4 + 2H_2O$$

化学计量数　　1　　　　　2

物质的量　　0.1 mol/L×V　　0.1 mol/L×0.020 L

根据物质的量之比等于化学计量数之比，有

$$1:2=(0.1\ \text{mol/L}\times V):(0.1\ \text{mol/L}\times 0.020\ \text{L})$$

所以
$$V=\frac{0.1\ \text{mol/L}\times 0.020\ \text{L}\times 1}{0.1\ \text{mol/L}\times 2}=0.010\ \text{L}=10.0\ \text{mL}$$

答：中和 0.1 mol/L NaOH 溶液 20.0 mL，需要 0.1 mol/L H_2SO_4 溶液 10.0 mL。

（二）质量浓度

质量浓度(mass concentration)用 ρ_B 表示，指单位体积溶液中所含溶质 B 的质量，即

$$\rho_B=\frac{m_B}{V} \tag{3-4}$$

质量浓度常用单位为 g/L、mg/L 和 μg/L。在临床检验中，世界卫生组织建议，凡是相对分子质量(M_r)已知的物质，统一用物质的量浓度表示含量，对于 M_r 未知的物质，在人体内的含量则可用质量浓度 ρ_B 表示。如果是注射液，则在注射液的标签上同时写明 ρ_B 和 c_B。例如：静脉注射用 NaCl 溶液，标签上应标注 $\rho_{NaCl}=9$ g/L，$c_{NaCl}=0.154$ mol/L。

【例 3-4】 每 500 mL 生理盐水中含 NaCl 4.5 g，求生理盐水的质量浓度和物质的量浓度。

解：已知 $V=500$ mL$=0.5$ L，$m_{NaCl}=4.5$ g，$M_{NaCl}=58.5$ g/mol。

根据质量浓度的定义 $\rho_B=\dfrac{m_B}{V}$，有

$$\rho_{NaCl}=\frac{m_{NaCl}}{V}=\frac{4.5\ \text{g}}{0.5\ \text{L}}=9\ \text{g/L}$$

根据物质的量浓度的定义 $c_B=\dfrac{n_B}{V}=\dfrac{m_B}{M_B\times V}$，有

$$c_{NaCl}=\frac{n_{NaCl}}{V}=\frac{m_{NaCl}}{M_{NaCl}\times V}=\frac{4.5\ \text{g}}{58.5\ \text{g/mol}\times 0.5\ \text{L}}=0.154\ \text{mol/L}$$

答：生理盐水的质量浓度为 9 g/L，物质的量浓度为 0.154 mol/L。

（三）质量分数

物质 B 的质量分数(mass fraction)用符号 ω_B 表示，定义为混合物中物质 B 的质量除以混合物的总质量，即

$$\omega_B=\frac{m_B}{\sum_i m_i} \tag{3-5}$$

式中，m_B 为溶质 B 的质量；$\sum_i m_i$ 为混合物中各组分质量之和。ω_B 的单位为 1，可以用小数表示，也可用百分数表示。

【例 3-5】 9 g NaCl 溶于 1000 mL 的纯化水中配成生理盐水，求生理盐水的质量分数。

解：已知稀溶液的密度 $\rho=1$ g/mL，$m_{NaCl}=9$ g，$V=1000$ mL$=1$ L。

$$\omega_B=\frac{m_B}{\sum_i m_i}=\frac{m_B}{m}=\frac{m_B}{\rho\times V}$$

$$\omega_{NaCl}=\frac{m_{NaCl}}{\rho\times V}\times 100\%=\frac{9\ \text{g}}{1\ \text{g/mL}\times 1000\ \text{mL}}=0.9\%$$

答：生理盐水的质量分数为 0.9%。

（四）体积分数

体积分数(volume fraction)用符号 φ_B 表示，定义为混合物中物质 B 的体积除以混合物的总体积，即

$$\varphi_B = \frac{V_B}{\sum_i V_i} \tag{3-6}$$

式中，V_B 为物质 B 的体积；$\sum_i V_i$ 为混合物中各组分体积之和；φ_B 的单位为 1。

【例 3-6】 配制 $\varphi_B=75\%$的乙醇 1000 mL 需要纯乙醇多少毫升？

解：已知 $\varphi_B=75\%=0.75$，$V=1000$ mL，根据 $\varphi_{乙醇}=\frac{V_{乙醇}}{V}$，有

$$V_{乙醇}=\varphi_{乙醇}\times V=0.75\times 1000\ \text{mL}=750\ \text{mL}$$

答：需要纯乙醇 750 mL。

（五）物质的量分数

物质的量分数(mole fraction)用符号 x_B 表示，定义为混合物中物质 B 的物质的量与混合物总物质的量之比，即

$$x_B = \frac{n_B}{\sum_i n_i} \tag{3-7}$$

式中，n_B 为物质 B 的物质的量；$\sum_i n_i$ 为混合物中各组分物质的量之和。x_B 的单位为 1。若溶液由溶质 B 和溶剂 A 两种物质组成，则溶质 B 和溶剂 A 的物质的量分数分别如下：

$$x_B = \frac{n_B}{n_B+n_A} \quad x_A = \frac{n_A}{n_B+n_A}$$

式中，n_A 为溶剂 A 的物质的量；n_B 为溶质 B 的物质的量，并且 $x_B+x_A=1$。

（六）质量摩尔浓度

质量摩尔浓度(molality)用符号 b_B 表示，定义为溶质 B 的物质的量除以溶剂 A 的质量，即

$$b_B = \frac{n_B}{m_A} \tag{3-8}$$

式中，n_B 为溶质 B 的物质的量；m_A 为溶剂 A 的质量(kg)；b_B 的单位为摩尔每千克(mol/kg)或毫摩尔每千克(mmol/kg)。

由于质量摩尔浓度和物质的量分数与温度无关，因此其在物理化学中应用广泛。

【例 3-7】 将 36 g 葡萄糖($M=180$ g/mol)溶于 2000 g 水中，求溶液的质量摩尔浓度。

解：已知 $m_{葡萄糖}=36$ g，$m_{水}=2000$ g$=2$ kg，$M_{葡萄糖}=180$ g/mol。

根据质量摩尔浓度的定义 $b_B=\frac{n_B}{m_A}=\frac{m_B}{M_B\times m_A}$，有

$$b_{葡萄糖}=\frac{36\ \text{g}}{180\ \text{g/mol}\times 2\ \text{kg}}=0.1\ \text{mol/kg}$$

答：该葡萄糖溶液的质量摩尔浓度为 0.1 mol/kg。

对于很稀的溶液，其密度约为 1 g/mL，1 kg 溶液的体积约为 1 L，故 1 mol/kg 与 1 mol/L 相当。

【例 3-8】 市售浓硫酸的密度为 1.84 kg/L，质量分数为 96%，试求该难挥发非电解质稀溶液的 $c_{H_2SO_4}$ 和 $b_{H_2SO_4}$。

解：已知 $M_{H_2SO_4}=98$ g/mol，密度 $\rho=1.84$ kg/L$=1840$ g/L，$\omega=96\%=0.96$。

(1) 以 1 L 浓硫酸计：$c_{H_2SO_4}=\frac{1840\ \text{g/L}\times 1\ \text{L}\times 0.96}{98\ \text{g/mol}\times 1\ \text{L}}=18\ \text{mol/L}$

(2) 以 100 g 浓硫酸计：$b_{H_2SO_4}=\frac{n_{H_2SO_4}}{m_{H_2O}}=\frac{100\ \text{g}\times 0.96\times 1000}{98\ \text{g/mol}\times 100\ \text{g}\times(1-0.96)}=245\ \text{mol/kg}$

答：该难挥发非电解质稀溶液的 $c_{H_2SO_4}$ 为 18 mol/L，$b_{H_2SO_4}=245$ mol/kg。

讨论 3-2：市售浓硫酸的 $\omega_B=0.98$，$\rho=1.84$ kg/L。计算该浓硫酸的物质的量浓度。

二、不同浓度表示方法之间的换算

在实际工作中，同种溶液在不同用途中其浓度往往使用不同的表示方法，因此必须进行溶液浓度间的换算。溶液浓度间的换算要根据各种浓度的定义，依据要求和已知条件进行数值的换算和单位的变换。其中一些浓度之间的换算涉及质量与体积的变换，必须借助密度才能够实现。所以必须概念清楚，方能使计算结果符合规定要求。

（一）物质的量浓度与质量浓度之间的换算

这类换算的关键问题是溶质的质量（m_B）与溶质的物质的量（n_B）之间的转换，转换的桥梁是溶质的摩尔质量（M_B）。

根据
$$c_B=\frac{n_B}{V}=\frac{m_B}{M_B\times V} \quad 和 \quad \rho_B=\frac{m_B}{V}$$

有
$$c_B=\frac{\rho_B}{M_B} \tag{3-9}$$

$$或者\ \rho_B=c_B\times M_B \tag{3-10}$$

【例 3-9】 已知碳酸氢钠（$NaHCO_3$）注射液的密度为 12.5 g/L，求该注射液的物质的量浓度。

解：已知 $\rho_{NaHCO_3}=12.5$ g/L，$M_{NaHCO_3}=84$ g/mol。

根据
$$c_B=\frac{\rho_B}{M_B}$$

可得
$$c_{NaHCO_3}=\frac{12.5\ \text{g/L}}{84\ \text{g/mol}}=0.149\ \text{mol/L}$$

答：该碳酸氢钠注射液的物质的量浓度为 0.149 mol/L。

【例 3-10】 输液用葡萄糖（$C_6H_{12}O_6$）溶液的浓度为 0.278 mol/L，其质量浓度为多少？

解：已知 $c_{C_6H_{12}O_6}=0.278$ mol/L，$M_{C_6H_{12}O_6}=180$ g/mol。

根据
$$\rho_B=c_B\times M_B$$

得
$$\rho_{C_6H_{12}O_6}=0.278\ \text{mol/L}\times 180\ \text{g/mol}=50.04\ \text{g/L}$$

答：输液用葡萄糖（$C_6H_{12}O_6$）溶液的质量浓度为 50.04 g/L。

讨论 3-3：生理盐水的质量浓度为 9 g/L，那么生理盐水的物质的量浓度是多少？

（二）物质的量浓度与质量分数之间的换算

这类换算涉及两个问题：一是溶质的质量（m_B）与溶质的物质的量（n_B）之间的转换，转换的桥梁是溶质的摩尔质量（M_B）；二是溶液的质量（m）与溶液的体积（V）之间的转换，转换的桥梁是溶液的密度（ρ）。

根据
$$c_B=\frac{n_B}{V},n_B=\frac{m_B}{M_B},m_B=\omega_B\times m\ 和\ m=\rho\times V$$

有
$$c_B=\frac{n_B}{V}=\frac{m_B}{M_B\times V}=\frac{\omega_B\times m}{M_B\times V}=\frac{\rho\times V\times\omega_B}{M_B\times V}=\frac{\rho\times\omega_B}{M_B}$$

即
$$c_B=\frac{\rho\times\omega_B}{M_B} \tag{3-11}$$

或者
$$\omega_B=\frac{c_B\times M_B}{\rho} \tag{3-12}$$

【例 3-11】 已知某 HCl 溶液密度为 1.19 g/cm^3，质量分数为 0.37，试求该 HCl 溶液的物质的量浓度。

解：已知 $\rho=1.19$ g/cm^3$=1190$ g/L，$\omega_{HCl}=0.37$，$M_{HCl}=36.5$ g/mol。

根据
$$c_B=\frac{\rho\times\omega_B}{M_B}$$

可推出
$$c_{HCl}=\frac{\rho\times\omega_{HCl}}{M_{HCl}}=\frac{1190\ g/L\times0.37}{36.5\ g/mol}=12.1\ mol/L$$

答：该 HCl 溶液的物质的量浓度为 12.1 mol/L。

讨论 3-4：临床上纠正酸中毒，常用乳酸钠（$NaC_3H_5O_3$）注射液，其规格为每支（20 mL）注射液中含乳酸钠 2.24 g，求该注射液中乳酸钠的物质的量浓度。

第三节　溶液的配制与稀释

PPT　微课

配制一定浓度某物质的溶液，可由某纯物质直接配制，也可将其浓溶液稀释，还可以用不同浓度的溶液混合而成。无论哪种方法，在计算时都应遵循一条原则，即配制前后溶质的量不变。下面分别就不同类型的配制方法举例说明。

一、溶液的配制

1. 一定质量的溶液中含一定质量溶质的溶液的配制

称取一定质量的溶质和一定质量的溶剂，混合均匀，即得。一般用质量分数（ω_B）、质量摩尔浓度（b_B）和物质的量分数（x_B）表示溶液的组成时，用这种方法配制比较方便。

【例 3-12】 如何配制质量分数为 0.9% 的 NaCl 溶液 200 g？

解：已知 $\omega_{NaCl}=0.9\%=0.009$，$m=200$ g。

根据
$$\omega_B=\frac{m_B}{m}$$

有
$$m_B=\omega_B\times m$$

则需要 NaCl 的质量：

$$m_{NaCl}=200\ g\times0.009=1.8\ g$$

答：配制方法为称量 1.8 g NaCl 和 198.2 g H_2O，溶解、搅拌均匀即可得到质量分数为 0.9% 的 NaCl 溶液 200 g。

2. 一定体积的溶液中含一定量溶质的溶液的配制

将一定质量或体积的溶质与适量的溶剂混合，使之完全溶解后，再加溶剂到所需体积，搅拌均匀即可。一般用物质的量浓度（c_B）、质量浓度（ρ_B）和体积分数（φ_B）表示溶液浓度时，采用这种方法配制比较方便。

一般情况下，配制溶液时，可用托盘天平称量物质的质量，用量筒量取液体的体积，将溶质在烧杯中用适量溶剂溶解后，全部转入容量瓶中，洗涤烧杯 2～3 次，洗涤液全部转入容量瓶中，然后向容量瓶中加入溶剂到相应体积，摇匀即可。

【例 3-13】 如何配制 9 g/L 的 NaCl 溶液 250 mL？

解：已知 $V=250$ mL$=0.25$ L，$\rho_{NaCl}=9$ g/L。

根据质量浓度的定义
$$\rho_B=\frac{m_B}{V}$$

可推出
$$m_B=\rho_B\times V$$

则 250 mL NaCl 溶液中含 NaCl 的质量：

$$m_{NaCl}=9\ g/L\times0.25\ L=2.25\ g$$

答：配制方法为称取 2.25 g 干燥的 NaCl，放入烧杯中，加适量的蒸馏水完全溶解后转移至 250 mL 容量瓶中，然后用少量水洗涤烧杯 2～3 次，洗涤液一并转入容量瓶中，最后加水至刻度线，搅拌均匀即可。

【例 3-14】 用 $Na_2S_2O_3\cdot5H_2O$ 配制物质的量浓度为 0.1000 mol/L 的硫代硫酸钠溶液 500.0 mL，如何配制？

解:已知 $M_{Na_2S_2O_3 \cdot 5H_2O}=248.2\ g/mol$,$V=500.0\ mL=0.5000\ L$,$c_{Na_2S_2O_3 \cdot 5H_2O}=0.1000\ mol/L$。

根据物质的量浓度的定义 $c_B=\frac{n_B}{V}=\frac{m_B}{M_B \times V}$

可推出 $m_B=c_B \times V \times M_B$

则所需 $Na_2S_2O_3 \cdot 5H_2O$ 的质量:

$$m_{Na_2S_2O_3 \cdot 5H_2O}=0.1000\ mol/L \times 0.5000\ L \times 248.2\ g/mol=12.41\ g$$

答:配制方法为准确称取 $Na_2S_2O_3 \cdot 5H_2O$ 固体 12.41 g,放入小烧杯中,加少量蒸馏水溶解后,转移至 500 mL 容量瓶中,用少量蒸馏水洗涤小烧杯 2～3 次,洗涤后的液体也全部转移至容量瓶中,加水至容量瓶的 2/3 处时,初步摇匀,再加水稀释至刻度线,即得浓度为 0.1000 mol/L 的硫代硫酸钠溶液。

讨论 3-5:配制溶液时,为何要将洗涤液转入容量瓶中?

二、溶液的稀释

实际工作中应用的都是比较稀的溶液,但在溶液配制的过程中,每次称量少量的药品不仅比较麻烦,而且容易产生较大的误差,还有少数试剂在浓度很小时不稳定,所以通常先配制成浓溶液,使用时再稀释。

在浓溶液中加入一定量的溶剂得到所需浓度稀溶液的操作过程称为溶液的稀释。溶液稀释的特点是稀释前后,溶液中所含溶质的量不变。稀释的方法有两种。

1. 在浓溶液中加入溶剂

设稀释前溶液的浓度为 c_{B1},体积为 V_1,稀释后溶液的浓度为 c_{B2},体积为 V_2,则有

$$c_{B1} \times V_1 = c_{B2} \times V_2 \tag{3-13}$$

这个公式称为稀释公式,适用于与体积有关的溶液稀释的计算,式中 c 可以为物质的量浓度(c_B)、质量浓度(ρ_B)或体积分数(φ_B),使用时应注意等式两边的单位必须一致。

【例 3-15】 市售新洁尔灭消毒药水的质量浓度为 50 g/L,临床用的是 1 g/L 的溶液,如何用 50 g/L 新洁尔灭溶液配制 1 g/L 的新洁尔灭溶液 1000 mL?

解:已知 $\rho_{浓}=50\ g/L$,$\rho_{稀}=1\ g/L$,$V_{稀}=1000\ mL$。

设应取浓溶液的体积为 $V_{浓}$。

根据稀释公式可得 $\rho_{浓} \times V_{浓} = \rho_{稀} \times V_{稀}$

所以 $V_{浓}=\frac{1\ g/L \times 1000\ mL}{50\ g/L}=20\ mL$

答:配制方法为用量筒量取 50 g/L 的新洁尔灭溶液 20 mL,加水稀释至 1000 mL,混匀,即可得到临床上用的 1 g/L 的新洁尔灭消毒药水。

【例 3-16】 配制 1.0 mol/L 的 HCl 溶液 1000 mL,需质量分数为 0.37 的浓盐酸(密度为 1.19 g/cm^3)多少毫升? 如何配制?

解:已知 $\rho=1.19\ g/cm^3=1190\ g/L$,$\omega_{浓HCl}=0.37$,$M_{HCl}=36.5\ g/mol$,$c_{稀HCl}=1.0\ mol/L$,$V_{稀HCl}=1000\ mL$。

设需浓盐酸的体积为 $V_{浓HCl}$。

由公式 $c_B=\frac{\rho \times \omega_B}{M_B}$ 可知,浓盐酸的物质的量浓度: $c_{浓HCl}=\frac{\rho \times \omega_{浓HCl}}{M_{HCl}}$

根据稀释公式可得 $\frac{\rho \times \omega_{浓HCl}}{M_{HCl}} \times V_{浓HCl} = c_{稀HCl} \times V_{稀HCl}$

$$\rho \times \omega_{浓HCl} \times V_{浓HCl} = c_{稀HCl} \times V_{稀HCl} \times M_{HCl}$$

$$1190\ g/L \times 0.37 \times V_{浓HCl}=1.0\ mol/L \times 1000\ mL \times 36.5\ g/mol$$

$$V_{浓HCl}=82.90\ mL$$

答:配制方法为用量筒量取质量分数为 0.37 的浓盐酸 82.90 mL,置于烧杯中,加水稀释至 1000 mL 混匀,即可得到 1.0 mol/L 的 HCl 溶液 1000 mL。

2. 在浓溶液中加入稀溶液,得到一定浓度的溶液

【例 3-17】 如何用体积分数分别为 0.15 和 0.95 的乙醇,配制体积分数为 0.75 的乙醇 1000 mL?

解: 设需体积分数为 0.15 的乙醇的体积为 x mL,则体积分数为 0.95 的乙醇的体积为 $(1000-x)$ mL(忽略体积的变化),根据混合前后纯乙醇的体积不变的原则,可得

$$0.15\times x\ \text{mL}+0.95\times(1000-x)\ \text{mL}=0.75\times1000\ \text{mL}$$

解得

$$x=250$$

答:配制时应量取体积分数为 0.15 的乙醇 250 mL 和体积分数为 0.95 的乙醇 750 mL,混合后即可得体积分数为 0.75 的乙醇 1000 mL。

讨论 3-6: 用 $\varphi_B=95\%$ 的乙醇配制 $\varphi_B=75\%$ 的乙醇 1000 mL,怎么配制?

第四节 稀溶液的依数性

PPT 微课

溶解过程是物理化学过程。当溶质溶解于溶剂中形成溶液后,溶液的性质已不同于原来的溶质和溶剂。溶液的一些性质与溶质的种类(亦即本性)有关,如颜色、味道、状态、密度、体积、导电性和表面张力等。溶液的另一些性质,如蒸气压、沸点、凝固点以及渗透压等,却与溶质的种类(亦即本性)无关,仅取决于溶液中溶质粒子的浓度。因为这类性质的变化依赖于溶质粒子的浓度只适用于稀溶液,所以奥斯特瓦尔德(Ostwald)将这类性质称为稀溶液的依数性。本教材主要介绍难挥发非电解质稀溶液的依数性,简称为稀溶液的依数性。

人体中含有难挥发非电解质和弱电解质,如葡萄糖、氨基酸、多肽、蛋白质等,其在血液中的浓度极低,故血液近似于稀溶液。

稀溶液的蒸气压下降值、沸点升高值、凝固点降低值以及渗透压数值等只与溶液中所含溶质微粒的相对数目有关,却与溶质的种类(亦即本性)无关,此四种性质称为稀溶液的依数性(colligative property of dilute solution)。

一、稀溶液的蒸气压下降

(一)溶剂的蒸气压

在一定温度下,将某纯溶剂(如水)置于一密闭容器中,一部分动能较高的水分子将克服液体分子间的引力自液面逸出,成为蒸气分子,形成气相(系统中物理性质和化学性质都相同的部分称为一相),这一过程称为蒸发(evaporation)。同时,蒸气分子也会接触到液面并被吸引转化为液态水,这一过程称为凝结(condensation)。开始时,蒸发速率大,但随着气态水的密度增大,凝结的速率也随之增大。当液态水蒸发的速率与气态水凝结的速率相等时,气相(gas phase, g)与液相(liquid phase, l)达到平衡:

$$H_2O(l)\rightleftharpoons H_2O(g)$$

这时,水蒸气的密度不再改变,其压力也不再改变。此时,蒸气所具有的压力称为该温度下的饱和蒸气压,简称蒸气压(vapor pressure),用符号 p 表示,单位是帕(Pa)或千帕(kPa)。

蒸气压与物质的本性有关。由表 3-2 可知,同一温度下,不同物质的蒸气压不同,蒸气压大的称为易挥发物质,蒸气压小的则称为难挥发物质。

表 3-2 一些液体的蒸气压

物　质	水	乙醇	苯	乙醚	汞
蒸气压/kPa	2.34	5.85	9.96	57.6	1.6×10^{-4}

蒸气压除与物质的本性有关外,还与外界温度有关。同一物质的蒸气压,随温度升高而增大,详见表 3-3。

表 3-3 不同温度下水的蒸气压

T/K	p/kPa	T/K	p/kPa
273	0.61	333	19.92
283	1.23	343	31.16
293	2.34	353	47.34
303	4.24	363	70.10
313	7.38	373	101.32
323	12.33	393	198.54

（二）稀溶液的蒸气压下降

实验证明，在相同温度下，当难挥发的非电解质溶于溶剂形成稀溶液后，其蒸气压比纯溶剂的蒸气压低，这种现象称为稀溶液的蒸气压下降(vapor pressure lowering)。

溶质是难挥发物质，稀溶液的部分表面被溶质分子所占据，从溶液中蒸发出的溶剂分子数比从纯溶剂中蒸发出的分子数少，因此，稀溶液的蒸气压必然低于纯溶剂的蒸气压。且稀溶液的浓度越大，其蒸气压下降就越多。图 3-1 表示纯溶剂与稀溶液的蒸气压曲线。

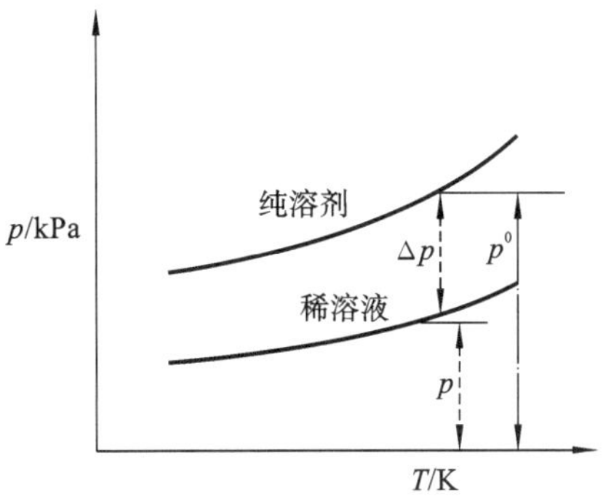

图 3-1 稀溶液的蒸气压下降

1887 年，法国化学家拉乌尔(Raoult)根据大量实验结果总结出如下规律：在一定温度下，难挥发非电解质稀溶液的蒸气压(p)等于纯溶剂的蒸气压(p^0)乘以溶液中溶剂的物质的量分数(x_A)，即

$$p = p^0 \times x_A \quad (3\text{-}14)$$

或

$$\Delta p = p^0 \times x_B \quad (3\text{-}15)$$

拉乌尔定律也可表述为在一定温度下，难挥发非电解质稀溶液的蒸气压下降(Δp)与溶质的物质的量分数(x_B)成正比。

在稀溶液中，溶剂的物质的量 n_A 远大于溶质的物质的量 n_B。

$$x_B = \frac{n_B}{n_A + n_B} \approx \frac{n_B}{n_A}，而\ n_A = \frac{m_A}{M_A}$$

则

$$\Delta p = p^0 \times M_A \times \frac{n_B}{m_A} = p^0 \times M_A \times b_B$$

在一定温度下，$p^0 \times M_A$ 为一常数，用 K_p 表示。

即

$$\Delta p = K_p \times b_B \quad (3\text{-}16)$$

式中，m_A 为溶剂的质量(kg)；M_A 为溶剂的摩尔质量；b_B 为稀溶液中所含溶质的质量摩尔浓度。

式(3-16)表明稀溶液的蒸气压下降与稀溶液的质量摩尔浓度成正比。它说明难挥发非电解质稀溶液的蒸气压下降只与一定量的溶剂中所含溶质的微粒数有关，而与溶质的本性无关。

二、稀溶液的沸点升高

（一）溶剂的沸点

当加热一种纯液体时，它的蒸气压将随着温度的升高而逐渐增大。当温度升高到使液体的蒸气压等于外界大气压时，就产生沸腾现象。液体的**沸点**(boiling point)是指液体的蒸气压等于外界大气压时的温度。达到沸点时，继续加热保持沸腾，液体的温度不再上升，此时提供的热能全部用于液体克服分子间作用力而不断蒸发，直至液体完全蒸发。因此纯液体的沸点是恒定的。

当外界大气压等于标准大气压(101.325 kPa)时的沸点称为液体的正常沸点(normal boiling point)。通常情况下，没有注明压力条件的沸点都是指正常沸点。如水的正常沸点为 373 K。

液体的沸点与外界大气压关系很大，外界大气压越大，液体的沸点就越高。如水，在标准大气压下，其沸点为 373.0 K；当外界大气压较高时，水的沸点会高于 373.0 K；当外界大气压较低时，水的沸点会低于 373.0 K。

液体的沸点随外界大气压的改变而改变的性质，已在生产和科学实验中得到广泛应用，例如，采用减压装置可以降低液体蒸发的温度，防止某些对热不稳定的物质遭到破坏。临床上常采用高压蒸气灭菌法来缩短灭菌时间，以提高灭菌效能。

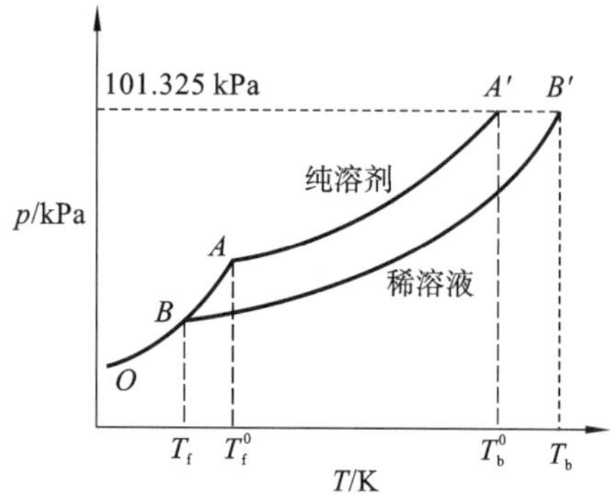

图 3-2 稀溶液的沸点升高和凝固点降低

（二）稀溶液的沸点升高

实验证明，难挥发非电解质稀溶液的沸点高于纯溶剂的沸点，这一现象称为**稀溶液的沸点升高**(boiling point elevation)。这一实验结果产生的原因还是稀溶液的蒸气压下降，如图 3-2 所示。AA'表示纯溶剂的蒸气压曲线，BB'表示稀溶液的蒸气压曲线。从图中曲线可以看出，稀溶液的蒸气压在任何温度下都低于同温度下纯溶剂的蒸气压，所以 BB'曲线始终位于 AA'的下方。

当温度达到 T_b^0 时，纯溶剂的蒸气压等于标准大气压，纯溶剂开始沸腾。由于稀溶液的蒸气压低于纯溶剂的蒸气压，T_b^0 时稀溶液的蒸气压低于 101.325 kPa，溶液并不沸腾，只有将温度升高到 T_b 时，稀溶液的蒸气压等于 101.325 kPa，溶液才沸腾，故 T_b 为稀溶液的沸点。此时，T_b 高于纯溶剂(水)的沸点(T_b^0)，稀溶液的沸点升高值为 $\Delta T_b = T_b - T_b^0$。溶液浓度越大，其蒸气压下降越多，沸点升高就越多，即稀溶液的沸点升高与蒸气压下降成正比，也与质量摩尔浓度成正比。

$$\Delta T_b = K_b \times b_B \tag{3-17}$$

式中，K_b 称为溶剂的**质量摩尔沸点升高常数**，只与溶剂的本性有关。

从式(3-17)可知，在一定条件下，难挥发非电解质稀溶液的沸点升高只与稀溶液中所含溶质的质量摩尔浓度成正比，而与溶质的本性无关。常见溶剂的沸点及 K_b 见表 3-4。

表 3-4 常见溶剂的沸点、K_b、凝固点和 K_f

溶　剂	沸点/K	K_b/(K · kg/mol)	凝固点/K	K_f/(K · kg/mol)
水	373.0	0.512	273.0	1.86
醋酸	391.0	2.93	290.0	3.90
苯	353.0	2.53	278.5	5.10
乙醇	351.4	1.22	155.7	1.99
四氯化碳	349.7	5.03	250.1	32.00
乙醚	307.7	2.02	156.8	1.80
萘	491.0	5.80	353.0	6.90

三、稀溶液的凝固点降低

（一）物质的凝固点

物质的**凝固点**(freezing point)是指在一定的外界大气压下，物质的固相与其液相平衡共存时的温度。若两相蒸气压不等，则蒸气压大的一相向蒸气压小的一相转化。

纯溶剂的固相与其液相平衡共存时的温度就是该溶剂的凝固点(T_f^0)，在此温度下，液相的蒸气压与固相的蒸气压相等。例如，水的凝固点为 273.0 K(又称为冰点)，在此温度下，水和冰的蒸气压相等。

（二）稀溶液的凝固点降低

实验证明，稀溶液的凝固点总是低于纯溶剂的凝固点，这一现象称为**稀溶液的凝固点降低**

(freezing point depression)。降低温度时,首先从溶液中析出的固相应为纯溶剂(只有当溶液达到饱和时,才会有溶质固相析出)。因此,稀溶液的凝固点是指纯溶剂固相与溶液蒸气压相等时的温度(T_f),且低于 T_f^0,其也是由稀溶液的蒸气压下降所引起的。如图 3-2 所示,AA'、BB'、OA 分别为纯溶剂、溶液和固态纯溶剂的蒸气压曲线。OA 与 AA' 相交于 A 点,即固态纯溶剂和纯溶剂的两相平衡点,对应的温度即为纯溶剂的凝固点(T_f^0)。但在 T_f^0 时,稀溶液的蒸气压低于纯溶剂的蒸气压,这时溶液与固态纯溶剂不能共存,蒸气压大的相向蒸气压小的相转化,故固态纯溶剂将融化。若继续降低温度,固态纯溶剂的蒸气压相对稀溶液的蒸气压而言,随温度降低得更快。当温度降至 T_f 时,固态纯溶剂和溶液蒸气压相等,此时,二者共存,这个平衡温度就是稀溶液的凝固点,故 $T_f < T_f^0$。

对稀溶液而言,稀溶液的凝固点降低与稀溶液的蒸气压下降 Δp 成正比,即与稀溶液中所含溶质的质量摩尔浓度 b_B 成正比。所以

$$\Delta T_f = K_f \times b_B \tag{3-18}$$

式中,K_f 称为溶剂的凝固点降低常数,它只与溶剂的本性有关。

由式(3-18)可知,难挥发非电解质稀溶液的凝固点降低与稀溶液中所含溶质的质量摩尔浓度成正比,而与溶质的本性无关。

凝固点降低最重要的应用是测定溶质的相对分子质量。

将 $b_B = \dfrac{n_B}{m_A} = \dfrac{m_B}{M_B \times m_A}$ 代入 $\Delta T_f = K_f \times b_B$ 中,得

$$\Delta T_f = K_f \times b_B = K_f \times \frac{m_B}{M_B \times m_A}$$

则

$$M_B = \frac{K_f \times m_B}{\Delta T_f \times m_A} \tag{3-19}$$

式中,m_B 为溶质 B 的质量(单位:g);m_A 为溶剂 A 的质量(单位:kg);M_B 为溶质 B 的摩尔质量(单位:g/mol)。

显然,只要实验中测出了稀溶液的凝固点降低值(ΔT_f),就可结合 m_A、m_B 的数值计算出溶质的摩尔质量 M_B。常见溶剂的凝固点及 K_f 见表 3-4。

【例 3-18】 将 1.276 g 尿素溶于 250 g 水中,测得此稀溶液的凝固点降低值(ΔT_f)为 0.158 K,试求尿素的相对分子质量。

解:已知 $m_{尿素}=1.276\ g$,$m_{水}=250\ g=0.25\ kg$,$\Delta T_f=0.158\ K$,水的 $K_f=1.86\ K\cdot kg/mol$。

根据

$$M_B = \frac{K_f \times m_B}{\Delta T_f \times m_A}$$

得

$$M_{尿素} = \frac{K_f \times m_{尿素}}{\Delta T_f \times m_{水}} = \frac{1.86\ K\cdot kg/mol \times 1.276\ g}{0.158\ K \times 0.25\ kg} = 60\ g/mol$$

答:尿素的相对分子质量为 60。

通过测定稀溶液的沸点升高值或凝固点降低值,都可以推算溶质的摩尔质量(或相对分子质量)。但在实际工作中,多采用凝固点降低法。大多数溶剂的 $K_f > K_b$,因此,同一稀溶液的凝固点降低值比沸点升高值大,因而灵敏度高且相对误差小。而且稀溶液的凝固点测定是在低温下进行的,不会引起生物样品的变性或破坏,溶液浓度也不会发生变化,因此,在医学和生物科学实验中凝固点降低法的应用更为广泛。

利用凝固点降低原理,可制作防冻剂和冷冻剂。我国北方冬天寒冷,常在汽车水箱中加入甘油或乙二醇以降低水的凝固点,来防止水箱冻裂。在实验室中,常用食盐和冰的混合物作致冷剂,使温度最低降至 251 K(−22 ℃);用氯化钙和冰混合,可使温度降至 218 K(−55 ℃)。在水产业和食品储藏及运输中,广泛使用食盐和冰混合而制成的致冷剂。

讨论 3-7:在结冰的道路上撒融雪剂可快速融化冰雪的原因是什么?

四、稀溶液的渗透压

（一）渗透现象与渗透压

若在浓的蔗糖溶液表面小心地加一层水，在避免任何机械振动的情况下静置一段时间，则蔗糖分子将由溶液层向水层扩散，同时，水分子也将从水层向溶液层扩散，直到浓度均匀一致。这种物质由高浓度向低浓度自动迁移的过程称为**扩散**(diffusion)。如果不让蔗糖溶液与水直接接触，用一种只允许溶剂分子通过而溶质分子不能通过的半透膜把它们隔开，并使两液面相等，如图 3-3(a)所示，这样会有什么现象发生呢？

半透膜是一种只允许某些小分子物质透过，而不允许另一些大分子物质透过的薄膜，动物的肠衣、细胞膜、人工制得的羊皮纸、火棉胶、人的皮肤等都属于半透膜。理想的半透膜只允许溶剂分子(水分子)透过，而溶质分子或离子不能透过(若没有特别指明，均为理想半透膜)。

一段时间后，可以看到蔗糖溶液一侧液面上升，见图 3-3(b)，说明水分子不断地通过半透膜由纯水转移到蔗糖溶液中。这种溶剂分子透过半透膜进入溶液的现象称为渗透现象，简称**渗透**(osmosis)。渗透的方向就是溶剂分子从纯溶剂向溶液或由稀溶液向浓溶液进行转移。

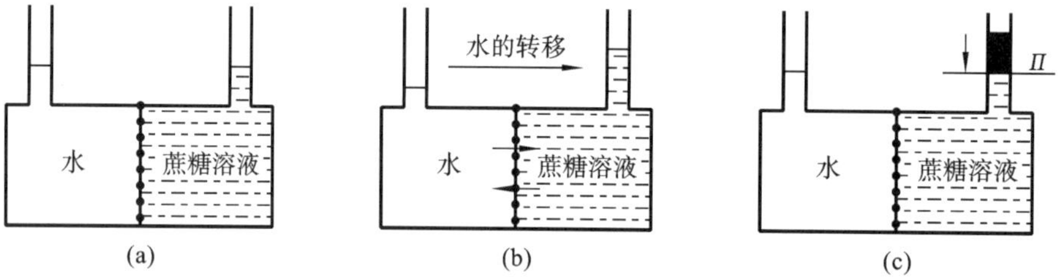

图 3-3　渗透现象和渗透压

渗透现象的产生，是由于膜两侧单位体积内溶剂分子数不相等，单位时间内由纯溶剂进入溶液的溶剂分子数要比由溶液进入纯溶剂的溶剂分子数多，结果是溶液一侧的液面上升，纯溶剂一侧的液面下降。因此，渗透现象的产生必须具备两个条件：一是有半透膜存在，二是膜两侧液体单位体积内溶剂分子数不相等。

随着溶液液面的升高，其液柱产生的净水压力逐渐增强，从而使溶液中的溶剂分子加速透过半透膜，同时使纯溶剂中的溶剂分子向溶液的渗透速率减小。当溶液静水压力增大到一定值后，两个方向的渗透速率就会相等，达到**渗透平衡**，两液面高度不再变化。

若在溶液液面上施加一定大小的外压来恰好阻止渗透现象的发生而直接达到渗透平衡，如图 3-3(c)所示，这种为**维持溶液与溶剂(只允许溶剂分子通过的膜所隔开)之间的渗透平衡所需要的额外压力**，称为该**溶液的渗透压**(osmotic pressure)。溶液的渗透压用 Π 表示，单位为帕(Pa)或千帕(kPa)。

若选用一种高强度且耐高压的半透膜将溶液和纯溶剂隔开，此时，若在溶液上方施加的外压大于渗透压，则反而会出现溶剂分子由溶液向纯溶剂一侧渗透的现象。渗透逆向进行的过程称为反渗透(reverse osmosis)。反渗透常用于海水淡化及污水处理等方面。

讨论 3-8：渗透现象除在溶液和纯溶剂之间可以发生外，在浓度不同的两种溶液之间是否可以发生？

1886 年，荷兰物理学家范特荷甫(van't Hoff)根据实验数据得出一条规律：难挥发非电解质稀溶液的渗透压与溶液的浓度及热力学温度的乘积成正比，即

$$\Pi = c_B \times R \times T \tag{3-20}$$

式中，Π 为渗透压，单位为 kPa；c_B 为物质的量浓度，单位为 mol/L；R 为摩尔气体常数，为 8.314 J/(mol·K)；T 为热力学温度，单位为 K。式(3-20)称为范特荷甫方程。

范特荷甫方程指出，在一定温度下，难挥发非电解质稀溶液的渗透压与稀溶液中所含溶液的物质

的量浓度成正比，与溶质本性无关。

通过测定稀溶液的渗透压，可以求得溶质的摩尔质量(M_B)或相对分子质量。

根据 $$\Pi = c_B \times R \times T \quad 和 \quad c_B = \frac{n_B}{V} = \frac{m_B}{M_B \times V}$$

整理得 $$M_B = \frac{m_B \times R \times T}{\Pi \times V} \tag{3-21}$$

式中，M_B 为溶质的摩尔质量，单位为 g/mol；m_B 为溶质质量，单位为 g；V 为溶液体积，单位为 L。

渗透压法测定高分子化合物的相对分子质量要比凝固点降低法灵敏，是测相对分子质量的常用方法之一。

对于稀水溶液，其密度近似等于 1 kg/L，因此，质量摩尔浓度(b_B)与物质的量浓度(c_B)在数值上近似相等，即 $c_B \approx b_B$，则

$$\Pi \approx b_B \times R \times T \tag{3-22}$$

【例 3-19】 将 1.00 g 血红蛋白溶于适量水中，配制成 100 mL 溶液，在 293 K 时，测得该稀溶液的渗透压为 369 Pa，试求血红蛋白的相对分子质量。

解：设该血红蛋白的摩尔质量为 $M_{血红蛋白}$。

根据 $$M_B = \frac{m_B \times R \times T}{\Pi \times V}$$

得 $$M_{血红蛋白} = \frac{m_{血红蛋白} \times R \times T}{\Pi \times V} = \frac{1.00\ \text{g} \times 8.314\ \text{J/(mol·K)} \times 293\ \text{K}}{369\ \text{Pa} \times 10^{-3} \times 100\ \text{mL} \times 10^{-3}} = 6.60 \times 10^4\ \text{g/mol}$$

答：血红蛋白的相对分子质量为 6.60×10^4。

讨论 3-9：比较 0.1 mol/L 葡萄糖溶液和 0.1 mol/L 蔗糖溶液渗透压的大小。

综上所述，难挥发非电解质稀溶液的蒸气压降低值、沸点升高值、凝固点降低值和渗透压数值都与溶液中所含溶质的质量摩尔浓度(b_B)成正比，而与溶质的本性无关。

电解质稀溶液和难挥发非电解质稀溶液不一样。一个电解质分子在水中能够解离出多个阴、阳离子，单位体积溶液中溶质的微粒(分子和离子)数多于相同浓度的非电解质，电解质稀溶液依数性的实验测定值与理论计算值之间存在较大的偏差。因此，涉及电解质稀溶液的依数性时，其公式中应引入一个校正因子 i(i 为 1 分子电解质在水中解离出粒子的个数)。

$$\Delta p = i \times K_p \times b_B$$
$$\Delta T_f = i \times K_f \times b_B$$
$$\Delta T_b = i \times K_b \times b_B$$
$$\Pi = i \times c_B \times R \times T \tag{3-23}$$

校正因子 i 的数值，严格说来应由实验测定，不过常采用近似整数进行计算。例如，$CaCl_2$ 溶液，$i=3$；$NaHCO_3$ 溶液，$i=2$。

温度一定时，稀溶液的渗透压仅与溶液中溶质粒子的浓度有关，而与溶质本性无关。

(二) 渗透浓度

人体体液是一个复杂的溶液体系，溶质既有分子也有离子，它们的渗透效果是相同的。因此，**医学上通常用渗透浓度比较溶液渗透压的大小。**

渗透浓度(cosmolality)定义为溶液中能产生渗透效应的所有溶质粒子(分子或离子)的总物质的量浓度，用 c_{os} 表示，单位为 mol/L 或 mmol/L。

【例 3-20】 临床上常用的生理盐水是 9.0 g/L 的 NaCl 溶液，求该稀溶液的渗透浓度。

解：已知 $\rho_{NaCl} = 9.0$ g/L，$M_{NaCl} = 58.5$ g/mol。

NaCl 在水溶液中完全解离，$i=2$，则

$$c_{os} = i \times c_{NaCl} = 2 \times \frac{9.0\ \text{g/L}}{58.5\ \text{g/mol}} \times 1000 = 307.7\ \text{mmol/L}$$

（三）等渗、低渗和高渗溶液及它们在医学上的意义

在生命科学中，稀溶液的渗透压在细胞内外物质的交换和运输以及临床输液等方面具有一定的理论指导意义。

在临床上，等渗、低渗和高渗溶液是以血浆的渗透浓度为标准来划分的。正常人血浆的渗透浓度平均值约为 303.7 mmol/L，一般波动范围在 280～320 mmol/L 之间。据此临床上规定：渗透浓度在 280～320 mmol/L 之间的溶液为等渗溶液（isoosmotic solution），渗透浓度小于 280 mmol/L 的溶液为低渗溶液（hypotonic solution），渗透浓度大于 320 mmol/L 的溶液为高渗溶液（hypertonic solution）。临床常用的等渗溶液有 50 g/L 葡萄糖溶液、9.0 g/L NaCl 溶液、12.5 g/L $NaHCO_3$ 溶液和 18.7 g/L 乳酸钠溶液等。

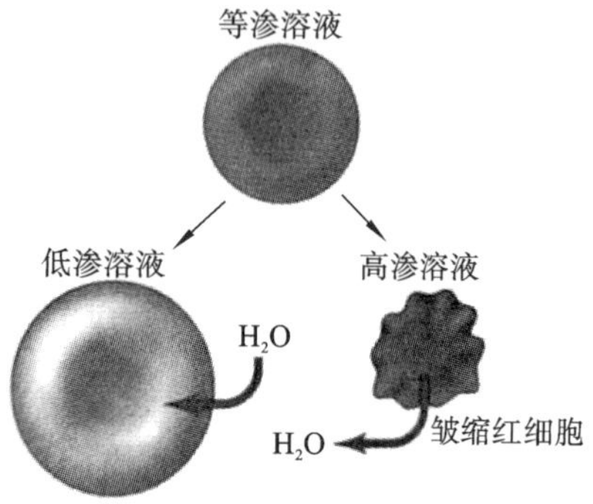

图 3-4　电镜下红细胞在不同浓度溶液中的形态

细胞只有在等渗溶液中才能维持活性，保持正常的生理功能。溶液渗透压过高（导致红细胞皱缩）或过低（导致红细胞溶胀）都会使红细胞活性遭到破坏（图 3-4）。

所以，在临床上，当患者需要大剂量补液时，一般都用等渗溶液。但有些特殊情况下，也会用到高渗溶液。如在抢救脑水肿患者时，可用 20% 的甘露醇溶液。在使用高渗溶液时，应注意一次输入量不宜过大，注射或输液速率要慢一些。

（四）晶体渗透压和胶体渗透压

生物体液中含有多种电解质（如 NaCl、KCl、$NaHCO_3$ 等）、小分子物质（如糖、氨基酸、尿素等）以及大分子物质（如蛋白质、核酸等）等。其中电解质解离出的离子和小分子物质产生的渗透压称为晶体渗透压（$\Pi_{晶体}$，crystal osmotic pressure），蛋白质等大分子物质产生的渗透压称为胶体渗透压（$\Pi_{胶体}$，colloid osmotic pressure）。

血浆中胶体物质的含量（约为 70 g/L）虽高于晶体物质的含量（约为 7.5 g/L）。但是，晶体物质的相对分子质量小，并且其中的电解质可以解离，故其渗透浓度较大。而胶体物质的相对分子质量很大，其渗透浓度反而较小。因此，人体血浆的渗透压主要由晶体物质产生。如 310 K 时，血浆的总渗透压约为 770 kPa，其中 $\Pi_{胶体}$ 仅为 2.9～4.0 kPa。

由于人体内各种半透膜的通透性不同，$\Pi_{晶体}$ 和 $\Pi_{胶体}$ 在维持体内水、盐平衡功能上也各不相同。细胞膜是生物体内一种半透膜，它将细胞内液和细胞外液隔开，并且只让水分子自由通过，而 K^+、Na^+ 等离子却不易通过。因此，晶体渗透压对维持细胞内、外的水、盐平衡和细胞正常形态起主要作用。如果由于某种原因引起人体内缺水，则细胞外液中盐的浓度将相对升高，晶体渗透压增大，于是细胞内液的水分子透过细胞膜向细胞外液渗透，造成细胞内失水。若大量饮水或输入过多葡萄糖溶液，则细胞外液中盐的浓度降低，晶体渗透压减小，细胞外液中的水分子向细胞内渗透，严重时可引起水中毒。向高温作业者供给盐汽水，就是为了维持其细胞外液 $\Pi_{胶体}$ 的恒定。

毛细血管壁与细胞膜不同，它允许水分子和各种小离子自由透过，而不允许蛋白质等大分子物质透过。因此，$\Pi_{胶体}$ 虽然很小，却对维持毛细血管内外的水、盐平衡起主要作用。如果由于某种疾病造成血浆蛋白减少，则血浆的 $\Pi_{胶体}$ 降低，血浆中的水和盐等小分子物质就会透过毛细血管壁进入组织间液，严重时会形成水肿。因此，临床上对大面积烧伤或失血的患者，除补给电解质溶液外，还要输给血浆或右旋糖酐等代血浆，以恢复血浆的 $\Pi_{胶体}$。

通常，人体血液的渗透压较为恒定，而尿液渗透压的变化较大。在临床检验时，测定尿液的渗透压对肾脏功能的评价和一些疾病的诊断有重要意义。

讨论 3-8：请列出临床上可用于大量输液的药品名称，它们分别属于等渗、低渗还是高渗溶液？活体组织检验标本的稀释为什么必须用生理盐水？

能力检测答案

知识拓展：透析机的发明

能力检测

一、单项选择题(15×2=30 分)

1. 下列关于分散系概念的描述，正确的是(　　)。

A. 分散系只能是液态体系　　B. 分散系为均一、稳定的体系

C. 分散相微粒都是单个分子或离子　　D. 分散系中被分散的物质称为分散相

2. 人体血液平均每 100 mL 中含 19 mg K^+，则血液中 K^+ 的浓度是(　　)。

A. 4.9 mol/L　　B. 0.49 mol/L

C. 4.9×10^{-3} mol/L　　D. 4.9×10^{-4} mol/L

3. 500 mL 水中含有 25 g 葡萄糖，该葡萄糖溶液的质量浓度为(　　)。

A. 5 g/L　　B. 10 g/L　　C. 25 g/L　　D. 50 g/L

4. 100 mL 0.1 mol/L NaCl 溶液中，所含 NaCl 的质量是(　　)。

A. 585 g　　B. 58.5 g　　C. 5.85 g　　D. 0.585 g

5. 在 100 g 水中溶解 1.00 g 某非电解质，该溶液的凝固点为 −0.31 ℃。已知水的 $K_f=1.86$ K·kg/mol，则该溶质的相对分子质量为(　　)。

A. 30　　B. 60　　C. 36　　D. 56

6. 欲使被半透膜隔开的两种稀溶液间不发生渗透，应使两溶液(　　)。

A. 物质的量浓度相等　　B. 质量摩尔浓度相等

C. 渗透浓度相等　　D. 质量浓度相等

7. 非电解质稀溶液的蒸气压下降、沸点升高、凝固点降低的数值取决于(　　)。

A. 溶液的体积　　B. 溶液的温度

C. 溶液的质量浓度　　D. 溶液中含溶质的质量摩尔浓度

8. 配制 0.1 mol/L Na_2CO_3 500 mL 需要称取 Na_2CO_3(M=106 g/mol)固体多少克？(　　)

A. 10.6 g　　B. 5.3 g　　C. 1.06 g　　D. 53 g

9. 37 ℃时 NaCl 溶液与葡萄糖溶液的渗透压相等，则两溶液的物质的量浓度的关系为(　　)。

A. $c_{NaCl}=c_{葡萄糖}$　　B. $c_{NaCl}=2c_{葡萄糖}$

C. $c_{葡萄糖}=2c_{NaCl}$　　D. $c_{NaCl}=3c_{葡萄糖}$

10. 生理盐水的物质的量浓度为(　　)。

A. 0.0154 mol/L　　B. 308 mol/L　　C. 0.154 mol/L　　D. 15.4 mol/L

11. 静脉滴注 0.9 g/L NaCl 溶液，则结果为(　　)。

A. 正常　　B. 基本正常　　C. 胞浆分离　　D. 溶血

12. 配制 0.1 mol/L HCl 溶液 1000 mL，需 $\omega_B=0.365$、$\rho=1.2$ kg/L 的浓盐酸的体积为(　　)。

A. 8.3　　B. 8.3 mL　　C. 3.6 mL　　D. 7.2 mL

13. 同条件下，浓度均为 0.10 mol/L 的下列溶液，渗透压大小排列正确的是(　　)。

(1) NaCl 溶液　(2) $CaCl_2$ 溶液　(3) 蔗糖溶液　(4) $NaHCO_3$ 溶液

A. (1)<(2)<(3)<(4)　　B. (2)<(1)<(3)<(4)

C. (3)<(1)=(4)<(2)　　D. (2)<(1)<(4)<(3)

E. (4)<(1)<(2)<(3)

14. 配制体积分数为 75%的乙醇 1000 mL，需要体积分数为 95%的乙醇的体积为(　　)。

A. 750 mL　　B. 789 mL　　C. 950 mL　　D. 126 mL

15. 配制体积分数为 20%的甘油 500 mL，需量取纯甘油的体积为(　　)。

A. 250 mL　　B. 10000 mL　　C. 100　　D. 100 mL

二、多项选择题(5×4＝20 分)

1. 影响溶液渗透压的因素有(　　)。

A. 体积　　B. 温度　　C. 浓度　　D. 黏度　　E. 密度

2. 难挥发稀溶液的依数性包括(　　)。

A. 蒸气压下降　　B. 沸点升高　　C. 凝固点降低　　D. 渗透压　　E. 浓度

3. 产生渗透现象的必备条件是(　　)。

A. 溶剂必须是水　　B. 有半透膜存在

C. 半透膜两侧溶液的浓度不同　　D. 水分子从溶液浓度低的一侧向溶液浓度高的一侧渗透

E. 渗透现象中移动的是溶剂分子

4. 下列溶液属于等渗溶液的有(　　)。

A. 9 g/L NaCl 溶液(M＝58.5 g/mol)　　B. 50 g/L 葡萄糖溶液(M＝180 g/mol)

C. 0.278 mol/L 葡萄糖溶液　　D. 1 mol/L 乳酸钠($NaC_5H_3O_3$)溶液

E. 12.5 g/L $NaHCO_3$ 溶液(M＝84 g/mol)

5. 下列有关晶体渗透压和胶体渗透压的说法正确的有(　　)。

A. NaCl、葡萄糖在人体中产生的渗透压属于晶体渗透压

B. 晶体渗透压在维持细胞内、外盐和水的平衡中起重要作用

C. 胶体渗透压在维持毛细管血内、外盐和水的平衡中起重要作用

D. 小分子产生的晶体渗透压小于胶体渗透压

E. 蛋白质等大分子物质产生的渗透压属于晶体渗透压

三、配伍题(10×2＝20 分)

【1～5 题】 选出与溶液相匹配的浓度表示方法。

A. 质量浓度　　B. 物质的量浓度　　C. 质量分数

D. 体积分数　　E. 质量摩尔浓度

1. 0.9%的 NaCl 溶液(　　)

2. 75%的乙醇(　　)

3. 278 mmol/L 的葡萄糖溶液(　　)

4. 37%的盐酸(　　)

5. 50 g/L 的葡萄糖溶液(　　)

【6～10 题】 选出与分散系相匹配的分散系类别。

A. 分子或离子分散系　　B. 胶体分散系

C. 乳浊液　　D. 悬浊液

6. 葡萄糖溶液(　　)

7. AgCl 溶胶(　　)

8. 血浆(　　)

9. 布洛芬悬浊液(　　)

10. 松节油搽剂(　　)

四、计算题(3×10＝30 分)

1. 将 4.0 g NaOH 固体溶于水，配成 500 mL 溶液，试求该溶液的质量浓度(ρ_{NaOH})、物质的量浓度(c_{NaOH})。

2. 某患者需补充 Na^+ 0.080 mol，则应补充 NaCl 的质量是多少克？若用 9.0 g/L 的生理盐水，需补充多少毫升？

3. 临床上用来治疗碱中毒的针剂 NH_4Cl，其规格为每支 20 mL，每支含 0.16 g NH_4Cl，计算该针剂的物质的量浓度及每支针剂中含 NH_4Cl 的物质的量。

参考文献

[1] 冯务群. 无机化学[M]. 4版. 北京:人民卫生出版社,2018.

[2] 蒋文,石宝珏. 无机化学[M]. 4版. 北京:中国医药科技出版社,2021.

[3] 付煜荣,罗孟君,卢庆祥. 无机化学[M]. 武汉:华中科技大学出版社,2016.

(罗孟君)

胶体与表面现象

PPT

学习目标

知识目标

1. 掌握：胶体的性质、稳定性和聚沉因素，表面活性剂的结构和应用。
2. 了解：高分子化合物溶液的性质及对溶胶的保护作用。

能力目标

1. 能区分胶体和溶液，会判断电解质对溶胶聚沉能力的大小。
2. 能判断生活常见现象中表面活性剂的作用。

素质目标

提高健康生活的意识。

学习引导

血浆是血液的重要组成部分，主要作用是运载血细胞，运输维持人体生命活动所需的物质和体内产生的废物等。人体血浆属于胶体分散系，怎样才能使我们体内的血浆处于稳定状态？

第一节　溶　　胶

微课

分散相粒子直径在 1～100 nm 之间的分散系称为胶体分散系，包括溶胶和高分子化合物溶液。溶胶的分散相是由许多小分子、离子或原子形成的聚集体，溶液属于非均相亚稳定体系，如 $Fe(OH)_3$ 溶胶。

一、溶胶的性质

溶胶与溶液相比有特殊的性质，如丁铎尔效应（光学性质）、布朗运动（动力学性质）、电泳（电学性质）。

（一）丁铎尔效应（Tyndall effect）

在暗室中，当一束聚集的强光照射溶胶时，从侧面可以观察到溶胶中有一条光亮的“通路”，如图 4-1 所示，这种现象称为丁铎尔效应。在日常生活中，也常见到丁铎尔现象。例如，黑夜的照明灯光柱，光线透过树叶间的缝隙射入密林中。

丁铎尔效应是由胶体粒子（胶粒）对光的散射而产生的。由于胶粒的直径略小于光的波长（400～760 nm），光照射到胶粒上时，光波环绕胶粒向各个方向散射，成为散射光（或乳光），胶粒本身似乎成为发光点，于是形成了光柱。悬浊液的分散相粒子直径大入射光波长很多倍，大部分光发生反射，故悬浊液浑浊不透明。高分子化合物溶液因为分散相与分散介质之间的折射率差值很小，对光的散射作用也很弱。在真溶液中，粒子直径小于 1 nm，大部分光直接投射过去，光的散射十分微弱，肉眼无

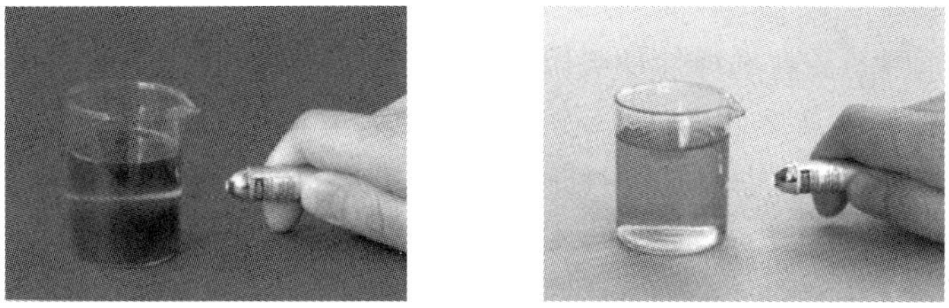

(a) $Fe(OH)_3$溶胶　(b) $CuSO_4$溶液

图 4-1　激光笔下的丁铎尔效应

法观察到。

因此，利用丁铎尔效应能区分溶胶与真溶液、悬浊液和高分子化合物溶液。

讨论 4-1：怎么区分硫酸钠溶液与氯化银溶胶？

（二）布朗运动（Brownian motion）

1827 年，苏格兰植物学家布朗（Brown）发现**胶粒在分散介质中不停地做无规则的运动，这种运动称为布朗运动。**

布朗运动是分散介质对胶粒碰撞的结果。分散介质包围在胶粒周围，不断地做热运动，很小但又远远大于分散介质分子的胶粒不断受到介质分子不同大小、不同方向的碰撞，而碰撞的合力不为零，所以胶粒时刻向不同方向、以不同速度做无规则的运动（图 4-2）。实验结果表明，胶粒质量越小，稳定性越高，运动越快，布朗运动越明显。

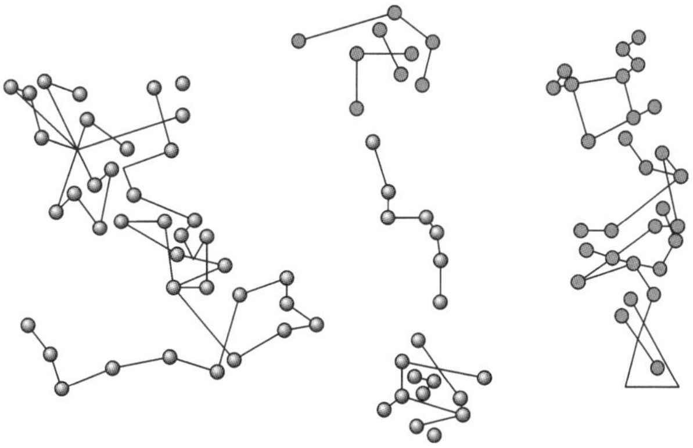

图 4-2　布朗运动示意图

布朗运动可抵抗重力的作用，使胶粒不易发生沉降，这是溶胶保持相对稳定的因素之一。

（三）电泳

1. 电泳

如图 4-3 所示，在 U 形管中装入棕红色的 $Fe(OH)_3$ 溶胶，小心地在两液面上加一层 NaCl 溶液（用于导电），并使溶胶与 NaCl 溶液之间有一清晰的界面。然后在管的两端插入电极，接通电源后，可以观察到负极一端棕红色 $Fe(OH)_3$ 溶胶界面上升，而正极一端棕红色 $Fe(OH)_3$ 溶胶界面下降，表明 $Fe(OH)_3$ 胶粒向负极移动。这种**在外电场的作用下，胶粒在分散介质中定向移动的现象称为电泳**。根据电泳方向可以判断胶粒所带电荷的种类，大多数金属氧化物、金属氢氧化物等溶胶的胶粒带正电荷，称正溶胶；大多数金属硫化物、硅胶、金、银、硫等溶胶的胶粒带负电荷，称负溶胶。

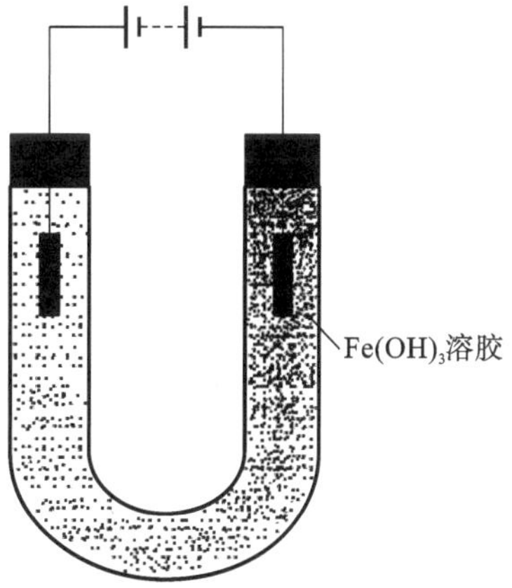

图 4-3　$Fe(OH)_3$ 溶胶的电泳现象

2. 胶粒带电的原因

胶粒带电的主要原因是胶粒选择性地吸附带电离子或胶粒表面分子的解离。

(1) 吸附作用:胶体是高度分散的体系,分散质的比表面积大,表面能高,所以胶粒很容易吸附溶液中的离子以降低表面能。胶粒总是选择性地吸附与其组成相似的离子,当吸附阳离子时,胶粒带正电荷;吸附阴离子时,胶粒带负电荷。例如:AgI 溶胶在含有过量 $AgNO_3$ 的溶液中,胶粒优先吸附 Ag^+ 而带正电荷;而在含有过量 KI 的溶液中,胶粒则优先吸附 I^- 而带负电荷。

(2) 解离作用:有些胶粒与分散介质接触时,表面的分子会发生部分解离而带电荷。例如,硅溶胶是由许多硅酸分子聚合而成的,其表面分子可解离出 H^+ 进入介质中,残留的 $HSiO_3^-$ 和 SiO_3^{2-} 使胶粒表面带负电荷,故硅溶胶为负溶胶。

3. 胶团的结构

胶团的结构包括胶粒和扩散层两个部分,胶粒又由胶核和吸附层(包括电位离子、反离子)两个部分组成,其中电位离子是与胶核组成相似的离子,决定了胶体所带电荷的种类,而反离子则是溶液中与电位离子带相反电荷的离子。

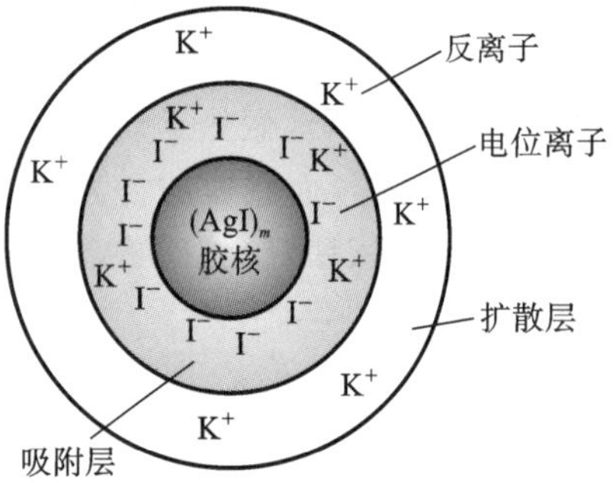

图 4-4 胶团的双电层

根据大量实验,人们提出了溶胶的扩散双电层结构。下面以 AgI 溶胶为例来讨论胶团的结构,见图 4-4。

首先 Ag^+ 与 I^- 反应后生成 AgI 微粒,大量(m 个)AgI 微粒聚集成大小为 1～100 nm 的颗粒,该颗粒称为胶核。由于具有较高的表面能,胶核选择性地吸附 n($n<m$)个与其组成相似的离子。若体系中 KI 溶液过量,则胶核选择性地吸附与其组成相类似的 I^- 而带负电荷,这些离子(如 I^-)决定胶体所带电荷的种类,因此称为电位离子。电位离子又通过静电引力吸引溶液中带正电荷的 K^+,与电位离子带相反电荷的离子称为反离子。反离子既受到电位离子的静电吸引靠近胶核,又因扩散作用有离开胶核分布到溶液中去的趋势,当这两种作用达到平衡时,只有部分($n-x$ 个)反离子排列在胶核表面,反离子和电位离子组成吸附层。胶核和吸附层组成了胶粒。胶粒的电性由电位离子的电性决定。由于吸附层中被吸附的反离子(K^+)比电位离子(I^-)总数少,还有一部分(x 个)反离子(K^+ 离子)松散地分布在胶粒周围形成一个扩散层。胶粒和扩散层一起组成胶团。胶粒和扩散层所带的电荷相反,电量相等,整个胶团显电中性。

在外电场作用下,胶团在吸附层和扩散层之间的界面上发生分离,此时,胶粒向某一电极移动。胶粒是独立运动的单位,通常所说的溶胶带电,是对胶粒而言的。

当 KI 溶液过量时,AgI 胶团结构可用下式表示:

$$\underbrace{\underbrace{[\underbrace{(AgI)_m}_{\text{胶核}}\cdot \underbrace{nI^- \cdot (n-x)K^+}_{\text{吸附层}}]^{x-}}_{\text{胶粒}} \cdot \underbrace{xK^+}_{\text{扩散层}}}_{\text{胶团}}$$

二、溶胶的稳定性和聚沉

(一) 溶胶的稳定性

溶胶是高度分散且表面能较大的不稳定体系,胶粒间有相互聚结而降低其表面能的趋势,具有一定的稳定性。溶胶稳定主要有以下三个方面的原因。

1. 胶粒带电

同一溶胶的胶粒带有相同的电荷,胶粒之间互相排斥,从而阻止其聚集变大,增加了溶胶的相对稳定性,是溶胶稳定的主要因素。

2. 水化膜的存在

溶胶具有水化双电层结构，即在胶粒外面包有一层水化膜，这层水化膜阻碍了胶粒之间的直接接触，使之不易聚集，从而使溶胶保持相对稳定。胶粒所带电荷越多，水化膜越厚，胶体越稳定。

3. 布朗运动

布朗运动产生的动能，可以克服重力对胶粒的作用，使胶粒不发生聚沉。

（二）溶胶的聚沉

溶胶的稳定性是暂时的、有条件的、相对的。只要减弱或消除溶胶稳定的因素，胶粒就会聚集变大而沉降。这种使胶粒聚集成较大颗粒而沉淀下来的过程称为溶胶的聚沉。常用的聚沉方法有以下几种。

1. 加入少量电解质

溶胶对电解质非常敏感，加入少量强电解质就会使溶胶出现聚沉现象。这是由于加入电解质后，反离子浓度增大，进入吸附层的反离子数目就会增多，胶粒电荷数减小甚至消除，水化膜和扩散层变薄弱或消失。这样胶粒就能迅速聚集而沉降。

电解质对溶胶的聚沉作用不仅与电解质的性质、浓度有关，还与胶粒带相反电荷离子（反离子）的电荷数有关，反离子电荷数越大，聚沉能力越强。例如 NaCl、$MgCl_2$、$AlCl_3$ 三种电解质对 As_2S_3 溶胶（负溶胶）的聚沉能力为 $NaCl < MgCl_2 < AlCl_3$，而 NaCl 与 Na_2CO_3 对 As_2S_3 溶胶的聚沉能力几乎相等。通常用聚沉值来表征各种电解质对溶胶的聚沉能力的大小。使一定量的溶胶在一定时间内完全聚沉所需的电解质的最低浓度（mmol/L）称为**聚沉值**。电解质对溶胶的聚沉值越小，其聚沉能力越大；聚沉值越大，则聚沉能力越小。

电解质阴离子对正溶胶的聚沉起主要作用，阳离子对负溶胶的聚沉起主要作用。黄河、长江入海口处几十平方公里的三角洲即由此产生，人体各种结石（如口腔结石、胆结石、肾结石等）的形成也与此有关。

2. 加热

加热可使溶胶发生聚沉。这是由于加热能加快胶粒的运动速度和碰撞，同时减弱胶粒所带的电荷和水化膜的稳定作用，使胶粒间碰撞聚结而沉降。

3. 加入带相反电荷的溶胶

当把两种电性相反的溶胶以适当比例混合时，溶胶也会发生聚沉，这种聚沉称为溶胶的相互聚沉。这是由于两种溶胶的胶粒电性相反，互相吸引发生中和而引起聚沉。

溶胶的相互聚沉具有很重要的实际意义。例如，明矾净水就是利用这个原理。水浑浊的主要原因是水中含有硅酸等负溶胶，加入明矾[$KAl(SO_4)_2 \cdot 12H_2O$]后，水中形成 $Al(OH)_3$ 正溶胶，两者相遇，电性中和而发生聚沉，从而使水变澄清。再加上 $Al(OH)_3$ 絮状物的吸附作用，使污物清除，从而达到净水的目的。临床上利用血液能否相互凝结来判断血型，也与胶团的相互聚沉有关。

讨论 4-2：（1）比较电解质 NaCl、Na_2SO_4、Na_3PO_4 对 $Fe(OH)_3$ 正溶胶聚沉能力的大小。

（2）为何加入石膏浆或卤水后液态的豆浆就会变成豆腐？

第二节 高分子化合物溶液

微课

一、高分子化合物溶液

高分子化合物溶液的分散相粒子直径在 1～100 nm 范围内，其属于胶体分散系，其分散相粒子是单个的高分子化合物。

高分子化合物（又称大分子化合物）是指由一种或多种小的结构单元重复连接而成的相对分子质量大于 10^4 的化合物，一般具有碳链结构。它包括天然高分子化合物和合成高分子化合物（又称聚合物)两类。如蛋白质、明胶、淀粉、核酸、纤维素、天然橡胶(聚异戊二烯)等均为天然高分子化合物,而合成橡胶、聚乙烯塑料和合成纤维等则是常见的合成高分子化合物。

二、高分子化合物溶液的特性

高分子化合物溶液中,分散相和分散介质之间无界面,属于均相、稳定体系。高分子化合物溶液分散相粒子直径在 1～100 nm 范围内,属胶体分散系。高分子化合物溶液与溶胶也有区别,并具有特殊的性质。其特性如下。

(一) 稳定性较高

高分子化合物溶液稳定性与真溶液相似,比溶胶高,在无菌和溶剂不挥发的情况下,可以长期放置而不沉淀。高分子化合物溶液的稳定性与结构有关。高分子化合物具有大量亲水性很强的基团(如—OH、—COOH、$—NH_2$ 等),当其溶解在水中时,亲水基团与水分子结合,高分子化合物表面上形成了一层很厚的水化膜,从而稳定地分散在溶液中而不聚沉。高分子化合物形成的水化膜与胶粒的水化膜相比,在厚度和紧密程度上都要大得多,因而它在水溶液中比胶粒稳定得多。高分子化合物的水化膜是高分子化合物溶液稳定的重要原因。

(二) 盐析

电解质能使高分子化合物溶液发生聚沉,但必须加入大量的电解质,大量的电解质使高分子化合物发生聚积,从而从溶液中析出来的过程,称为**盐析**。溶胶和高分子化合物溶液均属于胶体分散系,为什么聚沉时所需电解质的量不同?这是因为两种溶液稳定的主要因素不同。溶胶稳定的主要因素是胶粒带电,溶胶对电解质很敏感,只需加入少量电解质就能中和胶粒所带的电荷。高分子化合物溶液稳定的主要因素是分子表面的水化膜,只有加入大量电解质,才能破坏这层厚而致密的水化膜使高分子化合物聚沉。

盐析的实质主要是电解质解离出的离子具有强的溶剂化作用,大量电解质的加入,一方面使高分子化合物分子脱溶剂化,导致水化膜的减弱或消失;另一方面,溶剂被电解质夺去,导致这部分溶剂失去溶解高分子化合物的能力,所以高分子化合物溶液发生聚沉。

不同种类和浓度的电解质,夺取溶剂的能力不同,故盐析的能力也不同。不同的高分子化合物溶液盐析时,所需的电解质浓度也不一样。利用这一性质,可对高分子化合物进行分离。

(三) 高黏度

高分子化合物溶液的黏度比溶胶和真溶液要大得多。一方面是因为高分子化合物具有链状结构,分子相互靠近时,一部分溶剂分子被包围在长链之间而失去流动性;另一方面是因为高分子化合物高度溶剂化作用束缚了大量溶剂。这样导致自由液体量减少,故表现出高黏度。

(四) 溶解过程的可逆性

高分子化合物能自动溶解在溶剂中形成真溶液。用蒸发或烘干的方法可以将高分子化合物从它的溶液中分离出来。如果再加入溶剂又能自动溶解,得到原来状态的真溶液。而溶胶聚沉后,加入分散介质却不能再恢复原来的状态。

(五) 高渗透压

高分子化合物溶液与低分子化合物溶液、溶胶相比,在同一浓度下,具有较高的渗透压。这是因为高分子化合物的长链上的每一个链段都是能独立运动的小单元,从而使高分子化合物溶液具有较高的渗透压。

三、高分子化合物对溶胶的保护作用

溶胶对电解质很敏感,少量电解质即可使溶胶聚沉。向溶胶中加入高分子化合物溶液,溶胶对电解质的敏感性降低而稳定性提高,这种作用称为高分子化合物溶液对溶胶的保护作用。值得注意的是,高分子化合物溶液之所以对溶胶具有保护作用,是因为高分子化合物具有线形结构,能被卷曲地吸附在胶粒表面上,包住胶粒,形成保护层。同时由于高分子化合物含有亲水基团,在它的外面又形成一层水化膜，阻止胶粒之间的聚集，从而使溶胶更稳定(图 4-5)。

高分子化合物溶液对溶胶的保护作用在生理过程中具有重要的意义。例如，健康人的血液中所含的难溶盐 $MgCO_3$、$Ca_3(PO_4)_2$ 等，都是以溶胶状态存在的，并且被血清蛋白等高分子化合物保护着。但是当发生某些疾病时，这些高分子化合物在血清中的含量就会减少，这会使溶胶得不到保护而发生聚积并堆积在身体的某些部位，形成各种“结石”，使人体新陈代谢过程产生障碍。

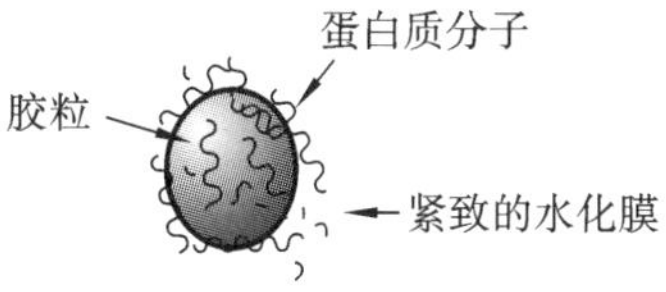

图 4-5　高分子化合物溶液对溶胶的保护作用

讨论 4-3：高分子化合物溶液与溶胶有哪些区别？最本质的区别是什么？

四、凝胶

（一）凝胶的形成与分类

1. 概念

在适当条件下，高分子化合物溶液中高分子相互连接，形成立体网状结构，把分散介质包围在网眼中，使其不能自由流动，而成为半固体状态，这种半固体物质称为凝胶，形成凝胶的过程称为胶凝。

常用的凝胶形成的方法包括改变温度、转换溶剂、加入电解质和化学反应四种。例如明胶、琼脂、阿胶、鹿角胶等溶于热水，冷却后即可形成凝胶。

新制成的凝胶含有大量的液体(通常液体含量在 95%以上)。若所含的液体为水，则该凝胶称为水凝胶(冻胶)。水凝胶有一定的几何外形，呈半固体状态，无流动性，具有固体所具有的某些性质，如有一定的强度、弹性和可塑性等；同时具有液体的某些性质。水凝胶经过干燥脱水即成为干凝胶，通常市售的硅胶、明胶、阿拉伯胶等为干凝胶。

凝胶在人体组成中占有重要的地位，人体的肌肉、细胞膜、指甲、毛发等都属于凝胶，人体中占体重 2/3 的水基本都保存在凝胶里。凝胶具有一定强度的网状骨架，可以维持某种形态，同时可使代谢物质在其间进行物质交换，可以说没有凝胶就没有生命。

2. 凝胶的分类

根据分散质点的性质可将凝胶分为弹性凝胶和脆性(刚性)凝胶。通常由柔性的线形高分子化合物形成的凝胶为弹性凝胶，具有弹性，如橡胶琼脂和明胶。此类凝胶干燥后体积明显缩小，具有分散介质(溶剂)脱除和吸收可逆的特性，如明胶水凝胶脱水后成为只剩下以分散相为骨架的干凝胶，若将干凝胶放入水中，加热，使之吸收水分，冷却后又重新变为水凝胶。刚性凝胶是由刚性分散质点相互连成网状结构的凝胶，如硅胶、氢氧化铝等，在吸收或脱除溶剂后刚性凝胶的骨架基本不变，体积也无明显变化。

（二）凝胶的主要性质

1. 溶胀(膨润)

干燥的弹性凝胶吸收液体使自身体积(或重量)明显增大的现象称为凝胶的溶胀。凝胶的溶胀分为有限溶胀和无限溶胀。如果凝胶吸收有限量的液体，凝胶的网状骨架只被撑开但不解体，则为有限溶胀，如干明胶室温下在水中的溶解。如果凝胶吸收液体至自身解体，高分子聚集体完全分散到溶剂中，则为无限溶胀，如明胶在热水中的溶胀。溶胀在生理过程中有很重要的意义，人越年轻，溶胀能力越强，皮肤越光滑；另外，老年人的血管硬化虽然客观原因很多，但与构成血管壁的凝胶溶胀能力下降是有关的。

2. 离浆

溶胶或高分子化合物溶液经过胶凝作用形成凝胶后，凝胶在放置过程中不断变化(老化)。离浆是凝胶老化的重要形式，也称为脱液(水)收缩，即凝胶不改变原来的性状，自发地分离出其网孔中所包含的一部分液体的现象。例如：新鲜的血块放置后可分离出血清；稀饭胶凝后，久置分离出液体等。

离浆的原因是构成凝胶网状结构的质点进一步收缩靠近，排列更加有序，将部分液体从网孔中挤出来。离浆现象在生命过程中普遍存在，老年人皮肤松弛、起皱纹，主要就是由于组成人体的皮肤、肌肉、细胞膜等都是凝胶，随着机体逐渐衰老，这些组织逐渐老化脱液收缩而引起的。

3. 触变

某些凝胶在受到振荡或搅拌等外力作用时，变为具有较大流动性的溶液状态，去掉外力后，又逐渐恢复半固体凝胶状态，这种现象称为触变。如硬脂酸铝分散于植物油中形成的胶体溶液，在一定温度下静置时，逐渐变为半固体状凝胶，当振摇时，又变成可流动的胶体溶液。触变产生的原因是此类凝胶的网状结构是通过范德华力形成的，不稳定、不牢固，在受到外力作用时，这种网状结构就被破坏而释放出液体，表现出流动性；外力消失后，范德华力又将高分子化合物交织成空间网状结构，包住液体形成凝胶。临床使用的药物中就有触变性药剂，使用时只需用力振摇就会成为均匀的溶液。触变性药剂的主要特点是比较稳定，便于储藏。

4. 吸附

一般来说，刚性凝胶的干胶都是具有多孔性的毛细管结构，表面积较大，有较强的吸附能力，如硅胶常用作干燥剂或吸附剂；弹性凝胶也具有一定的吸附作用。

5. 半透膜及其通透性

所有天然的和人造的半透膜都是凝胶。半透膜具有选择透过性，可以使大小不同的分子得到分离。分子能否通过半透膜主要取决于膜的孔径大小，另外还与网状结构中所含液体的性质及网眼壁上所带的电荷有关。

第三节　表面现象

微课

体系中相与相之间的分界面称为相界面。相界面包括液-气、固-气、固-液、液-液、固-固等类型。习惯上把固相或液相与气相组成的界面称为表面。在相界面上发生的一切物理、化学现象称为界面现象或表面现象。胶体的吸附性、带电性等都与表面现象有关，表面现象对药物的制备和使用、食品添加剂的合成等具有指导意义。本节讨论的是液-气和固-气界面上的现象。

一、表面张力与表面能

（一）表面张力

1. 表面张力

表面与其相邻的两相不同，表面是两相紧密相互渗透构成的表面层，其厚度为数个分子大小。表面的性质与相邻两相性质完全不同。处于表面层的分子和两相内部的分子由于所处环境不同，受力情况不同，因而它们的能量也不相同。下面以气-液表面为例（图 4-6）来说明。

处于液体内部的分子，周围分子对它的作用力相等，彼此互相抵消，所受的合力为零，所以液体内部的分子在液体内部移动时不需做功。而表面层的分子则不同，液体内部分子对它的吸引力远大于气体分子对它的吸引力，所受合力不等于零，合力的方向指向液体内部并与液面垂直。这种合力试图把表面层的分子拉入液体内部，所以液体表面存在自动缩小的趋势，或者说表面有一种抵抗扩张的力，即表面张力（surface tension），用符号 σ 表示。其物理意义是垂直作用于单位面积相表面上的力，单位为 N/m。

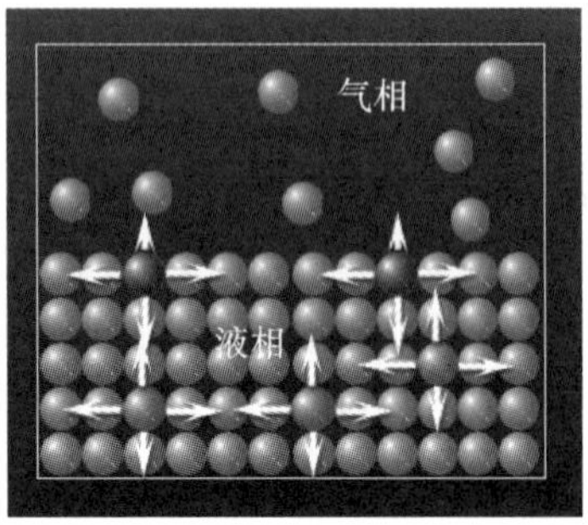

图 4-6　液体表面分子受力示意图

2. 影响表面张力的因素

表面张力与物质种类、共存的另一相的物质的性质、温度及溶液的组成有关。分子间作用力是产生表面张力的根源，不同物质分子间作用力不同，表面张力就不同，若物质分子为极性分子，分子间作用力大，表面张力大；若物质分子为非极性分子，分子间作用力小，表面张力小。一般说来，温度升高，表面张力降低。

（二）表面能

保持温度、压力和液体组成不变，若要增大液体的表面积，即将液体内部的分子移到表面上，就要克服液体内部分子的拉力而对其做功，所做的功以位能的形式储存于表面分子中。这就像把物体举高而做功，物体便因此而具有位能一样。所以物体表面分子要比内部分子多出一部分能量，这一部分能量称为**表面能**(surface energy，E)。其表达式为

$$E = \sigma \times A \tag{4-1}$$

表面层的分子具有的表面能的大小与表面积的大小有关，一定压力和温度下，表面张力为一个常数，表面积越大，则表面能越大；表面积越小，则表面能越小。

物体的表面能有自动降低的趋势，而且表面能越大，降低的趋势也越大。从式(4-1)可知，表面能的降低可以通过下面任何一种途径实现，即自动地减小 A 或自动地减小 σ，或两者都自动地减小。对纯液体来说，在一定温度、压力下，其表面张力是一个常数，只能通过减小表面积的办法来降低其表面能。如液滴常呈球形，小水滴相遇时会自动合并成较大的水滴。而对于固体和盛放在固定容器内的液体，无法自动减小其表面积，故往往通过吸附作用降低表面张力，使体系的表面能降低。

二、表面吸附

固体或液体分子吸引其他物质的分子、原子或离子聚集在其表面上的过程称为**表面吸附**。例如，在充满红棕色溴蒸气的玻璃瓶中放入少量活性炭，可以看到瓶中的红棕色逐渐变淡或消失，大量溴被活性炭表面吸附，溴的浓度在两相界面上增大。具有吸附作用的物质(如活性炭)称为**吸附剂**，被吸附的物质(如溴)称为**吸附质**。表面吸附可在固体表面上发生，也可在液体表面上发生。表面吸附是一个可逆过程，因为被吸附在吸附剂上的分子通过分子热运动，可挣脱吸附剂表面而逸出，这种与吸附作用相反的过程，称为**解吸**。当吸附与解吸的速度相等时，即达到吸附平衡。

（一）固体表面的吸附

一些疏松多孔或细粉末状的固体物质，如活性炭、硅胶、活性氧化铝等，具有很大的表面积(每克固体有 200～1000 m^2 的表面积)，由于它们都有固定的形状，表面积无法自动缩小，因而常通过吸附作用，把周围介质中的分子、原子或离子吸附到自身表面以降低表面张力，从而降低表面能。

固体表面的吸附按作用力性质的不同，分为物理吸附和化学吸附两类。物理吸附的作用力是范德华力(分子间引力)，由固体表面的分子与吸附质分子之间的静电作用产生。这类吸附没有选择性，吸附速度快，吸附与解吸易达平衡，但可因分子间引力大小不同使吸附的难易程度不同，在低温时易发生物理吸附。化学吸附的作用力是化学键，由于固体表面原子的成键能力未被相邻原子所饱和，还有剩余的成键能力，这些原子与吸附质的分子或原子间作用形成了化学键。这类吸附具有选择性，但吸附与解吸都较慢，升高温度可增强化学吸附。物理吸附是普遍现象，化学吸附通常在特定的吸附剂和吸附质之间发生。

固体表面的吸附有广泛的实际应用。例如，活性炭能有效地吸附有害气体和某些有色物质，常用作防毒面具的除毒剂、中药提取液的脱色剂；硅胶和活性氧化铝常用作色谱分离的吸附剂；在实验室中，常用无水硅胶作干燥剂，防止仪器和试剂受潮等。在气体反应中，铁触媒可用作固相催化剂，如合成氨的催化剂，气相的 N_2 和 H_2 被吸附于固相催化剂表面，促进反应的进行。

（二）液体表面的吸附

纯液体的表面张力在一定温度下为一定值，若向纯溶剂中加入某种溶质，由于溶质的表面张力与溶剂不同，溶质分子会或多或少地占据液体表面，所得溶液的表面张力将随之改变。表面张力随不同溶质的加入所发生的改变大致有两种情况。第一种情况是表面张力随溶质浓度增大而升高，如 $NaCl$、KNO_3 等无机盐类以及蔗糖、甘露醇等多羟基有机物，我们称之为非表面活性物质。这类物质

所形成的溶液的表面张力比纯液体的大，为了使体系的表面能趋于最低，溶质分子尽可能进入溶液内部，此时溶液表面层的浓度小于其内部浓度，这种吸附称为负吸附。第二种情况是在一定范围内，表面张力随溶质浓度的增大而降低，如肥皂、烷基苯磺酸盐(合成洗涤剂)、高级脂肪酸等物质，我们称之为表面活性物质。这类物质所形成的溶液的表面张力比纯液体的小，故溶质分子自动集中在表面以降低表面张力，结果是溶液表面层的浓度大于溶液内部的浓度，这种吸附称为正吸附(简称吸附)。

三、表面活性剂

(一) 表面活性剂

表面活性剂是能显著降低水的表面张力，在两相界面上定向排列的一类物质。表面活性剂能显著降低水的表面张力的原因与其分子结构密切相关。表面活性剂的分子结构中有一个共同特征——两亲结构。表面活性剂分子由两种极性不同的基团组成，一种是极性基团(亲水基或疏油基)，如—OH、—NH、—SH、—COOH、$—SO_3H$ 等，极性基团与水分子有较强的亲和力；另一种是非极性基团(亲油基或疏水基)，多为直链或带支链或带苯环的有机烃基，碳原子数在 8 个以上，易与非极性分子(如烷烃分子)接近(图 4-7)。如常见的表面活性剂十二烷基硫酸钠(月桂醇硫酸)[$CH_3(CH_2)_{11}SO_4Na$]由非极性的“$CH_3(CH_2)_{11}—$”与极性的“$—SO_4Na$”组成，前者为疏水基，后者为亲水基。

表面活性剂分子不对称的两亲结构，决定了表面活性剂具有在两相界面定向排列、形成胶束等基本性质。当表面活性剂溶于水时，分子中的亲水基受极性水分子的吸引有进入水中的趋势，而疏水基则受水分子的排斥有离开水相而向表面聚集的趋势。当浓度较低时，一部分分子自动地聚集于表面层，降低水的表面张力和体系的表面能；另一部分分子则三三两两地把亲油基靠在一起，形成简单的聚集体。当表面活性剂与水形成正吸附达到饱和时，表面活性剂分子在水的表面定向排列构成单分子吸附层，而溶液内部的表面活性剂的亲水基靠在一起缔合成**胶束**，即亲水基朝外，亲油基朝内，直径在胶体分散系范围(1～100 nm)内，在水中稳定分散的聚合体。表面活性剂在溶液中的排列如图 4-8 所示。

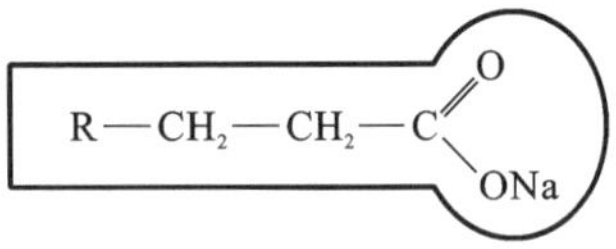

图 4-7 表面活性剂的两亲结构

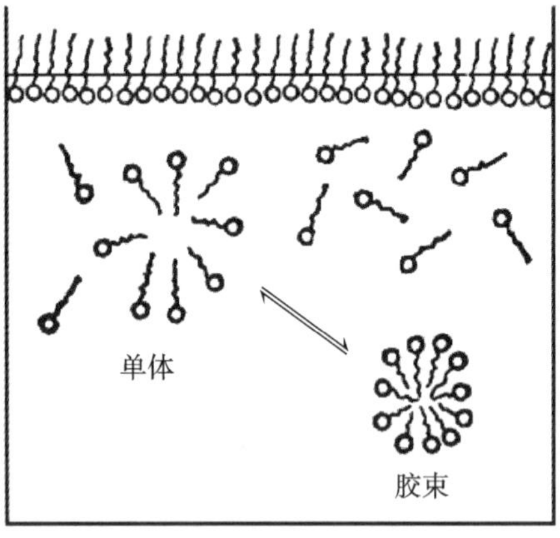

图 4-8 表面活性剂在溶液中的排列

(二) 亲水亲油平衡值(HLB)

表面活性剂的应用取决于分子中亲水性和亲油性基团的组成和结构，这两部分的亲水和亲油能力的不同，使表面活性剂的应用范围和应用性能有差别。表面活性剂分子中两亲结构对油或水的综合亲和力，称为**亲水亲油平衡**(hydrophile-lipophile balance，HLB)值。

亲水亲油平衡(HLB)值，是衡量表面活性剂在溶液中性质的一个定量指标，是表明表面活性剂亲水能力的一个重要参数。根据经验，表面活性剂的 HLB 值范围为 0～20，即完全由亲油性的烃基组成的石蜡分子的 HLB 值为 0，完全由亲水性的氧乙烯基组成的聚氧乙烯的 HLB 值为 20。亲水性表面活性剂有较高的 HLB 值，亲油性表面活性剂有较低的 HLB 值。表面活性剂 HLB 值不同，性质不同，用途也不同。HLB 值为 3～6 的表面活性剂适合用作 W/O 型乳化剂，HLB 值为 8～18 的表面活性剂适合用作 O/W 型乳化剂。作为增溶剂的表面活性剂的 HLB 值为 13～18，作为润湿剂的表面活性剂的 HLB 值为 7～9 等。

（三）表面活性剂的应用

表面活性剂在各个领域中被广泛应用，素有“工业味精”之称，它具有润湿、乳化、增溶、起泡、消泡、渗透、洗涤、抗静电、润滑、杀菌等一系列的优越性能。之所以具有这些性能主要是因为它的两个重要性质，一个是在各种界面上的定向吸附，另一个是在溶液内部能形成胶束(micelle)。前一种性质是许多表面活性剂用作乳化剂、起泡剂、润湿剂的依据，后一种性质是表面活性剂常有增溶作用的原因。下面简单介绍乳化作用、增溶作用、润湿作用、起泡作用和消泡作用等。

1. 乳化作用

乳浊液的分散相粒子直径大于 100 nm，属于粗分散系，体系不稳定，易出现分层。例如，油水形成乳浊液，静置片刻，油、水便分成两层，不能形成稳定的乳浊液。要制得比较稳定的乳浊液，必须加入一种可以增加其稳定性的物质，这种能增加乳浊液稳定性的物质，称为**乳化剂**(emulsifier)。乳化剂使乳浊液稳定的作用，称为**乳化作用**(emulsification)。如在上述的油、水混合液中加入少量的肥皂，振摇后就可以得到外观均匀、稳定的乳浊液。常用的乳化剂是一些表面活性剂，如聚山梨酯类(吐温类)、脂肪酸山梨坦类(司盘类)、蛋白质、胆固醇、卵磷脂等。

乳化作用在医学上有很重要的意义。油脂在体内的消化、吸收和运输，在很大程度上依赖于胆汁中胆汁酸盐的乳化作用。在消化过程中，胆汁中胆汁酸盐的乳化作用，使油脂具有很大的表面积，以增大其与消化液中酶的接触面积，这不仅加速了消化油脂的水解反应，而且使水解产物易被小肠壁吸收。

2. 增溶作用

有的药物在水中的溶解度很小，不能达到治疗疾病的有效浓度。若在药物中加入一种可以形成胶束的表面活性剂，药物分子就会钻进胶束的中心或夹缝中，使溶解度明显提高，以至达到药物的有效浓度。这种能增加物质溶解度的作用称为增溶作用，能形成胶束的表面活性剂称为**增溶剂**。

增溶作用不等于溶解作用。溶解过程是溶质以单个的分子或离子状态分散在溶剂中，溶液的依数性有明显变化，而增溶过程是溶质分子或离子以聚集状态进入胶束中，增溶发生后虽然胶束体积增大，但分散相粒子数目没有明显改变，因此依数性不会明显变化。

增溶作用在制药工业中经常用到。例如：消毒防腐的煤酚在水中的溶解度为 2%，加入肥皂溶液作为增溶剂，可使其溶解度增大到 50%；氯霉素的溶解度为 0.25%，加入吐温作增溶剂可使其溶解度增大到 5%，其他维生素、磺胺类、激素等药物常用吐温来增溶。

3. 润湿作用

在固-液混合物中加入表面活性剂，这些表面活性剂的分子定向吸附在固-液界面上，降低了固-液界面张力，使液体能在固体表面很好地被黏附，从而很好地润湿固体。像这种能够改善固-液相界面润湿程度的作用称为润湿作用，具有润湿作用的表面活性剂称为**润湿剂**。在外用软膏中常加入润湿剂，用以增加药物对皮肤的润湿程度，提高药物疗效。农药杀虫剂也普遍使用润湿剂来改善药物对植物叶片和虫体的润湿程度，以发挥更大的药效。

4. 起泡作用和消泡作用

泡沫为很薄的液膜包裹着气体，属气体分散在液体中所形成的体系。起泡剂是指可产生泡沫的表面活性剂，起泡剂使泡沫趋于稳定的作用称为起泡作用。泡沫的形成易使药物在用药部位分散均匀且不易流失。起泡剂一般用于皮肤、腔道黏膜给药的剂型中。消泡剂是指用来消除泡沫的表面活性剂，能争夺并吸附在泡沫液膜表面上取代原有的起泡剂，但其本身不能形成稳定的液膜而导致泡沫被消除。消泡剂消除泡沫的作用称为消泡作用。如在药剂生产中，某些药材浸出物或高分子化合物溶液本身含有表面活性剂，在剧烈搅拌或蒸发浓缩操作时，会产生大量的稳定的泡沫，阻碍操作的进行，可以用加入消泡剂的办法来解决。

能力检测

能力检测答案

知识拓展：美的缔造者——表面活性剂

一、单项选择题（20×3=60分）

1. 下列关于分散系概念的描述，正确的是（　　）。

A. 分散系只能是液态体系　　B. 分散系为均一、稳定的体系

C. 分散相粒子都是单个分子或离子　　D. 分散系中被分散的物质称为分散相

2. 在水泥、冶金工厂，常用高压电对气溶胶作用，以除去大量烟尘，减少对空气的污染，这种做法应用的原理是（　　）。

A. 丁铎尔效应　　B. 电泳　　C. 渗析　　D. 凝聚

3. 淀粉溶液中加入淀粉酶，在一定条件下作用后，装入半透膜袋，再浸入蒸馏水中，蒸馏水中含量将会大量增加的是（　　）。

A. 淀粉酶　　B. 淀粉　　C. 葡萄糖　　D. 乙醇

4. 下列事实与胶体性质无关的是（　　）。

A. 在豆浆中加入盐卤做豆腐

B. 河流入海处易形成沙洲

C. 一束平行光照射蛋白质溶液时，从侧面可以看到光亮的通路

D. 三氯化铁溶液中滴入氢氧化钠溶液出现红褐色沉淀

5. 表面活性剂的性质特点是（　　）。

A. 亲水性　　B. 亲油性　　C. 疏水性　　D. 亲水亲油性

6. 下列关于胶体的叙述不正确的是（　　）。

A. 布朗运动是胶粒特有的运动方式，可以据此把胶体和溶液、悬浊液区别开来

B. 光线透过胶体时，胶体发生丁铎尔效应

C. 胶粒具有较大的表面积，能吸附阳离子或阴离子，从而带上电荷，在电场作用下产生电泳现象

D. 用渗析的方法净化胶体时，使用的半透膜只能让离子、小分子通过

7. 撒盐除冰是利用了稀溶液的哪种依数性？（　　）

A. 蒸气压下降　　B. 沸点升高　　C. 渗透压　　D. 凝固点降低

8. 同一条件下，理想溶液的渗透压大小取决于（　　）。

A. 压强　　B. 温度

C. 溶质粒子的物质的量浓度　　D. 溶质的物质的量浓度

9. 下列各组混合物的分离或提纯方法不正确的是（　　）。

A. 用渗析法分离 $Fe(OH)_3$ 胶体和 $FeCl_3$ 溶液的混合物

B. 用结晶法提纯 NaCl 和 KNO_3 混合物中的 KNO_3

C. 用蒸馏法分离乙醇和苯酚的混合物

D. 用加热法分离单质碘和氯化铵的混合物

10. 某淀粉胶体内混有盐酸和食盐，欲使胶体 pH 升高并除去食盐，可采用的方法是（　　）。

A. 盐析　　B. 萃取　　C. 渗析　　D. 蒸馏

11. 在沸水中滴入 $FeCl_3$ 溶液制备 $Fe(OH)_3$ 溶胶，欲分离后得到胶体，可采用的方法是（　　）。

A. 过滤　　B. 蒸馏　　C. 电泳　　D. 渗析

12. 将 0.08 mol/L KI 溶液与 0.1 mol/L $AgNO_3$ 溶液等体积混合，制成 AgI 溶胶，最易使其聚沉的电解质是（　　）。

A. $K_3[Fe(CN)_6]$　　B. $CaCl_2$　　C. $MgCl_2$　　D. KNO_3

13. 在电泳实验中，观察到分散相向阳极移动，表明（　　）。

A. 胶粒带正电荷　　B. 胶粒带负电荷　　C. 胶粒呈电中性　　D. 胶体带正电荷

14. 明矾净水的主要原理是(　　)。

A. 电解质对溶胶的聚沉作用　　B. 溶胶的相互聚沉作用

C. 电解质的敏化作用　　D. 电解质的对抗作用

15. 在油、水混合物中加入乳化剂,若乳化剂的亲水性强于亲油性,则形成(　　)型乳浊液。

A. W/O　　B. O/W　　C. 无法确定　　D. W/O/W

16. 通常称为表面活性剂的物质,是指其加入少量后就能(　　)。

A. 增加溶液的表面张力　　B. 改变溶液的导电能力

C. 显著降低溶液的表面张力　　D. 使溶液表面发生负吸附

17. 下列各性质中,属于溶胶的动力学性质的是(　　)。

A. 布朗运动　　B. 电泳　　C. 丁铎尔效应　　D. 电极电势

18. 引起溶胶聚沉的诸因素中,最重要的是(　　)。

A. 温度的变化　　B. 溶胶浓度的变化

C. 非电解质的影响　　D. 电解质的影响

19. 高分子化合物溶液与溶胶的鉴别可借助于(　　)。

A. 布朗运动　　B. 丁铎尔效应　　C. 电泳　　D. 渗析

20. 电泳现象产生的基本原因是(　　)。

A. 外电场或外压力的作用

B. 电解质离子的作用

C. 分散相粒子或多孔固体的比表面积大

D. 胶粒带电,胶体溶液中存在扩散双电层结构

二、多项选择题(5×4=20 分)

1. 下列关于胶体和溶液的说法中,不正确的是(　　)。

A. 胶体不均一、不稳定,静置后易产生沉淀;溶液均一、稳定,静置后不产生沉淀

B. 布朗运动是胶体特有的运动方式,可以将胶体与溶液、悬浊液区分开来

C. 光线通过时,胶体产生丁铎尔效应,溶液则无丁铎尔效应

D. 只有胶状的物质,如胶水、果冻类,才能成为胶体

2. 下列事实与胶体性质有关的是(　　)。

A. 在豆浆中加入盐卤做豆腐

B. 黄河入海口形成三角洲

C. 一束平行光照射蛋白质溶液时,从侧面可以看到一束光亮的通路

D. 三氯化铁溶液中滴入氢氧化钠溶液出现红褐色沉淀

3. 下列属于极性基团的是(　　)。

A. 羧基　　B. 氨基　　C. 羟基　　D. 烃基

4. 下列鉴别溶液和胶体的方法正确的是(　　)。

A. 溶液为电中性,胶粒带有电荷

B. 溶液可以穿过半透膜,而胶粒不能穿过半透膜

C. 用一束平行光照射时,溶液中无特殊现象,胶体中出现明亮的光路

D. 通电后,溶液中溶质微粒向两极移动,胶体中分散质微粒向某一极移动

5. 下列物质能使三硫化二砷溶胶聚沉的是(　　)。

A. 饱和硫酸镁溶液　　B. 氢氧化铁溶胶

C. 硅酸溶胶　　D. 蔗糖溶液

三、简答题(2×10=20 分)

1. 胶粒带电的原因是什么?

2. 试解释江河入海口处沉积平原形成的原因。

参考文献

[1] 冯务群. 无机化学[M]. 4 版. 北京：人民卫生出版社，2018.
[2] 付煜荣，罗孟君，卢庆祥. 无机化学[M]. 武汉：华中科技出版社，2016.

（王　琼）

第五章

化学反应速率和化学平衡

PPT

学习目标

知识目标

1. 掌握：化学反应速率的概念、表示方法和影响因素，化学平衡的概念，平衡常数的意义、表示方法和影响化学平衡移动的因素。

2. 熟悉：可逆反应的概念，浓度、温度对化学反应速率影响的定量关系，质量作用定律，化学平衡的移动。

3. 了解：化学反应速率理论。

能力目标

1. 会进行化学反应速率、化学平衡常数的有关计算，会运用勒夏特列原理判断化学平衡移动的方向。

2. 能用勒夏特列原理解释生活或工作中可能遇到的问题。

素质目标

养成理论联系实际的科学思维，培养规范操作的能力，培养团结协作的精神。

学习引导

医生抢救患者时为什么要给他们输入氧气？为什么大多数药品要在阴凉、通风、干燥处保存？

对于化学反应，有时希望进行得更快、更完全，如化工生产反应、药物在体内的作用、检验反应等；有时希望减小化学反应速率和抑制其进行的程度，如钢铁生锈、食物的腐败、机体的衰老、药物储存时的变质等。因此有必要研究化学反应速率和化学平衡问题，使其更好地为人类利用。

第一节　化学反应速率及其影响因素

微课

一、化学反应速率的概念与表示方法

（一）化学反应速率(rate of chemical reaction)

化学反应速率是表示化学反应进行快慢的物理量，是一定条件下反应物通过化学反应转化为产物的速率，用单位时间内某物质浓度的变化来表示。

不同化学反应进行的快慢是不同的；同一化学反应，在不同的反应条件下，化学反应速率不同。因此，在描述化学反应速率时，要指明反应类型、反应条件、反应物。

（二）化学反应速率的表示方法

化学反应速率一般用平均速率 $\bar{v}$ 表示，可用单位时间内反应物浓度的减少或产物浓度的增加来表示。对于任意化学反应：

$$aA+bB \xlongequal{} cC+dD$$

$$\bar{\nu}_A=\left|\frac{\Delta c_A}{\Delta t}\right|, \quad \bar{\nu}_B=\left|\frac{\Delta c_B}{\Delta t}\right|, \quad \bar{\nu}_C=\left|\frac{\Delta c_C}{\Delta t}\right|, \quad \bar{\nu}_D=\left|\frac{\Delta c_D}{\Delta t}\right| \tag{5-1}$$

式中，Δc 表示对应的物质浓度的改变量，单位为 mol/L；Δt 表示时间间隔，单位可为秒(s)、分(min)、小时(h)；化学反应速率 $\bar{\nu}$ 的单位可为 mol/(L·s)等。

各物质化学反应速率之间存在下列关系：

$$\bar{\nu}_A : \bar{\nu}_B : \bar{\nu}_C : \bar{\nu}_D = a : b : c : d \tag{5-2}$$

$$\bar{\nu}=\frac{\bar{\nu}_A}{a}=\frac{\bar{\nu}_B}{b}=\frac{\bar{\nu}_C}{c}=\frac{\bar{\nu}_D}{d}$$

上式所求得的化学反应速率是一段时间内的平均值，取正值；同一化学反应在同一条件下，在不同时间段内化学反应速率的大小也不同；同一个化学反应用不同的物质表示化学反应速率时，数值也可能不同，但其数值与反应式中各物质的系数成正比。

【例 5-1】 在 673 K 时，向体积为 1 L 的容器中引入 0.1 mol CO 和 0.1 mol NO_2，并每隔 10 s 抽样测 CO 的浓度，测得的 CO 的浓度见表 5-1。

表 5-1　不同时刻 CO 的浓度

CO 浓度/(mol/L)	0.100	0.067	0.050	0.040	0.033
t/s	0	10	20	30	40

请计算各时间段 CO 的平均化学反应速率。

解：0～10 s CO 的平均化学反应速率：

$$\bar{\nu}_{CO}=\left|\frac{\Delta c_{CO}}{\Delta t}\right|=\left|\frac{0.067\ \text{mol/L}-0.100\ \text{mol/L}}{10\ \text{s}-0\ \text{s}}\right|=0.0033\ \text{mol/(L·s)}$$

10～20 s CO 的平均化学反应速率：

$$\bar{\nu}_{CO}=\left|\frac{\Delta c_{CO}}{\Delta t}\right|=\left|\frac{0.050\ \text{mol/L}-0.067\ \text{mol/L}}{20\ \text{s}-10\ \text{s}}\right|=0.0017\ \text{mol/(L·s)}$$

20～30 s CO 的平均化学反应速率：

$$\bar{\nu}_{CO}=\left|\frac{\Delta c_{CO}}{\Delta t}\right|=\left|\frac{0.040\ \text{mol/L}-0.050\ \text{mol/L}}{30\ \text{s}-20\ \text{s}}\right|=0.0010\ \text{mol/(L·s)}$$

30～40 s CO 的平均化学反应速率：

$$\bar{\nu}_{CO}=\left|\frac{\Delta c_{CO}}{\Delta t}\right|=\left|\frac{0.033\ \text{mol/L}-0.040\ \text{mol/L}}{40\ \text{s}-30\ \text{s}}\right|=0.0007\ \text{mol/(L·s)}$$

例 5-1 的 c-t 曲线见图 5-1。

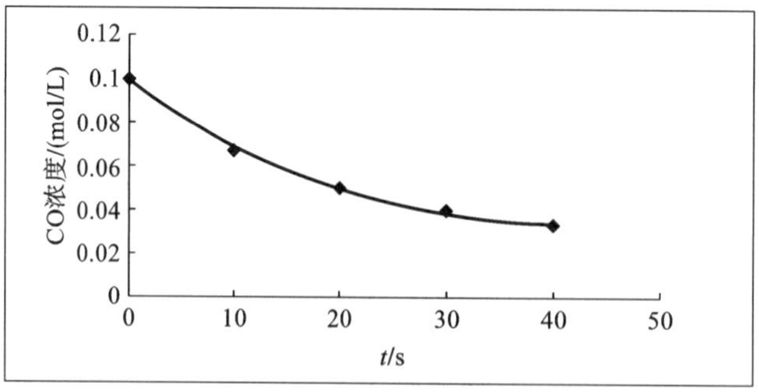

图 5-1　c-t 曲线

从例 5-1 可知，同一物质在化学反应过程中，随着反应的进行，化学反应速率始终在变化。通常所说的化学反应速率，就是指平均化学反应速率。

讨论 5-1：(1) 在一定条件下，在 5 L 密闭容器中加入 2.0 mol 氮气和 3.0 mol 氢气，2 s 后测得氨气的浓度为 0.3 mol/L，求各物质的平均化学反应速率。由此得到什么规律？

(2) 能用速率公式求固体和液体的化学反应速率吗?

二、化学反应速率理论

许多常温下不发生或发生较缓慢的反应,在加热或加入催化剂的条件下化学反应速率增大。如氢气和氧气在空气中反应得很慢,但一经点燃或用铂丝催化,即发生爆炸;氮气与氢气在常温下不反应,但在合成塔中的高压、中温、催化剂条件下可以源源不断地合成氨。这些都说明化学反应速率的大小主要取决于各反应物的内在本质,但也与浓度、温度、压强、催化剂等外界因素有关。为了探讨化学反应速率的内在规律,化学家们提出了多种揭示化学反应内在联系的模型,形成了两种最主要的化学反应速率理论,即碰撞理论和过渡状态理论。

(一) 碰撞理论

1. 活化能

1890 年,瑞典化学家阿伦尼乌斯(S. A. Arrhenius)提出了活化能的概念。他提出发生化学反应时,反应物并不是直接变成生成物的,而是首先吸收一定的能量,经历普通分子变成活化分子这样一个中间过程,反应物才能转变成生成物。这时所吸收的能量就是反应的活化能(E_a)。

活化能可以通过实验测定。不同物质的组成、结构不同,化学键的键能也不同,所以不同反应的活化能也不同。若 $E_a < 42$ kJ/mol,化学反应速率很大,反应可瞬间完成;若 $E_a > 420$ kJ/mol,化学反应速率很小。由此可见,反应的活化能(E_a)是决定化学反应速率大小的极其重要的因素。在工作实践中,常常通过加入催化剂降低活化能的方式来提高化学反应速率。

2. 碰撞理论

1918 年,路易斯(G. N. Lewis)在气相双分子的基础上,提出了碰撞理论。

碰撞理论认为,发生化学反应必须碰撞,碰撞是发生化学反应的必要但不充分条件;反应是通过反应物分子间的碰撞实现的,并不是所有的碰撞都能发生化学反应,化学反应速率正比于碰撞频率,即反应是通过反应物分子间的碰撞而进行的;绝大多数的碰撞是无效的弹性碰撞,少数能量超过某一值(E^*)的分子(活化分子)之间沿着合理取向且发生了反应的碰撞(具有合理取向的碰撞)才是有效碰撞(图 5-2、图 5-3);活化分子百分数增加,有效碰撞次数增加,化学反应速率增大;单位体积活化分子数增加,有效碰撞次数增加,化学反应速率增大。

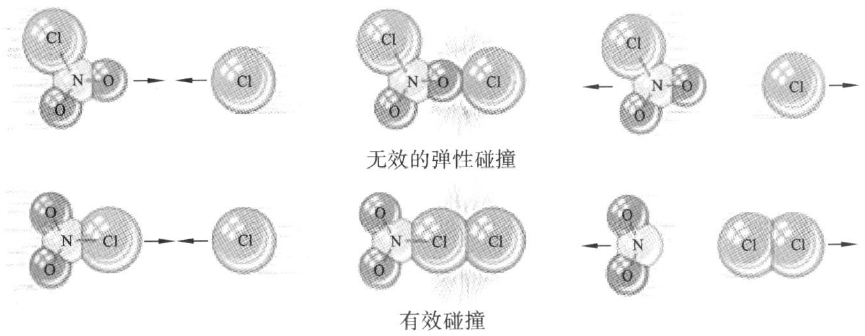

图 5-2　碰撞示意图

碰撞理论较好地解释了有效碰撞,但它不能说明反应历程及其能量的变化。

(二) 过渡状态理论

过渡状态理论又称为活化配合物理论,是美国化学家艾林(H. Eyring)等人于 1935 年在量子力学和统计力学基础上提出的。该理论认为,在化学反应过程中,当反应物分子充分接近到一定的程度时,反应物分子中旧化学键被削弱,新化学键逐步形成,会形成一个势能较高的过渡状态,即形成活化配合物。该过渡状态极不稳定,易分解为产物分子,也可分解为原反应物分子(图 5-4)。

例如 NO_2 和 CO 的反应,当具有较高能量的 NO_2 和 CO 分子以合适的方位接近到一定程度时,形成活化配合物[ON…O…CO],其价键结构处于旧化学键被削弱、新化学键正在形成的一种过渡状

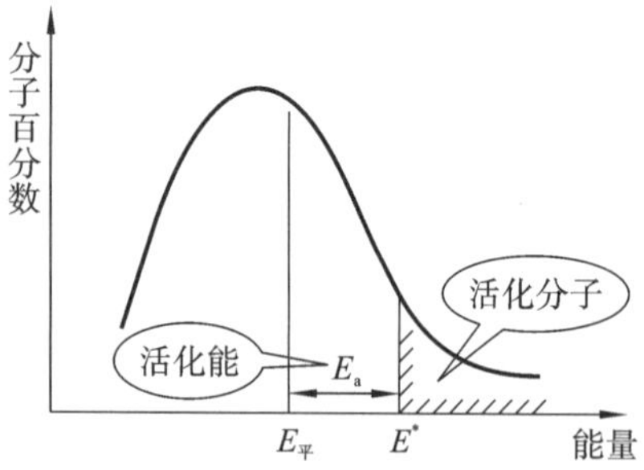

图 5-3　玻尔兹曼分子能量分布曲线

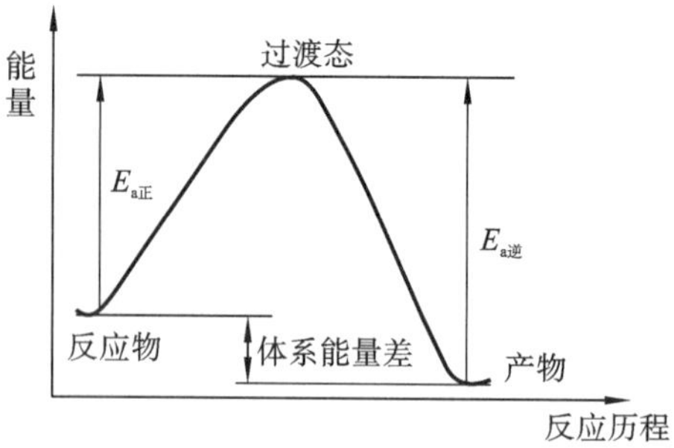

图 5-4　化学反应速率理论之过渡态

态，活化配合物不稳定，会立即分解为产物 NO 和 CO_2。NO_2 与 CO 反应过程中反应物（NO_2、CO）分子的平均势能比产物（NO、CO_2）高，两者通过活化配合物而相互转化。

在过渡状态理论中，活化配合物的最低能量与反应物分子的平均能量之差称为活化能，即图 5-4 中的能量差（E_a）。E_a 是使反应进行所必须克服的势能垒，只有反应物分子吸收足够能量“爬越”这个势能垒，反应方可进行。图中 $E_{a正}$ 是正反应的活化能，$E_{a逆}$ 是逆反应的活化能，两者之差即该反应的体系能量差（主要表现为反应热）。

三、化学反应速率的影响因素

化学反应速率首先取决于反应物分子的内部结构，这是影响化学反应速率大小的内部因素，是主要因素。此外还与外界因素，如浓度、温度、催化剂等有关。通过改变这些外界因素也可以改变化学反应速率。

（一）浓度对化学反应速率的影响

大量实验表明，温度一定时，对于一个具体的化学反应，增大反应物的浓度，其化学反应速率增大。这个事实可以用化学反应速率理论定性解释，当温度一定时，对于某一化学反应，反应物分子中活化分子所占的百分数是一定的。当反应物的浓度增大时，活化分子的浓度相应增大，有效碰撞次数增加，故化学反应速率增大。但是这些不能说明化学反应进行的具体途径。化学反应进行时所经过的具体途径称为反应机理。为了了解反应机理，研究反应物浓度与化学反应速率之间的定量关系，必须先了解基元反应和非基元反应的概念。

1. 基元反应和非基元反应

基元反应（elementary reaction）是指反应物的微粒（分子、原子、离子或自由基）在有效碰撞中一步实现的化学反应。例如：

$$NO_2 + CO \longrightarrow NO + CO_2$$

该反应是一步完成的，是基元反应。

通常书写的化学反应方程式只表示参加反应的初始反应物和反应后的最终产物，以及反应前后它们间的化学计量关系，并没有表示出反应的具体途径。实际上基元反应并不多，大多数化学反应要经过若干个步骤才能实现，即由若干个基元反应组成，这类反应称为非基元反应，又叫复合反应，例如：

$$H_2 + I_2 \xlongequal{\quad} 2HI$$

研究表明，该反应分两步进行：

$$I_2 \rightleftharpoons 2I \quad （快）$$

$$H_2 + 2I \rightleftharpoons 2HI \quad （慢）$$

其中第一步基元反应的速率快，第二步基元反应的速率慢。速率最慢的步骤决定了非基元反应的速率。通常把决定整个化学反应速率的基元反应称为速率控制步骤。

2. 质量作用定律

1867 年，挪威科学家古德贝格（Guldberg）和瓦格（Waage）通过大量实验总结出反应物浓度与化学反应速率之间的定量关系：一定温度下，基元反应的化学反应速率与各反应物浓度的化学计量数次幂的乘积成正比。这一规律称为质量作用定律，对应的数学表达式称为速率方程。对于任意的基元反应：

$$aA + bB \xlongequal{\quad} dD + eE$$

则有

$$\nu = k \times c_A^a \times c_B^b \tag{5-3}$$

式中，k 称为化学反应速率常数，是反应特征常数，其物理意义是一定温度下反应物为单位浓度（1 mol/L）时的化学反应速率。在其他条件都相同时，k 值越大，化学反应速率越大。k 的大小与反应物的本性及温度、溶剂、催化剂等因素有关，与浓度无关。

需指出的是，质量作用定律只适用于基元反应。对于任意的非基元反应：

$$aA + bB \xlongequal{\quad} dD + eE$$

其速率方程为

$$\nu = k \times c_A^m \times c_B^n \tag{5-4}$$

式(5-4)中各个反应物浓度的指数 m、n 必须通过实验测定，不能主观地判断 $m=a$，$n=b$，即使实验中测得其相等，也不能肯定该反应为基元反应。

对于速率方程[式(5-4)]，m 和 n 分别称为反应物 A 和 B 的反应级数，$m+n$ 称为反应的总级数，简称反应级数(reaction order)。反应级数可以是整数，也可以是零或分数。反应级数的大小反映了反应物浓度对化学反应速率的影响程度。反应级数越大，反应物浓度对化学反应速率的影响越大。反应级数与速率方程密切相关，如要确定一个化学反应的反应级数，必须以实验事实为依据。

例如，对于反应：

$$H_2(g) + I_2(g) \rightleftharpoons 2HI(g)$$

由实验测得其速率方程为 $\nu = k \times c_{H_2} \times c_{I_2}$，但其不是基元反应，而是由两个基元反应组成的复杂反应：

$$I_2(g) \rightleftharpoons 2I(g) \quad (快反应)$$

$$2I(g) + H_2(g) \rightleftharpoons 2HI(g) \quad (慢反应)$$

第二步是速率控制步骤，因此，该非基元反应的速率方程为

$$\nu = k \times c_I^2 \times c_{H_2}$$

总反应级数为三级，对 I 是二级反应，对 H_2 是一级反应。

讨论 5-2：(1) 对于非基元反应，速率控制步骤是指化学反应速率最__________的步骤。

(2) 当反应 $A_2 + B_2 \longrightarrow 2AB$ 的速率方程为 $\nu = k \times c_A \times c_B$ 时，此反应(　　)。

A. 一定是基元反应　　　　B. 不能肯定是否为基元反应

C. 一定是非基元反应　　　D. 为二级反应

（二）温度对化学反应速率的影响

在实际生产和生活中，常通过改变温度的方法来控制化学反应速率。比如药物常要求保存在通风、阴凉干燥处；醋酸与乙醇生成乙酸乙酯的反应，要加热等。

一般来讲，温度升高，化学反应速率增大，其原因可用化学反应速率理论解释(图 5-5)。当温度升高时，一些普通分子获得能量变成活化分子，使活化分子百分数增大，并且分子运动的速率加快，有效碰撞次数显著增加，化学反应速率大大加快。

如常温下 H_2 与 O_2 的反应十分缓慢，但当温度升高至 873 K 时，则会发生剧烈的爆炸反应。实验证明，反应温度每升高 10 K，化学反应速率一般增大 2～4 倍。

科学家通过大量研究发现，温度对化学反应速率的影响，实质上是对化学反应速率常数(k)的影响。1890 年，瑞典化学家阿伦尼乌斯在总结大量实验事实的基础上，总结出了化学反应速率常数与温度、活化能之间的经验关系式：

$$k = A \times e^{-\frac{E_a}{RT}} \tag{5-5}$$

由式(5-5)可以看出，化学反应速率常数 k 与热力学温度 T 呈指数关系。

此经验关系式又称为阿伦尼乌斯方程。其中，k 是化学反应速率常数；A 为常数（称为碰撞频率因子），单位与 k 相同；E_a 为反应活化能，单位为 kJ/mol；R 是摩尔气体常数，其数值为 8.314 J/(mol·K)；T 为热力学温度，单位为 K。

对阿伦尼乌斯方程两边取对数，得

$$\ln k = \ln A - \frac{E_a}{RT}$$

或

$$\lg k = -E_a/2.303RT + \lg A \tag{5-6}$$

如果以 $\lg k$ 对 $1/T$ 作图，得一条直线，其斜率为 $-E_a/2.303R$，截距为 $\lg A$。直线斜率越小，则该反应的活化能越小。

因此 E_a 可以通过实验来测定：用在不同温度下观察到的 k 值的常用对数对 $1/T$ 作图，斜率为 $-E_a/2.303R$，从而求得 E_a。

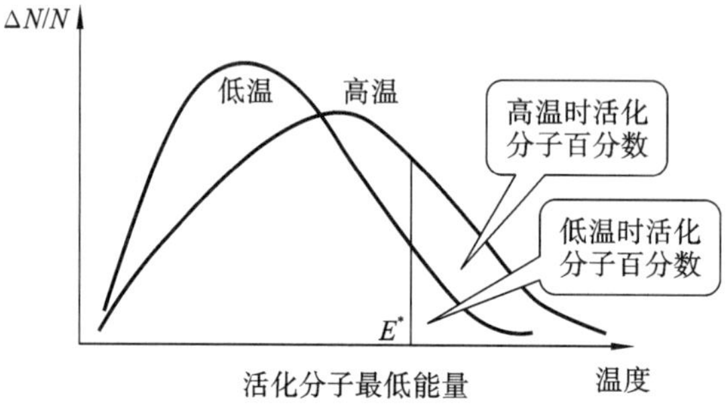

图 5-5　温度对活化分子的影响

从阿伦尼乌斯方程可以得出如下结论：

(1) 在同一温度下，活化能越大的化学反应，其化学反应速率常数越小，化学反应速率越小；活化能越小的化学反应，化学反应速率常数越大，化学反应速率越大。

(2) 对于同一个给定的化学反应，活化能一定，则温度越高，化学反应速率常数越大。由于化学反应速率常数与热力学温度之间呈指数关系，故温度升高时化学反应速率常数显著增大。温度对化学反应速率常数的影响，在低温范围内比在高温范围内更显著。

(3) 当温度升高的数值相同时，活化能大的化学反应比活化能小的化学反应，化学反应速率常数增加的倍数大。

【例 5-2】 某酶催化反应的活化能为 50 kJ/mol，若忽略温度对酶的影响，请估算该反应在发烧至 40 ℃的患者体内比正常人(37 ℃)快多少倍。

解：

因为

$$\lg\frac{k_2}{k_1} = \frac{E_a}{2.303R}\left(\frac{T_2 - T_1}{T_1 T_2}\right)$$

$$= \frac{50\times10^3\ \text{J/mol}}{2.303\times8.314\ \text{J/(mol·K)}}\times\left(\frac{313\ \text{K}-310\ \text{K}}{313\ \text{K}\times310\ \text{K}}\right) = 0.0807$$

所以

$$\frac{k_2}{k_1} = 1.2$$

故该酶催化反应在 40 ℃的患者体内化学反应速率是正常人体内的 1.2 倍。

【例 5-3】 对于 N_2O_5 气相分解反应 $2N_2O_5(g) = 4NO_2(g) + O_2(g)$，在 338 K 时，$k_2 = 4.87\times10^{-3}\ s^{-1}$；318 K 时，$k_1 = 4.98\times10^{-4}\ s^{-1}$。试求该反应的活化能($E_a$)及 298 K 时的化学反应速率常数($k_3$)。

解：(1) 由 $\lg\frac{k_2}{k_1} = \frac{E_a}{2.303R}\left(\frac{T_2 - T_1}{T_1 T_2}\right)$ 得

该反应的活化能：$E_a = 2.303R\times\frac{T_1 T_2}{T_2 - T_1}\times\lg\frac{k_2}{k_1}$

$$= 2.303\times8.314\ \text{J/(mol·K)}\times\left(\frac{338\ \text{K}\times318\ \text{K}}{338\ \text{K}-318\ \text{K}}\right)\times\lg\frac{4.87\times10^{-3}\ \text{s}^{-1}}{4.98\times10^{-4}\ \text{s}^{-1}}$$

$$= 102\ \text{kJ/mol}$$

(2) 由 $\lg\frac{k_2}{k_3}=\frac{E_a}{2.303R}\left(\frac{1}{T_3}-\frac{1}{T_2}\right)$ 得

$$\lg k_3=\lg k_2-\frac{E_a}{2.303R}\left(\frac{1}{T_3}-\frac{1}{T_2}\right)$$

$$=\lg(4.87\times10^{-3}\ s^{-1})-\frac{102\times10^3\ J/mol}{2.303\times8.314\ J/(mol\cdot K)}\times\left(\frac{1}{298\ K}-\frac{1}{338\ K}\right)=-4.428$$

所以 298 K 时的速率常数： $k_3=3.73\times10^{-5}\ s^{-1}$

(三) 催化剂对化学反应速率的影响

1. 催化剂和催化作用

催化剂在现代化学、制药工业、医药卫生中发挥着极其重要的作用，据统计，约有 85% 的化学反应需借助催化剂。催化剂(catalyst)是指能够显著改变化学反应速率，而在反应前后自身的组成、质量和化学性质基本保持不变的物质。这种能够改变化学反应速率的作用称为催化作用，能加快化学反应速率的称为正催化剂；能减慢化学反应速率的称为负催化剂。通常所说的催化剂一般是指正催化剂。

催化剂增大化学反应速率的原理：由于加入的催化剂与反应物之间形成一种势能较低的活化配合物，改变了反应的历程，与无催化剂反应的历程相比，所需的活化能显著降低，如图 5-6 所示。

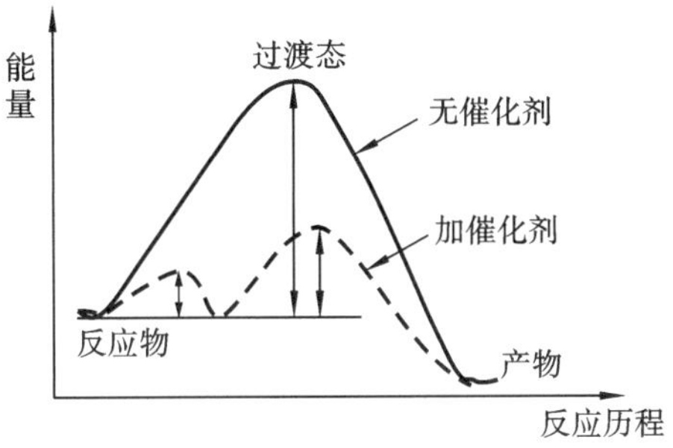

图 5-6 催化剂作用机理

催化反应具有以下特征。

(1) 催化剂只通过改变化学反应途径来改变化学反应速率，不改变化学反应的热效应、方向和限度。

(2) 在化学反应速率方程中，催化剂主要是对化学反应速率常数产生影响。所以对于确定的反应，反应温度一定时，采用的催化剂不同，一般有不同的化学反应速率常数。

(3) 催化剂具有选择性：某种催化剂只对某一反应或某一类反应起催化作用。

2. 生物催化剂——酶(enzyme)

酶(E)是一种蛋白质，在体内有特殊的空间构型，主要是使生物体内的各种代谢反应处于正常的内稳定状态，维持着机体的生命活动。被酶催化的物质称为底物(S)。底物与酶可根据相应的空间构型，相互嵌合形成活性中间配合物(ES)，发生催化作用，然后生成产物(P)并释放出酶。目前已知的酶有数千种，对酶的深入研究，将可能使人类对于疾病的病因和新陈代谢的机理获取更多的知识。

酶除了具有一般催化剂的特点外，还具有以下特征。

(1) 高度专一性。一种酶只对一种(或一类)物质起催化作用。例如 H^+ 作为一般催化剂，对淀粉、蛋白质、脂肪等的水解都起催化作用；而淀粉酶只对淀粉的水解起催化作用，对脂肪和蛋白质的水解则不起催化作用。

(2) 高度的催化活性。对同一反应，酶的催化能力常常比非酶催化剂高 $10^6\sim10^7$ 倍。例如在 273 K 下，过氧化氢的分解反应，用过氧化氢酶催化的分解速率是用铁离子催化时的 10^{10} 倍。

(3) 酶需在一定的 pH 范围和温度范围内才能有效地发挥作用。例如高温、紫外线、强酸、强碱等都能使酶发生变化，从而失去催化活性。因此酶一般要求比较温和的条件。

碰撞理论对于浓度、温度、压强、催化剂对化学反应速率的影响可解释如下。

浓度增大，则单位体积内反应物分子总数增多(活化分子百分数不变)，则单位体积内活化分子的数目增多，有效碰撞次数增多，化学反应速率增大。温度对化学反应速率的影响(浓度一定)：温度升高使许多一般分子获得能量成为活化分子，活化分子百分数增加，活化分子的数目增多，有效碰撞次数增多，化学反应速率增大。有气体存在的反应，压强增大，则体积缩小，浓度增大，化学反应速率增大；仅有固体、液体存在的反应，压强对化学反应速率无影响(压强的改变实质上是浓度的变化。压强变化时固体、液体体积的变化可以忽略不计)。催化剂能降低反应的活化能，使普通分子变成活化分子，活化分子数目大大增多，有效碰撞次数增多，化学反应速率增大。

查一查：网上学习“酶在人体中的作用”。

第二节　化学平衡

微课

一、可逆反应与化学平衡

(一) 可逆反应

在一定条件下，不同的化学反应不仅化学反应速率不同，反应进行的程度也不同；而且同一化学反应在不同的条件下进行的程度也不同。一定反应条件下，有些化学反应几乎能进行到底，这类反应物能全部转化为产物的反应称为**不可逆反应**。在相同条件下，正反应和逆反应同时进行的反应，称为**可逆反应**。可逆反应方程式用“$\rightleftharpoons$”表示。通常将自左向右进行的反应称为正反应，将自右向左进行的反应称为逆反应。

在相同条件下，可逆反应的正、逆反应是同时发生的，在反应物转化为生成物的同时，生成物也转化成反应物，反应不能进行到底，也就是说最后得到的是混合物，其中既有生成物，又有反应物。可逆反应的正、逆反应热效应相反，若正反应是放热反应，则逆反应是吸热反应，反之亦然。

(二) 化学平衡(chemical equilibrium)

在可逆反应中，若反应开始时体系中只有反应物分子，则此时正反应速率最大，逆反应速率为零。随着反应的进行，反应物浓度越来越小，正反应速率减慢。而生成物一旦生成，逆反应就开始发生，随着反应的进行，生成物浓度越来越大，逆反应速率加快。经过一定时间后，正反应速率和逆反应速率相等，体系内各反应物和生成物的浓度不再随时间而变化。这种在一定条件下正、逆反应速率相等时体系所处的状态，称为化学平衡。

化学平衡具有以下特征。

(1) 只有可逆反应才能达到化学平衡，而不可逆反应会进行到底。

(2) 化学平衡是一种动态平衡。当体系达到平衡时，正、逆反应始终在进行，由于两者的化学反应速率相等，单位时间内每一种物质的生成量与消耗量相等，故各种物质的浓度保持不变。

(3) $\nu_{正}=\nu_{逆}$，化学平衡是该条件下可逆反应进行的最大限度，这是化学平衡的实质。

(4) 当体系达到化学平衡时，只要外界条件不变，各物质的浓度都将保持不变，这是化学平衡的外在表现。

(5) 化学平衡是暂时的、相对的平衡，当外界条件改变时，原有平衡就会被破坏，会从一种平衡状态转移到另一种平衡状态。

二、化学平衡常数

(一) 化学平衡常数(chemical equilibrium constant)

当可逆反应达到平衡状态时，系统中生成物和反应物的浓度不随时间的改变而改变，这种浓度称为平衡浓度。为了表示化学反应进行的程度，引入化学平衡常数，对于任一种液相可逆反应：

$$a\mathrm{A}+b\mathrm{B} \rightleftharpoons d\mathrm{D}+e\mathrm{E}$$

在一定温度下达到化学平衡时，各生成物平衡浓度的系数次幂的乘积与反应物平衡浓度的系数次幂的乘积之比为一个常数，该常数称为该温度下的化学平衡常数(K_c)，其表达式为

$$K_c=\frac{[\mathrm{D}]^d[\mathrm{E}]^e}{[\mathrm{A}]^a[\mathrm{B}]^b} \tag{5-7}$$

K_c 为浓度平衡常数，一般用 K 表示即可，[　]表示各物质的平衡浓度，单位为 mol/L。

对于气相反应，可用平衡分压代替平衡浓度来表达化学平衡常数。如：

$$aA(g)+bB(g)\rightleftharpoons dD(g)+eE(g)$$

在一定温度、压力下达平衡时，平衡常数 K_p 为

$$K_p=\frac{[p_D]^d[p_E]^e}{[p_A]^a[p_B]^b} \tag{5-8}$$

式中，p_A、p_B、p_D 和 p_E 为各气体的平衡分压。

需特别指出，当 K_c 和 K_p 表达式分别采用相对浓度（$c/c^{\ominus}$，$c^{\ominus}=1$ mol/L）或相对分压（$p/p^{\ominus}$，$p^{\ominus}=101325$ Pa$=1$ atm）代替平衡浓度和平衡分压时，平衡常数则无量纲，称为标准平衡常数（$K^{\ominus}$）。由于在相同温度下同一反应的 $K^{\ominus}$ 和 K（压力以 atm 为单位时）数值相同，所以实际工作中不严格区分 $K^{\ominus}$ 和 K。

平衡常数可以定量表示化学反应进行的程度，在一定温度下，平衡常数越大，表明反应向右进行的程度越大；平衡常数越小，表明反应向左进行的程度越大。平衡常数与压力和浓度无关，化学反应一旦确定，平衡常数只与温度有关。书写平衡常数表达式时，应注意以下四点。

（1）反应方程式中的纯固体和纯液体，都不写在平衡常数表达式中。例如化学反应

$$Cr_2O_7^{2-}+H_2O\rightleftharpoons 2CrO_4^{2-}+2H^+$$

$$K=\frac{[CrO_4^{2-}]^2[H^+]^2}{[Cr_2O_7^{2-}]}$$

（2）平衡常数表达式必须与化学反应方程式一一对应。同一化学反应，方程式的书写若不同，则其平衡常数的数值也不同。如 373 K 时 N_2O_4 和 NO_2 之间的相互转化，平衡常数分别如下：

$$N_2O_4\rightleftharpoons 2NO_2 \quad K_1=\frac{[NO_2]^2}{[N_2O_4]}=0.36$$

$$\frac{1}{2}N_2O_4\rightleftharpoons NO_2 \quad K_2=\frac{[NO_2]}{[N_2O_4]^{1/2}}=0.60$$

$$2N_2O_4\rightleftharpoons 4NO_2 \quad K_3=\frac{[NO_2]^4}{[N_2O_4]^2}=0.13$$

（3）浓度或分压是指平衡时的浓度或分压。

（4）平衡常数的计算适用于所有的化学反应，后续章节讲到的酸碱平衡、沉淀-溶解平衡、氧化还原平衡、配位平衡中均会用到平衡常数的概念。

（二）有关化学平衡常数的计算

化学平衡一旦建立，就存在一定的定量关系。利用化学反应的平衡常数，可以计算相关化学反应的平衡常数，判断反应进行的程度，还可以计算平衡浓度、平衡转化率、产率。

$$平衡转化率(\alpha)=\frac{平衡时某反应物已转化的量}{该反应物的初始量}\times 100\%$$

【例 5-4】 反应 $CO(g)+H_2O(g)\rightleftharpoons H_2(g)+CO_2(g)$ 在某温度下达平衡时，各物质的浓度为 $[CO]=0.80$ mol/L，$[H_2O]=1.80$ mol/L，$[H_2]=1.20$ mol/L，$[CO_2]=1.20$ mol/L。求：

（1）该温度下的平衡常数 K；

（2）CO、H_2O 的起始浓度；

（3）CO 的平衡转化率。

解：（1）该温度下的平衡常数：

$$K=\frac{[H_2][CO_2]}{[CO][H_2O]}=\frac{1.20\ \text{mol/L}\times 1.20\ \text{mol/L}}{0.80\ \text{mol/L}\times 1.80\ \text{mol/L}}=1.0$$

（2）设 CO 的起始浓度为 x mol/L，H_2O 的起始浓度为 y mol/L。

	$CO(g)$	$+H_2O(g)\rightleftharpoons$	$H_2(g)$	$+CO_2(g)$
起始浓度/(mol/L)	x	y	0	0
转化浓度/(mol/L)	1.2	1.2	1.2	1.2
平衡浓度/(mol/L)	0.8	1.8	1.2	1.2

由反应方程式可知，每生成1.2 mol/L H_2 或 CO_2 必定同时反应掉1.2 mol/L CO和1.2 mol/L H_2O，故

$$[CO]_{起始}=x\ mol/L=0.8\ mol/L+1.2\ mol/L=2.0\ mol/L$$

$$[H_2O]_{起始}=y\ mol/L=1.2\ mol/L+1.8\ mol/L=3.0\ mol/L$$

(3) CO的平衡转化率 $=\frac{1.2\ mol/L}{2.0\ mol/L}\times 100\%=60\%$

讨论5-3：平衡常数是否因起始浓度的不同而不同？平衡转化率是否随起始浓度的变化而变化？

（三）利用平衡常数预测反应进行的方向和反应所处的状态

设一定温度下，对任何可逆反应：

$$aA+bB \rightleftharpoons dD+eE$$

定义反应商(Q)如下：

$$Q=\frac{c_D^d c_E^e}{c_A^a c_B^b} \tag{5-9}$$

式中，[ ]分别代表反应物与生成物在任意状态下的浓度，Q 与 K 形式相似，但 Q 中各物质的浓度为任意状态下的浓度，其数值是可变的；而 K 中各物质的浓度为平衡状态下的浓度，K 在一定温度下为一常数。将 K 与 Q 比较大小，能够预测可逆反应进行的方向，判断反应是否已达到化学平衡。

若 $Q<K$，表明生成物浓度小于平衡浓度，反应将正向进行，至反应达到平衡状态为止。

若 $Q>K$，表明生成物浓度大于平衡浓度，反应将逆向进行，至反应达到平衡状态为止。

若 $Q=K$，表明反应处于平衡状态（即反应进行到最大限度）。

讨论5-4：判断下列哪些表述表明反应处于化学平衡状态：

(1) 化合物颜色不变；

(2) 混合气体质量不变；

(3) 正反应速率与逆反应速率相等；

(4) 转化率不变。

三、影响化学平衡的因素

化学平衡是暂时的、相对的和有条件的。如果条件发生改变，由于正、逆反应速率不再相等，平衡状态就会被破坏，直至在新的条件下建立新的动态平衡。这种由于条件改变，可逆反应从一种反应条件下的平衡状态转变到另一种反应条件下的平衡状态的过程，称为化学平衡的移动。

下面讨论浓度、压力、温度对化学平衡的影响。

（一）浓度对化学平衡的影响

在一定条件下，对于已处于平衡状态的可逆反应，若增加反应物浓度或降低生成物浓度，则 $Q<K$，平衡将向正反应方向移动；直至 $Q=K$，体系建立新的化学平衡；若降低反应物浓度或增加产物浓度，则 $Q>K$，平衡将向逆反应方向移动。

通过计算，可以进一步了解浓度对化学平衡的影响。

【例5-5】 反应 $CO(g)+H_2O(g) \rightleftharpoons CO_2(g)+H_2(g)$，$K=2.60$，CO(g)和 $H_2O(g)$ 的起始浓度均为2.00 mol/L，试求749 K达平衡时CO的平衡转化率 α。若 $H_2O(g)$ 的起始浓度增为6.00 mol/L，CO平衡转化率 α 如何变化？

解：	$CO(g)$	+ $H_2O(g)$	$\rightleftharpoons CO_2(g)$	+ $H_2(g)$
起始浓度/(mol/L)	2.00	2.00	0	0
转化浓度/(mol/L)	2.00α	2.00α	2.00α	2.00α
平衡浓度/(mol/L)	$2.00\times(1-\alpha)$	$2.00\times(1-\alpha)$	2.00α	2.00α

$$K=\frac{[CO_2][H_2]}{[CO][H_2O]}=\frac{(2.00\alpha)^2}{[2.00\times(1-\alpha)]^2}=2.60$$

解得

$$\alpha=61.8\%$$

若$[H_2O]$的起始浓度增为 6.00 mol/L，则

	$CO(g)$	+ $H_2O(g)$	$\rightleftharpoons CO_2(g)$	$+H_2(g)$
起始浓度/(mol/L)	2.00	6.00	0	0
转化浓度/(mol/L)	2.00α	2.00α	2.00α	2.00α
平衡浓度/(mol/L)	$2.00-2.00\alpha$	$6.00-2.00\alpha$	2.00α	2.00α

$$K=\frac{[CO_2][H_2]}{[CO][H_2O]}=\frac{(2.00\alpha)^2}{(2.00-2.00\alpha)\times(6.00-2.00\alpha)}=2.60$$

求得

$$\alpha=86.5\%$$

计算结果表明，在其他条件不变时，反应物 $H_2O(g)$的起始浓度增大，可以使化学反应向右进行，使反应物 CO 平衡转化率增大。在工业生产中，常通过增加相对廉价原料的浓度以达到充分利用贵重原料和提高平衡转化率的目的。

（二）压力对化学平衡的影响

对于有气体参加的可逆反应，需考虑压力对化学平衡的影响。对反应前后气体分子数不变的反应，如：

$$CO(g)+H_2O(g)\rightleftharpoons CO_2(g)+H_2(g)$$

若改变总压力，对反应物和生成物的分压产生的影响是相同的，其同等程度地改变正反应速率和逆反应速率，所以改变压力不会改变化学平衡状态。

而对于反应前后气体分子数不同的反应，压力的改变则会影响其平衡状态。例如可逆反应：

$$2CO(g)+O_2(g)\rightleftharpoons 2CO_2(g)$$

一定温度下达到化学平衡时，有

$$K=\frac{p_{CO_2}^2}{p_{CO}^2 p_{O_2}}$$

当其他条件不变时，若总压力变为原来的 x 倍，则各气体的分压也变为原来的 x 倍。

$$Q=\frac{(xp_{CO_2})^2}{(xp_{CO})^2\times xp_{O_2}}=\frac{p_{CO_2}^2}{p_{CO}^2\cdot p_{O_2}}\times x^{-1}=K\times x^{-1}$$

若增大压力，$x>1$，则 $Q<K$，平衡向右移动，即向气体分子数减少的方向移动。

若减小压力，$x<1$，则 $Q>K$，平衡向左移动，即向气体分子数增多的方向移动。

总结得出，对于有气体参加的可逆反应，当其他条件不变时，增大压力，平衡向气体分子数减少的方向移动；降低压力，平衡向气体分子数增多的方向移动。

（三）温度对化学平衡的影响

温度对化学平衡的影响，与浓度和压力对化学平衡的影响有本质区别。浓度、压力是通过改变体系的组成对化学平衡产生影响，使 Q 改变，而 K 并不改变。但是温度的变化将直接导致 K 发生改变，从而使化学平衡发生移动。

化学平衡常数 K 与温度 T 存在如下定量关系：

$$\lg\frac{K_2}{K_1}=\frac{\Delta H^{\ominus}}{2.303R}\left(\frac{T_2-T_1}{T_1T_2}\right) \tag{5-10}$$

式中，K_1、K_2 分别代表温度 T_1、T_2 时的化学平衡常数；$\Delta H^{\ominus}$是标准态下化学反应的热效应；R 是摩尔气体常数。

由式(5-10)可知：

对于吸热反应，$\Delta H^{\ominus}>0$，升高温度使 $T_2>T_1$ 时，$K_2>K_1$，即平衡常数随温度升高而增大，平衡向正反应(吸热)方向移动；降低温度，平衡向逆反应(放热)方向移动。

同样，对于放热反应，$\Delta H^{\ominus}<0$，升高温度，平衡向逆反应(吸热)方向移动；降低温度，平衡向正反应(放热)方向移动。

总结得出，当其他条件不变时，升高温度，平衡向吸热反应方向移动；降低温度，平衡向放热反应

方向移动。

化学家勒夏特列对这些影响因素进行概括总结，得出平衡移动原理（也称勒夏特列原理）：改变平衡的一个条件（浓度、压力、温度），平衡就向减弱这个改变的方向移动。

（四）选择合理生产条件的一般原则

化学反应速率讨论的是反应进行的快慢问题，化学平衡讨论的是在给定条件下反应进行的程度。在化工生产及制药工业中，我们总是希望有利的反应进行得更快、更完全；不利的反应最好被抑制。下面几项原则，可作为选择合理生产条件时的参考。

(1) 增大某反应物的浓度，可以加快化学反应速率，可以增加另一种反应物的平衡转化率。实际生产中常采用一种价廉易得的原料适当过量的方法，来提高贵重原料利用率。如例5-5中使CO转化为CO_2的反应，常通入适当过量的水蒸气以加快化学反应速率。但是，应考虑配比适当，否则也将降低设备利用率。降低生成物的浓度，也可使化学平衡向正反应方向移动。在实际生产中，也常采取不断取走某种生成物的方法，使化学反应持续进行，来提高化工、制药生产的设备利用率和经济效益。

(2) 升高温度能加快化学反应速率。对于放热反应，升高温度虽可加快化学反应速率，却会降低平衡转化率；对于吸热反应，升高温度既能够加快化学反应速率又能够提高平衡转化率，但需注意不是温度越高越好，要考虑反应物和生成物的过热分解以及燃料的合理消耗。

(3) 对于气体分子数目减少的气相反应，增大反应压力可使化学平衡向正反应方向移动。如合成氨工业中，增大反应压力不仅能加快化学反应速率，而且能提高氨的产率。但需考虑设备的耐压能力和安全防护等因素。

(4) 使用催化剂可以提高化学反应速率，但是不影响平衡转化率。使用催化剂时需注意活化温度，防止催化剂“中毒”，提高催化剂的使用效率和寿命。

讨论5-5：可逆反应 $N_2+3H_2 \rightleftharpoons 2NH_3$ 是放热反应，下列可以增大 H_2 的平衡转化率和提高化学反应速率的措施是（　　）。

A. 降温　　B. 加压　　C. 增大 N_2 的物质的量　　D. 加催化剂

能力检测

能力检测答案　　知识拓展：酶与人体健康

一、单项选择题(15×2=30分)

1. 化学反应速率表示（　　）。

A. 单位时间内反应物的物质的量的减少或生成物的物质的量的增加

B. 单位时间内反应物的浓度的减少或生成物的浓度的增加

C. 单位时间内反应物的体积的减少或生成物的体积的增加

D. 单位时间内反应物的质量的减少或生成物的质量的增加

2. 下列说法正确的是（　　）。

A. 升高温度正反应速率加快，逆反应速率减慢

B. 用化学反应速率可以表示化学反应进行的程度

C. 可以用任何一种反应物或生成物来表示化学反应速率

D. 化学反应速率表示的是一段时间内的平均速率或瞬时速率

3. 在可逆反应中，下列措施一定能加快化学反应速率的是（　　）。

A. 增大反应物的量　　B. 增大压强

C. 升高温度　　D. 使用催化剂

4. 在恒压的密闭容器中，加入2 mol的NO_2，反应 $2NO_2(g) \rightleftharpoons N_2O_4(g)$ 达到化学平衡的标志是（　　）。

A. NO_2的化学反应速率是N_2O_4的化学反应速率的2倍

B. 混合气体的颜色不再变化

C. 该反应停止了

D. NO_2 浓度与 N_2O_4 浓度相等

5. 下列不能改变化学平衡常数的条件是（　　）。

A. 改变温度　　B. 改变压强　　C. 加入催化剂　　D. 改变浓度

6. 对于反应 $A \rightleftharpoons B+C$，加入正催化剂，则（　　）。

A. $\nu_{正}$、$\nu_{逆}$ 均增大　　B. $\nu_{正}$ 增大，$\nu_{逆}$ 减小

C. $\nu_{正}$、$\nu_{逆}$ 均减小　　D. $\nu_{正}$ 减小，$\nu_{逆}$ 增大

7. 加压可以增大化学反应速率，主要原因是（　　）。

A. 增加分子总数　　B. 降低活化能

C. 增加单位体积内的活化分子总数　　D. 使反应向气体分子总数增多的方向移动

8. 决定化学反应速率大小的根本因素是（　　）。

A. 温度和压强　　B. 温度　　C. 催化剂　　D. 反应物的本性

9. 在体积为 2 L 的密闭容器中，反应 $N_2(g)+3H_2(g) \rightleftharpoons 2NH_3(g)$ 发生 5 s 后，N_2 的物质的量减少了 1 mol。若用 H_2 表示化学反应速率，下列正确的是（　　）。

A. 0.2 mol/(L·s)　　B. 0.1 mol/(L·s)

C. 0.6 mol/(L·s)　　D. 0.3 mol/(L·s)

10. 某条件下可逆反应 $Xe(g)+2F_2(g) \rightleftharpoons XeF_4(g)$（正反应是放热反应）达化学平衡，下列哪种措施可使平衡向逆反应方向移动？（　　）

A. 加入催化剂　　B. 降温　　C. 降压　　D. 分离出部分 XeF_4

11. 已知反应 $A+2B \longrightarrow C$，则其速率方程为（　　）。

A. $\nu = k \times c_A^2 \times c_B$　　B. $\nu = k \times c_A \times c_B$

C. $\nu = k \times c_B^2$　　D. 无法确定

12. 可逆反应 $C(s)+H_2O(g) \rightleftharpoons H_2(g)+CO(g)$，$\Delta H>0$，在某条件下已达到化学平衡，若要使正反应速率增大，且平衡向右移动，可采取的措施为（　　）。

A. 增大 C 的质量　　B. 使用催化剂

C. 升温　　D. 加压

13. 对于可逆反应 $4NH_3+5O_2 \rightleftharpoons 4NO+6H_2O$，下列用不同物质表示的化学反应速率，其中化学反应速率最大的是（　　）。

A. $\nu_{NH_3}=0.05$ mol/(L·s)　　B. $\nu_{O_2}=0.01$ mol/(L·s)

C. $\nu_{NO}=0.04$ mol/(L·s)　　D. $\nu_{H_2O}=0.03$ mol/(L·s)

14. 在体积不变的密闭容器中，反应物 A(g) 与 B(g) 反应生成了 C(g)，其化学反应速率存在 $\nu_A=2\nu_B$，$3\nu_A=2\nu_C$，则该反应方程式为（　　）。

A. $2A(g)+B(g) \rightleftharpoons 3C(g)$　　B. $A(g)+2B(g) \rightleftharpoons 2C(g)$

C. $3A(g)+2B(g) \rightleftharpoons 2C(g)$　　D. $A(g)+B(g) \rightleftharpoons C(g)$

15. 下列有关活化能的叙述不正确的是（　　）。

A. 不同反应具有不同的活化能

B. 同一条件下同一反应的活化能越大，其化学反应速率越小

C. 同一反应的活化能越小，其化学反应速率越小

D. 活化能可以通过实验来测定

二、多项选择题（5×4＝20 分）

1. 化学平衡的特点是（　　）。

A. 反应物和生成物浓度保持不变　　B. 反应物和生成物浓度相等

C. 正反应速率和逆反应速率相等　　D. 所有反应都存在化学平衡　　E. 动态平衡

2. 下列可以影响化学反应速率常数的因素有（　　）。

A. 催化剂　　B. 温度　　C. 浓度　　D. 反应物本性　　E. 压强

3. 工业合成氨的反应为 $N_2+3H_2 \rightleftharpoons 2NH_3$，$\Delta H<0$，下列可以提高 H_2 平衡转化率和氨的产量的操作有（　　）。

A. 升高温度　　B. 升高压力　　C. 加入催化剂

D. 加入 N_2　　E. 减小 NH_3 浓度

4. 反应 $2H_2(g)+O_2(g) \rightleftharpoons 2H_2O(g)$，$\Delta H<0$，达到化学平衡，下列判断正确的有（　　）。

A. 单位时间内消耗 1 mol O_2，同时生成 2 mol H_2O

B. H_2、O_2、H_2O 物质的量之比为 2∶1∶2

C. H_2、O_2、H_2O 浓度不变

D. 混合气体压强不变

E. 单位时间内生成 2 mol H_2O，同时生成 2 mol H_2

5. 下列有关催化剂的叙述正确的有（　　）。

A. 在化学反应前后，催化剂的质量和化学性质都不变

B. 催化剂只能加快化学反应速率

C. 任何化学反应都需要催化剂

D. 任何不发生反应的物质，只要用催化剂就可以发生反应

E. 催化剂可以同等倍数地改变正、逆反应速率

三、配伍题（7×2=14 分）

【1～4 题】 增大下列选项，选出与之相匹配的选项。

A. 温度　　B. 压力　　C. 浓度　　D. 催化剂的量　　E. 固体质量

1. 可以增加活化分子百分数，加快化学反应速率（　　）
2. 可以增加单位体积活化分子数，加快化学反应速率（　　）
3. 对化学反应速率没有影响（　　）
4. 增加反应的总分子数（　　）

【5～7 题】 一定温度下，反应商与平衡常数存在下列关系，选出与之匹配的选项。

A. $Q=K$　　B. $Q>K$　　C. $Q<K$

5. 可逆反应处于平衡状态（　　）
6. 可逆反应向正反应方向进行（　　）
7. 可逆反应向逆反应方向进行（　　）

四、综合题（3×12=36 分）

1. 反应 $HI(g)+CH_3I(g) \rightleftharpoons CH_4(g)+I_2(g)$，在 650 K 时化学反应速率常数是 2.0×10^{-5}，在 670 K 时化学反应速率常数是 7.0×10^{-5}，计算反应的活化能 E_a。

2. 对于反应 $A(g)+B(g) \longrightarrow C(g)$，若 A 的浓度为原来的两倍，化学反应速率则为原来的两倍；若 B 的浓度为原来的两倍，则化学反应速率为原来的四倍，请写出该反应的速率方程。

3. 已知某温度时反应 $CO(g)+FeO(s) \rightleftharpoons CO_2(g)+Fe(s)$ 的平衡常数 $K=0.5$，反应开始时 CO 和 CO_2 的浓度分别为 0.05 mol/L 和 0.01 mol/L，计算：

（1）各物质的平衡浓度分别是多少？

（2）CO 的平衡转化率是多少？

（3）增加 FeO 的量对平衡有影响吗？为什么？

参考文献

[1]　刘斌. 无机及分析化学[M]. 2 版. 北京：高等教育出版社，2013.

[2]　牛秀明，林珍. 无机化学[M]. 3 版. 北京：人民卫生出版社，2018.

（左　丽）

第六章

电解质溶液和溶液的酸碱性

PPT

学习目标

知识目标

1. 掌握：电离度、电离常数的概念，电解质溶液 pH 的计算，缓冲溶液的概念、组成、配制及相关计算。

2. 熟悉：酸碱质子理论的酸碱定义、酸碱反应的实质，同离子效应、盐效应等的概念，缓冲作用原理，共轭酸碱对 K_a 与 K_b 的关系。

3. 了解：缓冲溶液在医学上的应用。

能力目标

1. 会计算电解质溶液的 pH，会判断溶液酸碱性及测定溶液 pH。

2. 能说出缓冲溶液的组成、缓冲原理。

素质目标

养成严谨细致、科学探究习惯，生活中注意培养健康生活习惯的意识。

学习引导

为什么水溶液显示不同的酸碱性？各种药物需要在不同的 pH 中发挥药效，如何做到？

电解质与我们的身体健康的联系非常紧密，本章我们学习电解质的有关知识。

第一节　强电解质和弱电解质

我们在做心电图时，会在手腕上涂抹一些液体，这些液体是氯化钠溶液，以增强导电性。为什么氯化钠溶液会增强导电性？其实不仅仅氯化钠溶液可以导电，氢氧化钠、硫酸铜、醋酸钠等溶液都可以导电。氯化钠、氢氧化钠等物质属于同一类物质——电解质。下面我们来学习电解质的相关知识。

我们知道，电流是带电粒子定向移动的结果。那么溶液能导电，就说明溶液中含有可以自由移动的带电粒子。这些带电粒子是阴、阳离子，是电解质在水溶液中解离出来的。电解质是指在水溶液中或在熔融状态下能够导电的化合物。酸、碱、盐、活泼金属氧化物、水都是电解质。

注意有些物质的溶液也可以导电，如 SO_2、NH_3 的溶液可以导电，但是它们并不是电解质，因为它们的溶液之所以导电，是因为它们与水反应生成的 H_2SO_3、$NH_3 \cdot H_2O$ 解离出离子，而不是它们自身解离出离子，所以它们并不是电解质。

非电解质是指在水溶液中和熔融状态下都不能导电的化合物。非电解质不能解离，在溶液中以分子形式存在。

浓度相同的电解质溶液的导电能力是不同的，有的强，有的弱。这是因为电解质解离成离子的程度是不同的，按照其在水中解离的程度来区分，电解质可分为强电解质和弱电解质。

一、强电解质

强电解质是指**在水溶液中能够完全解离成离子的电解质**，它在水中完全解离成离子，溶液中不存在电解质分子，如 HCl、NaOH、NaCl 等。常见的强电解质有强酸、强碱和大多数盐。

强电解质完全解离，因此，强电解质的解离是不可逆的。在书写解离方程式时用“$=$”或“$\longrightarrow$”表示，如：

$$\mathrm{NaCl} = \mathrm{Na^+} + \mathrm{Cl^-}$$

$$\mathrm{KOH} = \mathrm{K^+} + \mathrm{OH^-}$$

$$\mathrm{HCl} = \mathrm{H^+} + \mathrm{Cl^-}$$

电解质的强弱与电解质的溶解性无关，如碳酸钙、氯化银等难溶于水，但是它们是强电解质。因为这类物质并不是不溶于水，只是溶解的量非常少，但是在水中溶解的那部分是完全解离的，并且在熔融状态下是可以导电的。

二、弱电解质

弱电解质是指**在水溶液中仅能部分解离成离子的电解质**，弱酸、弱碱、少数的盐、水都是弱电解质，如 HAc、H_2CO_3、$NH_3 \cdot H_2O$ 等。

弱电解质只能部分解离，溶液中还有没解离的弱电解质分子，因此弱电解质溶液中既有弱电解质解离出来的阴、阳离子，也有没解离的弱电解质分子。所以弱电解质的解离是可逆的，弱电解质的解离方程式用“$\rightleftharpoons$”来表示，例如：

$$\mathrm{HAc} \rightleftharpoons \mathrm{H^+} + \mathrm{Ac^-}$$

$$\mathrm{NH_3 \cdot H_2O} \rightleftharpoons \mathrm{NH_4^+} + \mathrm{OH^-}$$

多元弱酸的解离不是一步完成的，多元弱酸是分步解离的。例如：

$$\mathrm{H_3PO_4} \rightleftharpoons \mathrm{H^+} + \mathrm{H_2PO_4^-}$$

$$\mathrm{H_2PO_4^-} \rightleftharpoons \mathrm{H^+} + \mathrm{HPO_4^{2-}}$$

$$\mathrm{HPO_4^{2-}} \rightleftharpoons \mathrm{H^+} + \mathrm{PO_4^{3-}}$$

由于多元弱碱的解离较复杂，一般按照一步解离计算。

第二节　酸碱理论

微课

我们日常生活中的食物及化学用品少不了酸和碱。酸有酸味，比如食醋，它的主要成分是醋酸。水果、蔬菜中的酸味物质是与醋酸类似的有机酸，常见的有苹果酸、柠檬酸、酒石酸、水杨酸等。碱有涩味，用石灰调制的松花蛋和加碱太多的食物就有碱的味道。人体内的生物化学反应、工厂中一些药物的制备反应等必须在一定的酸碱度条件下才能顺利进行。酸碱理论是电解质溶液理论的重要组成部分。

一、酸碱解离理论

1887 年，瑞典化学家阿伦尼乌斯提出了酸碱解离理论，他首次指出电解质在溶液中解离成带正电荷的阳离子和带负电荷的阴离子。酸是在水溶液中解离的阳离子全部是氢离子的物质，碱是在水溶液中解离的阴离子全部是氢氧根的物质。

$$\mathrm{HCl} = \mathrm{H^+} + \mathrm{Cl^-}$$

$$\mathrm{NaOH} = \mathrm{Na^+} + \mathrm{OH^-}$$

$$\mathrm{H^+} + \mathrm{OH^-} = \mathrm{H_2O}\text{（酸碱反应）}$$

酸碱解离理论认为，酸碱反应是 H^+ 与 OH^- 作用生成水的反应过程。

酸碱解离理论对化学科学的发展起了积极的作用，是人们对酸碱认识由现象到本质的一次飞跃，影响深远，至今仍对处理水溶液中的酸碱反应非常实用。但酸碱解离理论具有明显的局限性，该理论将酸、碱及酸碱反应局限于水溶液中，对非水体系及无溶剂体系均不适用。NH_3、Na_2CO_3 水溶液明显呈碱性和 NH_4Cl 水溶液明显呈酸性等，用酸碱解离理论也不能解释，因而酸碱解离理论有很大的局限性。随着科学的发展，人们对酸碱的认识越来越深入。

二、酸碱质子理论

1923 年，丹麦化学家布朗斯特(J. N. Brønsted)和英国化学家劳莱(T. M. Lowry)同时提出了酸碱质子学说，发展了酸碱理论，此学说被后人称为酸碱质子理论或 Brϕnsted-Lowry 酸碱理论。

酸碱质子理论认为，凡能**释放质子的分子或离子**(如 H_2O、HCl、NH_4^+ 等)称为**酸**，亦即酸是质子的给予体；凡能**接受质子的分子或离子**(如 H_2O、NH_3、Cl^- 等)称为**碱**，亦即碱是质子的接受体。

酸释放质子后即成为与其对应的碱，称为该酸的共轭碱。同样，一种碱与质子结合后，即形成与其对应的酸，称为该碱的共轭酸。它们的关系如下：

酸和碱通过给出或接受质子可以相互转化，这种关系称为酸碱的共轭关系，两者组成一个共轭酸碱对，它们只相差一个质子(H^+)。如：HAc 和 Ac^- 就是一对共轭酸碱对，其中 HAc 是 Ac^- 的共轭酸，Ac^- 是 HAc 的共轭碱。根据酸碱质子理论，酸和碱不是孤立的。酸给出质子后生成碱，碱接受质子后就变成酸。

$$\text{共轭酸} \rightleftharpoons \text{质子} + \text{共轭碱}$$

$$NH_4^+ \rightleftharpoons H^+ + NH_3$$

$$HAc \rightleftharpoons H^+ + Ac^-$$

$$H_2PO_4^- \rightleftharpoons H^+ + HPO_4^{2-}$$

$$H_2CO_3 \rightleftharpoons H^+ + HCO_3^-$$

$$HCO_3^- \rightleftharpoons H^+ + CO_3^{2-}$$

右边的碱是左边酸的共轭碱，左边的酸是右边碱的共轭酸，它们互为共轭酸碱对，共轭酸碱对只相差一个 H^+。酸的酸性越强，它的共轭碱的碱性越弱；酸的酸性越弱，它的共轭碱的碱性越强。

H_2O 在不同酸碱介质中能产生 OH^-、H^+。像 H_2O、HCO_3^- 这类既能给出质子，又能接受质子的物质，称为两性物质。

例如：水溶液中酸的解离反应，就是酸将质子传递给水，生成水合氢离子，并生成其共轭碱。强酸给出质子的能力很强，其共轭碱得质子的能力极弱，几乎不能结合质子。因此，强酸与水分子的质子传递反应进行得很完全。

弱酸给出质子的能力较弱，故其共轭碱的碱性较强。因此，正向反应不能进行完全，为可逆反应。

$$\underset{\text{酸1}}{HCl} + \underset{\text{碱2}}{H_2O} = \underset{\text{酸2}}{H_3O^+} + \underset{\text{碱1}}{Cl^-}$$

$$\underset{\text{酸1}}{HAc} + \underset{\text{碱2}}{H_2O} \rightleftharpoons \underset{\text{酸2}}{H_3O^+} + \underset{\text{碱1}}{Ac^-}$$

许多氨及其衍生物(其水溶液呈弱碱性)与水反应时，H_2O 给出质子。由于 H_2O 是弱酸，所以反应也进行得很不完全，是可逆反应(相当于 $NH_3 \cdot H_2O$ 在水中的解离过程)。

$$\underset{\text{酸1}}{H_2O} + \underset{\text{碱2}}{NH_3} \rightleftharpoons \underset{\text{酸2}}{NH_4^+} + \underset{\text{碱1}}{OH^-}$$

可见，在酸(如 HCl、HAc)的解离过程中，H_2O 接受质子，H_2O 是碱；而在碱(如 $NH_3 \cdot H_2O$)的解离过程中，H_2O 给出质子，H_2O 又是酸。所以，水是典型的两性物质。

水的解离过程也体现了水的酸碱两性。

$$\underset{\text{酸1}}{H_2O} + \underset{\text{碱2}}{H_2O} \rightleftharpoons \underset{\text{酸2}}{H_3O^+} + \underset{\text{碱1}}{OH^-}$$

作为酸时，H_2O 的共轭碱是 OH^-；作为碱时，其共轭酸是 H_3O^+。

液氨是非水溶剂，自解离反应及其逆反应也是质子转移反应：

$$\underset{\text{酸1}}{NH_3(l)} + \underset{\text{碱2}}{NH_3(l)} \rightleftharpoons \underset{\text{酸2}}{NH_4^+(am)} + \underset{\text{碱1}}{NH_2^-(am)} \quad (\text{am表示液氨})$$

$$K^\ominus = 1.9 \times 10^{-33}\ (323\ K)$$

其他常见的两性物质还有 $H_2PO_4^-$、HPO_4^{2-}，HCO_3^- 等。

讨论 6-1：根据酸碱质子理论，下列物质分别属于酸、碱还是两性物质？指出其中的共轭酸碱对。

HCl、HAc、NH_4^+、HCO_3^-、H_3O^+、OH^-、Ac^-、Cl^-、CO_3^{2-}、NH_3、H_2O

酸碱反应过程涉及两个共轭酸碱对，质子从其中一个共轭酸碱对转移到另外一个共轭酸碱对，较强的酸失去质子，较强的碱得到质子，生成较弱的酸和较弱的碱。酸的酸性越强，其反应后生成的共轭碱的碱性越弱；碱的碱性越强，其反应后生成的共轭酸的酸性越弱。

酸碱质子理论更好地解释了酸碱反应，摆脱了酸碱必须在水中才能发生反应的局限性，解决了一些非水溶剂或气体间的酸碱反应，并把水溶液中进行的某些离子反应系统地归纳为质子传递的酸碱反应。酸碱质子理论中酸碱反应的范围扩大了，不仅包括通常所说的中和反应，而且包括酸碱在水溶液中的解离反应、水解反应、水的质子自递反应等。但是酸碱质子理论中，没有盐的概念，也不能解释那些不交换质子的反应，如 CO_2 与 CaO 反应是酸碱反应，但却没有质子的转移，因此它还存在着一定的局限性。

讨论 6-2：根据酸碱质子理论，举例说明酸碱反应的实质。

第三节　溶液的酸碱性

一、弱电解质的解离平衡

在一定条件下，弱电解质分子解离成离子的速率与离子结合成分子的速率相等时的状态称为解离平衡状态。

弱电解质的解离平衡具有下列特征。

弱：只有弱电解质才有解离平衡，强电解质没有解离平衡。

等：当弱电解质达到解离平衡时，弱电解质分子解离成离子的速率与离子结合成分子的速率相等。

定：当弱电解质达到解离平衡时，溶液中各粒子浓度不再随时间而改变。

动：达到解离平衡时，弱电解质分子解离成离子与离子结合成分子的反应仍然进行着，是动态的平衡。

变：弱电解质的解离平衡是暂时的、相对的平衡，一旦条件改变，弱电解质的解离平衡就会从一种平衡状态转移到另一种平衡状态。

（一）一元弱酸的解离

在一定温度下，弱酸、弱碱在水溶液中仅部分解离，下面以 HAc、NH_4^+ 为例，对一元弱酸的解离过程进行简单的分析。

对于 HAc、NH_4^+，其在水溶液中存在下列解离平衡：

$$HAc + H_2O \rightleftharpoons H_3O^+ + Ac^-$$
$$NH_4^+ + H_2O \rightleftharpoons NH_3 + H_3O^+$$

为了方便起见，上述两个解离反应常可简化，反应的平衡常数称为酸的解离平衡常数，用符号 K_a 表示。

$$HAc \rightleftharpoons H^+ + Ac^-$$
$$K_a = \frac{[H^+][Ac^-]}{[HAc]} \tag{6-1}$$
$$NH_4^+ \rightleftharpoons NH_3 + H^+$$
$$K_a = \frac{[NH_3][H^+]}{[NH_4^+]} \tag{6-2}$$

解离平衡常数与化学平衡常数一样，与温度有关，而与浓度无关。

一定温度下，K_a 为一常数，其大小能直观地反映酸的酸性强弱，数值越大，酸的酸性越强，给出质子的能力越强。

（二）一元弱碱的解离

以 NH_3、Ac^- 为例，其反应的平衡常数称为碱的解离平衡常数，用符号 K_b 表示。如：

$$NH_3 + H_2O \rightleftharpoons NH_4^+ + OH^-$$
$$K_b = \frac{[NH_4^+][OH^-]}{[NH_3]} \tag{6-3}$$
$$Ac^- + H_2O \rightleftharpoons HAc + OH^-$$
$$K_b = \frac{[HAc][OH^-]}{[Ac^-]} \tag{6-4}$$

一定温度下，K_b 为一常数，其大小能反映碱的碱性强弱，数值越大，碱的碱性越强，接受质子的能力越强。

K_a 和 K_b 的值越大表示解离程度越大，该弱电解质相对较强。通常 K_a（或 K_b）$=10^{-7} \sim 10^{-2}$ 的酸（或碱）称为弱酸（或弱碱），K_a（或 K_b）$<10^{-7}$ 的酸（或碱）称为极弱酸（或极弱碱）。

常见弱酸、弱碱室温下的 $K_a^\ominus$ 和 $K_b^\ominus$（标准解离常数）的值列在本书附录 C 中，在一般的化学手册中也能查到。

（三）多元酸或多元碱的解离

对于多元酸或多元碱，由于它们在水溶液中的解离是逐级进行的，存在多级解离常数，有几级解离就能形成几对共轭酸碱对。

下面以 H_2CO_3、CO_3^{2-} 为例来说明：

$$H_2CO_3 \rightleftharpoons H^+ + HCO_3^- \quad K_{a1} = \frac{[H^+][HCO_3^-]}{[H_2CO_3]}$$
$$HCO_3^- \rightleftharpoons H^+ + CO_3^{2-} \quad K_{a2} = \frac{[H^+][CO_3^{2-}]}{[HCO_3^-]}$$
$$CO_3^{2-} + H_2O \rightleftharpoons HCO_3^- + OH^- \quad K_{b1} = \frac{[HCO_3^-][OH^-]}{[CO_3^{2-}]}$$
$$HCO_3^- + H_2O \rightleftharpoons H_2CO_3 + OH^- \quad K_{b2} = \frac{[H_2CO_3][OH^-]}{[HCO_3^-]}$$

由于一般情况下，K_{a1} 远远大于 K_{a2}，所以计算溶液 pH 时，一级解离常数最重要。计算方法往往与一元弱酸的计算公式相同。

共轭酸碱对中酸的 K_a 越大（即 pK_a 越小，酸性越强），其共轭碱的 K_b 就越小（亦即 pK_b 越大，碱性越弱）。反之，共轭酸的 K_a 越小（即 pK_a 越大，酸性越弱），其共轭碱的 K_b 就越大（亦即 pK_b 越小，碱性越强）。

（四）解离常数与解离度的关系

为了定量地表示弱电解质在水溶液中的解离程度，常引入解离度这个概念。解离度(α)是指弱电解质达到解离平衡时，已解离的电解质分子数和解离前电解质分子总数之比，常以百分率表示：

$$\text{解离度}(\alpha)=\frac{\text{已解离弱电解质分子数}}{\text{电解质分子总数}}\times 100\% \tag{6-5}$$

当弱电解质溶于水时，弱电解质发生部分解离，当解离达到平衡时，若进行适当稀释，解离平衡必正向移动，即弱酸、弱碱的解离度随溶液浓度的减小而增大。解离度与弱酸、弱碱溶液浓度之间的定量关系可按下法导出：

	$HA \rightleftharpoons$	H^+	$+A^-$
起始浓度/(mol/L)	c	0	0
平衡浓度/(mol/L)	$c-c\alpha$	$c\alpha$	$c\alpha$

解离平衡常数表达式：　$K_a=\dfrac{[H^+][A^-]}{[HA]}=\dfrac{[H^+]^2}{c-[H^+]}$

$$K_a=\frac{c\alpha^2}{1-\alpha}$$

弱电解质的解离度一般很小，$1-\alpha\approx 1$，故

$$K_a\approx c\alpha^2 \text{ 或 } \alpha\approx\sqrt{K_a/c} \tag{6-6}$$

式(6-5)、式(6-6)表明，在一定温度下，弱电解质的解离度与其浓度的平方根成反比，浓度越小，解离度越大。

弱电解质解离度的大小，主要取决于电解质的本性，同时与溶液的浓度、温度等条件有关。电解质越弱，解离度就越小；同一种弱电解质，溶液浓度越小，解离度越大。温度升高，解离度稍有增大，这是因为电解质的解离是一个吸热过程。因此，使用弱电解质的解离度时，应当注明该电解质溶液的温度。

必须注意，弱酸、弱碱经稀释后，虽然解离度增大，但溶液中的 c_{H^+} 或 c_{OH^-} 降低了，这是由于稀释时，解离度增大的倍数总是小于溶液稀释的倍数。

（五）解离平衡的移动

1. 同离子效应

向弱电解质溶液中加入与弱电解质具有相同离子的强电解质，使弱电解质的解离度降低的效应称为同离子效应。

例如：$NH_3\cdot H_2O$ 可微弱解离，易达成解离平衡。如果向 $NH_3\cdot H_2O$ 溶液中加入强电解质 NH_4Cl 固体，导致溶液中 NH_4^+ 浓度增大，使平衡向左移动，$NH_3\cdot H_2O$ 的解离度降低，OH^- 浓度减小，溶液的 pH 减小。大量同离子 NH_4^+，会使 $NH_3\cdot H_2O$ 解离平衡左移，向生成 $NH_3\cdot H_2O$ 分子的方向移动。

同离子效应使平衡左移

$$NH_3\cdot H_2O \rightleftharpoons NH_4^+ + OH^-$$

$$NH_4Cl = NH_4^+ + Cl^-$$

同离子

再如：以 HAc 为例，HAc 在水溶液中有微弱解离，易达解离平衡。如果向溶液中加入强电解质 NaAc 固体，NaAc 完全解离所产生的大量同离子 Ac^-，会使 HAc 解离平衡左移，向生成 HAc 分子的方向移动。

同离子效应使平衡左移

$$HAc \rightleftharpoons H^+ + Ac^-$$

$$NaAc = Na^+ + Ac^-$$

同离子

因为溶液中 Ac^- 浓度增大，HAc 解离平衡向左移动，HAc 的解离度降低，H^+ 浓度减小，溶液的 pH 增大。

2. 盐效应

盐效应又称为非同离子效应，是指向弱电解质溶液中加入与其不含相同离子的强电解质时，弱电解质的解离度增大的现象。例如，向 HAc 溶液中加入 NaCl，重新达到平衡时，HAc 的解离度要比未加 NaCl 时大。这是因为强电解质解离出很多的阴、阳离子，在弱电解质解离出的离子周围形成了很强的“离子氛”，“离子氛”的存在使得弱电解质解离出的离子结合为分子的机会减少，相当于降低了弱电解质解离出的离子浓度，盐效应对弱酸和弱碱具有促进解离的作用。

盐效应使平衡右移

$$HAc \rightleftharpoons H^+ + Ac^-$$

$$NaCl = Na^+ + Cl^-$$

“离子氛”保护

这里必须注意，在发生同离子效应时，由于外加强电解质，所以也伴随有盐效应的发生，只是这时同离子效应远大于盐效应，所以可以忽略盐效应的影响。

讨论 6-3：NaCl 的加入会对 $NH_3 \cdot H_2O$ 溶液产生什么影响？盐酸的加入会对 HAc 溶液产生什么影响？

二、水的质子自递反应

（一）水的质子自递反应

水是极弱的电解质，纯水有极微弱的导电能力，这说明纯水中存在极少量的离子，水发生了质子自递反应，反应如下：

$$H_2O + H_2O \rightleftharpoons H_3O^+ + OH^-$$

H_2O 既是弱酸，又是很弱的碱，即水的质子自递反应进行得很微弱，所以纯水中 H_3O^+ 和 OH^- 含量极少。反应平衡常数如下：

$$K = \frac{[H_3O^+] \cdot [OH^-]}{[H_2O] \cdot [H_2O]}$$

实验测得，在 298 K 时，水中 H^+ 和 OH^- 的浓度均为 1.004×10^{-7} mol/L。由于 H_2O 为纯液体，水分子的浓度可以看成一个常数，合并于 K 中，并用 K_w 表示，则

$$K = K_w = [H_3O^+] \cdot [OH^-] \tag{6-7}$$

可简写为 $$K_w = [H^+] \cdot [OH^-] = 1.008 \times 10^{-14}$$

K_w 称为水的离子积常数，温度升高，K_w 增大。一般在常温时，可取 $K_w = 1.0 \times 10^{-14}$。水的离子积常数不仅适用于纯水，也适用于所有的水的稀溶液。纯水在不同温度时的 K_w 见表 6-1。

表 6-1 纯水在不同温度时的 K_w

T/K	273	298	313	333
K_w	0.115×10^{-14}	1.008×10^{-14}	2.94×10^{-14}	9.5×10^{-14}

（二）共轭酸碱对的 K_a、K_b 之间的数学关系

弱酸与水之间的质子转移过程可用下式表示：

$$HB + H_2O \rightleftharpoons H_3O^+ + B^-$$

$$K=\frac{[H_3O^+][B^-]}{[HB][H_2O]}$$

由于稀溶液中$[H_2O]$可视为常数，将它与K合并，用K_a表示：

$$K_a=\frac{[H_3O^+][B^-]}{[HB]} \tag{6-8}$$

同理，弱酸HB的共轭碱B^-与水之间的质子转移过程可用下式表示：

$$B^-+H_2O \rightleftharpoons HB+OH^-$$

$$K_b=\frac{[HB][OH^-]}{[B^-]} \tag{6-9}$$

将式(6-8)乘以式(6-9)则得

$$K_a \cdot K_b=\frac{[H_3O^+][B^-]}{[HB]} \cdot \frac{[HB][OH^-]}{[B^-]}=[H_3O^+][OH^-]=K_w$$

亦即298 K时有

$$K_a^\ominus \cdot K_b^\ominus=K_w^\ominus=1.0\times10^{-14}$$

$$pK_a^\ominus+pK_b^\ominus=pK_w^\ominus=14 \tag{6-10}$$

即共轭酸碱对的解离常数的乘积等于水的离子积。

讨论6-4：NH_3的$pK_b^\ominus=4.75$，则NH_4^+的$pK_a^\ominus$为多少？

三、溶液的酸碱性和pH

（一）溶液的酸碱性

不论是酸性溶液还是碱性溶液，都同时存在水的解离平衡，H^+和OH^-同时存在，但相对含量不同，即

中性溶液中：$[H^+]=1.0\times10^{-7}$ mol/L$=[OH^-]$　$[H^+]=[OH^-]$　（常温时）

酸性溶液中：$[H^+]>1.0\times10^{-7}$ mol/L$>[OH^-]$　$[H^+]>[OH^-]$　（常温时）

碱性溶液中：$[H^+]<1.0\times10^{-7}$ mol/L$<[OH^-]$　$[H^+]<[OH^-]$　（常温时）

溶液的酸碱性取决于溶液中$[H^+]$和$[OH^-]$的相对大小，当$[H^+]=[OH^-]$时，溶液显中性；当$[H^+]>[OH^-]$时，溶液显酸性；当$[H^+]<[OH^-]$时，溶液显碱性。

（二）溶液的pH

溶液中H^+浓度即溶液的酸度。当H^+浓度较大时，可直接用浓度表示，如：1 mol/L的HCl溶液等。但当H^+浓度较小时，用H^+浓度表示就显得不太方便，1909年索仑生(Sorensen)提出用pH表示，即H^+浓度的负对数，表示溶液的酸度。

$$pH=-\lg[H^+] \tag{6-11}$$

常温时，pH的范围为1～14，即$[H^+]$在10^0～10^{-14} mol/L范围内。

$[H^+]=[OH^-]$时，溶液呈中性，$[H^+]=10^{-7}$ mol/L，pH=7。

$[H^+]>[OH^-]$时，溶液呈酸性，$[H^+]>10^{-7}$ mol/L，pH<7。

$[H^+]<[OH^-]$时，溶液呈碱性，$[H^+]<10^{-7}$ mol/L，pH>7。

溶液的酸碱性也可以用pOH表示，pOH是OH^-浓度的负对数：

$$pOH=-\lg[OH^-] \tag{6-12}$$

因此，在室温附近的水溶液中：

$$pH+pOH=14 \tag{6-13}$$

pH每减小1个单位，$[H^+]$就增大10倍，pH每增大2个单位，$[H^+]$就减小100倍。pH适用于$[H^+]<1$ mol/L的溶液。

在医学中，机体组织的生理变化对所处环境的酸碱性有极严格的要求。例如：人的血液自动控制pH在7.35～7.45，pH超出此范围就会出现酸中毒或碱中毒现象，严重时造成死亡；各种酶也只能在特定的pH范围内才能表现出它的催化活性。人体液或器官、细胞pH见表6-2。

表 6-2 人体液或器官、细胞 pH

体液或器官、细胞	胃液	皮肤	唾液	细胞	血液	胰液
pH	1.5	4.7	7.1	7.1	7.4	8.8
酸碱性	强酸性	酸性	近中性	近中性	弱碱性	碱性

四、溶液 pH 的近似计算

许多化学反应必须在一定的酸度条件下才能进行，酸碱滴定过程中更加需要了解溶液 pH 的变化情况，以便选择合适的指示剂指示滴定终点。因此，根据酸碱的解离常数及浓度来计算溶液的 H^+ 浓度具有重要的理论及实际意义。

1. 强酸(强碱)溶液 pH 的计算

强酸(强碱)完全解离，所以可以根据强酸(强碱)的浓度求出$[H^+]$或$[OH^-]$，然后计算出 pH。

【例 6-1】 求 0.001 mol/L NaOH 溶液的 pH。

解一：

$$[H^+]=\frac{K_w}{[OH^-]}=\frac{1\times10^{-14}}{0.001}=1\times10^{-11}\ \text{mol/L}$$

$$pH=-\lg[H^+]=-\lg(1\times10^{-11})=11$$

解二：

$$pOH=-\lg[OH^-]=-\lg0.001=3$$

$$pH=14-pOH=14-3=11$$

答：此溶液的 pH 为 11。

【例 6-2】 求物质的量浓度为 0.01 mol/L 的盐酸的 pH。

分析：由盐酸解离出的$[H^+]=1\times10^{-2}$ mol/L，由水解离出的$[H^+]$可忽略不计。

解：

$$pH=-\lg[H^+]=-\lg(1\times10^{-2})=2$$

答：此溶液的 pH 为 2。

讨论 6-5：试计算 0.05 mol/L H_2SO_4 溶液、0.001 mol/L KOH 溶液的$[H^+]$、$[OH^-]$及 pH。

2. 一元弱酸或一元弱碱溶液 pH 的近似计算

对于一元弱酸 HA，当 $K_a\cdot c_a\geqslant20K_w$ 时(亦即当 $c_a\geqslant0.1$ mol/L 时，$K_a\geqslant10^{-12}$，一般常见弱酸、弱碱符合此条件)，可忽略溶液中 H_2O 解离出的 H^+，只考虑弱酸 HA 的解离。设一元弱酸 HA 溶液的总浓度为 c_a，其解离平衡表达式如下：

$$HA \rightleftharpoons H^+ + A^-$$

平衡时浓度 $\quad c_a-[H^+] \quad [H^+] \quad [A^-]$

平衡常数表达式：

$$K_a=\frac{[H^+][A^-]}{[HA]}=\frac{[H^+]^2}{c_a-[H^+]} \tag{6-14}$$

$$[H^+]=\frac{-K_a+\sqrt{K_a^2+4c_a\cdot K_a}}{2}$$

由于弱电解质的解离度很小，溶液中$[H^+]$远小于 HA 的总浓度 c_a，当弱酸比较弱，浓度又不太稀(即 $c_a/K_a\geqslant500$)时，可认为 $c_a-[H^+]\approx c_a$，式(6-14)可简化为

$$K_a=\frac{[H^+]^2}{c_a}$$

则

$$[H^+]=\sqrt{K_a\cdot c_a} \tag{6-15}$$

c_a 为一元弱酸的总浓度。此公式的使用条件是 $K_a\cdot c_a\geqslant20K_w$，$c_a/K_a\geqslant500$。

同理，对于一元弱碱，可用类似方法求得$[OH^-]$，从而计算出溶液的 pH。

$$[OH^-]=\sqrt{K_b\cdot c_b} \tag{6-16}$$

c_b 为一元弱碱的总浓度。使用此公式的条件是 $K_b\cdot c_b\geqslant20K_w$，$c_b/K_b\geqslant500$。

多数溶液的酸度可采用此简式计算，不但误差小于 5%，且能满足一般情况下对溶液酸度的计算

要求，更能使计算过程大大简化。因此，式(6-15)、式(6-16)是最常用的、最重要的计算一元弱酸、一元弱碱溶液中氢离子和氢氧根浓度的简化公式。

【例 6-3】 计算 298 K 时 0.10 mol/L NH_4Cl 水溶液的 pH。(298 K 时 NH_4^+ 的 $K_a=5.68\times10^{-10}$)

解：因为 $\dfrac{c_a}{K_a}=\dfrac{0.10}{5.68\times10^{-10}}\geqslant500$，$K_a\cdot c_a=5.68\times10^{-10}\times0.10\geqslant20K_w$

所以 $[H^+]=\sqrt{K_a\cdot c_a}=\sqrt{5.68\times10^{-10}\times0.10}=7.54\times10^{-6}\ \text{mol/L}$

$$pH=-\lg[H^+]=-\lg(7.54\times10^{-6})=5.12$$

【例 6-4】 已知 298 K 时 HAc 的 $K_a=1.76\times10^{-5}$，试计算 0.10 mol/L NaAc 溶液的 pH。

解：

$$K_b=\frac{K_w}{K_a}=\frac{1.0\times10^{-14}}{1.76\times10^{-5}}=5.68\times10^{-10}$$

因为

$$K_b\cdot c_b\geqslant20K_w,\quad \frac{c_b}{K_b}=\frac{0.10}{5.68\times10^{-10}}\geqslant500$$

所以 $[OH^-]=\sqrt{K_b\cdot c_b}=\sqrt{5.68\times10^{-10}\times0.10}=7.54\times10^{-6}\ \text{mol/L}$

$$pOH=-\lg[OH^-]=-\lg(7.54\times10^{-6})=5.12$$

$$pH=14-5.12=8.88$$

3. 多元弱酸或弱碱溶液 pH 的近似计算

多元弱酸分步解离，一般来说，多元弱酸的 $K_{a1}\gg K_{a2}\gg K_{a3}$，可近似地将溶液中 H^+ 看成主要由第一级解离生成，当 $K_{a1}/K_{a2}>100$ 时，忽略其他各级解离，因此可**按一元弱酸处理**。

即当 $K_{a1}\cdot c_a\geqslant20K_w$，且 $c_a/K_{a1}\geqslant500$ 时，$[H^+]=\sqrt{K_{a1}\cdot c_a}$。

同样，多元弱碱水溶液的 OH^- 浓度的计算公式，只需将公式中的 K_{a1} 换成 K_{b1} 即可。

当 $K_{b1}\cdot c_b\geqslant20K_w$，且 $c_b/K_{b1}\geqslant500$ 时，$[OH^-]=\sqrt{K_{b1}\cdot c_b}$。

讨论 6-6：试求 0.1 mol/L H_2S 溶液和 0.1 mol/L Na_2S 溶液的 pH。

4. 两性物质溶液的 pH

有一类物质，如 $NaHCO_3$、K_2HPO_4、NaH_2PO_4 及邻苯二甲酸氢钾，在水溶液中既可给出质子，表现出酸性，又可接受质子表现出碱性。计算其 pH 时酸碱平衡比较复杂，可从具体情况出发，仿照多元酸(碱)的处理方法，用最简式计算：

$$[H^+]=\sqrt{K_{a1}\cdot K_{a2}} \tag{6-17}$$

式中，K_{a1} 是两性物质作为酸的解离常数；K_{a2} 是两性物质作为碱所对应的共轭酸的解离常数。

讨论 6-7：(1) 试写出计算 $H_2PO_4^-$ 溶液中$[H^+]$的公式。

(2) 所有一元弱酸或一元弱碱都可以应用式(6-15)计算$[H^+]$或式(6-16)计算$[OH^-]$吗？

五、酸碱指示剂与溶液 pH 的测定

测定 pH 的方法很多，常见的方法有试剂法、试纸法、pH 计法。

1. 酸碱指示剂

酸碱指示剂种类很多，它们通常是一种有机弱酸或有机弱碱，其解离平衡和平衡常数表达式可表示如下：

$$\underset{(\text{酸式色，无色})}{HIn} + H_2O \rightleftharpoons \underset{(\text{碱式色，红色})}{In^-} + H_3O^+$$

$$K_{HIn}=\frac{[In^-][H^+]}{[HIn]}$$

HIn 和 In^- 互为共轭酸碱。HIn 称为指示剂的酸型，In^- 称为指示剂的碱型，二者的颜色不同。当$[In^-]/[HIn]\leqslant1/10$ 时，人眼能够明显察觉出的是指示剂 HIn 的颜色(酸式色)。当$[In^-]/[HIn]\geqslant$

10时，人眼能够明显察觉出的是指示剂 In^- 的颜色（碱式色）。当 $[In^-]/[HIn]=1$ 时，$pH=pK_{HIn}$，溶液中，酸型和碱型各为50%，此pH是理论变色点。这时的混合色称为过渡色（中间色）。$pK_{HIn}\pm1$ 这一范围称为指示剂的理论变色范围。表6-3列出了几种常见指示剂的酸式色和碱式色以及变色范围。

表 6-3 几种常见指示剂的酸式色和碱式色以及变色范围

指 示 剂	颜色			pK_{HIn}	变色范围（18 ℃）
	酸式色	过渡色	碱式色		
甲基橙	红色	橙色	黄色	3.4	3.1～4.4
甲基红	红色	橙色	黄色	5.0	4.4～6.2
酚酞	无色	粉红色	红色	9.1	8.0～9.8

用指示剂检测溶液的pH时，所选择的指示剂的理论变色范围 $pK_{HIn}\pm1$ 应该与欲测溶液的pH相当。

2. pH试纸与pH计

将各种酸碱指示剂按照经验配方溶解后制成干燥试纸条，就得到了pH试纸。

市售pH试纸分为广范pH试纸和精密pH试纸。通常用的是广范pH试纸，此试纸测量范围是1～14，它只能大致检验出溶液的pH。精密pH试纸的比色卡和广范pH试纸的比色卡不同：广范pH试纸的比色卡是隔一个pH单位显示一种颜色，精密pH试纸按测量精度可分0.2级、0.1级、0.01级或更高精度。精密pH试纸可以将pH精确到小数点后一位。精密pH试纸是按测量区间分的，有0.5～5.0、0.1～1.2、0.8～2.4等。一般先用广范pH试纸大致测出溶液的pH，再用精密pH试纸进行精确测量。

pH计又称酸度计，它是一种常用的仪器，pH计主要用来精密测量液体介质的pH，可以把pH精确到小数点后一位。pH计的原理在分析化学中将有详细介绍。

讨论 6-8：（1）先讨论下列物质酸碱性，然后用pH试纸验证它们的酸碱性。

稀HCl溶液、HAc溶液、NH_4Cl 溶液、$NaHCO_3$ 溶液、H_2O、NaOH溶液、NaAc溶液、NaCl溶液、$NaCO_3$ 溶液、$NH_3\cdot H_2O$ 溶液

（2）NaCl的加入会对 $BaSO_4$ 饱和溶液产生什么影响？H_2SO_4 的加入会对 $BaSO_4$ 饱和溶液产生什么影响？

讨论 6-9：上网搜索视频“酸度计的使用”并观看。

第四节 缓冲溶液

微课

溶液的pH对许多化学反应和生物化学反应有着重要的影响，许多药物的制备、分析测定等都必须控制溶液的pH；人体内发生的化学反应，必须在适宜而稳定的pH范围内才能进行。人体是怎样维持自身pH稳定的？在药物、药剂制备时如何控制溶液的pH在一定范围内？这些问题都和缓冲溶液有关。

一、缓冲溶液的概念和组成

能够抵抗外加少量酸、碱或适当稀释而保持pH基本不变的作用称为缓冲作用，具有缓冲作用的溶液称为缓冲溶液。

缓冲溶液之所以有缓冲作用，是因为缓冲溶液中有可以与酸反应的成分，即抗酸成分；溶液中也有可以与碱反应的成分，即抗碱成分。我们把这两种成分称为**缓冲对或缓冲系**。常见的缓冲对见表6-4。

表 6-4 常见缓冲对和共轭酸的 K_a、pK_a

缓冲对	共轭酸	K_a(298 K)	pK_a
$HAc-Ac^-$	HAc	1.76×10^{-5}	4.75
$H_2CO_3-HCO_3^-$	H_2CO_3	4.34×10^{-7}	6.37
$HCO_3^--CO_3^{2-}$	HCO_3^-	5.61×10^{-11}	10.30
$H_2PO_4^--HPO_4^{2-}$	$H_2PO_4^-$	6.23×10^{-8}	7.21
$NH_3\cdot H_2O-NH_4^+$	NH_4^+	5.68×10^{-10}	9.25

由表 6-4 可见，常见的缓冲溶液是由共轭酸碱对组成的，常见的组成缓冲溶液的缓冲对有以下三种类型：

(1) 弱酸及其对应的盐，如：$HAc-NaAc$、$H_2CO_3-NaHCO_3$、$H_3PO_4-NaH_2PO_4$ 等。

(2) 弱碱及其对应的盐，如：$NH_3\cdot H_2O-NH_4Cl$ 等。

(3) 多元酸的酸式盐及其对应的次级盐，如：$NaHCO_3-Na_2CO_3$、$NaH_2PO_4-Na_2HPO_4$、$Na_2HPO_4-Na_3PO_4$ 等。

此外，有些有机物分子中因含有共轭基团，所以其水溶液也可以作为缓冲溶液，如邻苯二甲酸氢钾($HOOC—C_6H_4—COOK$)等。

二、缓冲作用的原理

缓冲溶液为什么具有抗酸、抗碱的性能？现以 HAc-NaAc 缓冲对为例进行讨论，在 HAc-NaAc 溶液中存在如下解离平衡：

$$HAc \rightleftharpoons H^+ + Ac^-$$
$$NaAc \rightleftharpoons Na^+ + Ac^-$$

大量　　　　大量

由于同离子效应，浓度较大的 Ac^- 抑制了 HAc 的解离，使得 HAc 与 Ac^-(主要来自 NaAc)都具有足够大的浓度。

当外加少量强酸时，H^+ 浓度增大，Ac^- 立即接受 H^+ 生成 HAc，使平衡左移，H^+ 浓度减小，从而部分抵消了外加的少量 H^+，保持溶液 pH 基本不变。

抗酸离子反应方程式：　$Ac^- + H^+ \rightleftharpoons HAc$

当外加少量强碱时，OH^- 浓度增大，OH^- 立即接受 H^+ 生成 H_2O，促使 HAc 解离平衡右移，从而抵消了外加的少量 OH^-；加水稀释时，一方面降低了溶液的 H^+ 浓度，但另一方面由于 HAc 解离度的增大和同离子效应的减弱，平衡向增大 H^+ 浓度的方向移动，使溶液的 H^+ 浓度变化不大，pH 基本不变。

抗碱离子反应方程式：　$HAc + OH^- \rightleftharpoons Ac^- + H_2O$

在上述过程中，Ac^- 起抵抗酸的作用，是抗酸成分，HAc 起抵抗碱的作用，为抗碱成分。

由分析可知，缓冲溶液是由共轭酸碱对组成的，其中共轭酸是抗碱成分，共轭碱是抗酸成分，通过解离平衡的移动，可以保持溶液 pH 基本不变。

缓冲溶液要具有缓冲酸碱的能力，需要同时存在抗酸成分和抗碱成分，当抗酸成分或抗碱成分消耗完全时，便失去了缓冲能力，因此缓冲溶液的缓冲能力是有限的。

讨论 6-10：(1) “构成缓冲溶液的共轭酸碱对中，共轭酸抗碱，共轭碱抗酸”，这个说法是否正确？

(2) 缓冲溶液的缓冲作用是否是无限的？为什么？

三、缓冲溶液 pH 的计算

弱酸 HB 与其共轭碱 B^- 组成缓冲溶液，设 HB 的起始浓度为 c_{HB}，B^- 的起始浓度为 c_{B^-}，水溶液中存在下列平衡：

$$HB \rightleftharpoons H^+ + B^-$$

按照化学平衡原理可写成

$$K_a=\frac{[H^+][B^-]}{[HB]} \quad 或 \quad [H^+]=K_a\frac{[HB]}{[B^-]}$$

两边取负对数得

$$pH=pK_a+\lg\frac{[B^-]}{[HB]}$$

即

$$pH=pK_a+\lg\frac{[共轭碱]}{[共轭酸]} \tag{6-18}$$

此式为计算缓冲溶液 pH 的公式，可计算各种缓冲溶液的 pH。

同离子效应抑制了弱酸 HB 的解离，因此，共轭酸碱的平衡浓度可近似等于它们各自在混合液中的起始浓度。即

$$[B^-]=c_{B^-}, \quad [HB]=c_{HB}$$

则

$$pH=pK_a+\lg\frac{c_{B^-}}{c_{HB}} \tag{6-19}$$

公式中$\frac{[B^-]}{[HB]}$或$\frac{c_{B^-}}{c_{HB}}$称为缓冲比，以下用(c_{B^-}/c_{HB})表示。

从式(6-19)可看出，缓冲溶液的 pH 主要取决于缓冲溶液中共轭酸 HB 的 pK_a，当缓冲比等于 1 时，$pH=pK_a$；单一缓冲对构成的缓冲溶液，pK_a 为一定值，溶液的 pH 将在 pK_a 附近随着缓冲比(c_{B^-}/c_{HB})变化而小幅度变化；当加水稀释时，缓冲比(c_{B^-}/c_{HB})不变，因而溶液 pH 基本保持不变。

实验室用等浓度的互为缓冲对的两种溶液混合配制缓冲溶液时，$(c_{B^-}/c_{HB})=(V_{B^-}/V_{HB})=(n_{B^-}/n_{HB})$，因此，以下缓冲溶液的 pH 计算公式更为常用：

$$pH=pK_a+\lg\frac{n_{B^-}}{n_{HB}}=pK_a+\lg\frac{V_{B^-}}{V_{HB}} \tag{6-20}$$

用上述公式计算所得的是 pH 近似值。要准确计算缓冲溶液的 pH，必须考虑离子强度的影响，即以 B^- 和 HB 的活度来代替它们的平衡浓度。

【例 6-5】 现有 1.0 L 缓冲溶液，内含 0.0100 mol $H_2PO_4^-$、0.0300 mol HPO_4^{2-}。

(1) 计算该缓冲溶液的 pH；

(2) 向该缓冲溶液中加入 0.0050 mol HCl 后，pH 等于多少？

分析：用公式 $pH=pK_a+\lg\frac{n_{HPO_4^{2-}}}{n_{H_2PO_4^-}}$计算。

若加入 HCl，H^+ 与 HPO_4^{2-} 反应生成 $H_2PO_4^-$。

解：(1) 根据 H_3PO_4 的 $pK_{a1}=2.16$，$pK_{a2}=7.21$，$pK_{a3}=12.32$，有

$$pH=pK_a+\lg\frac{n_{HPO_4^{2-}}}{n_{H_2PO_4^-}}=7.21+\lg\frac{0.0300\ mol}{0.0100\ mol}=7.69$$

(2) 加入 0.0050 mol HCl 后：

$$pH=pK_a+\lg\frac{n_{HPO_4^{2-}}}{n_{H_2PO_4^-}}=7.21+\lg\frac{0.0300\ mol-0.0050\ mol}{0.0100\ mol+0.0050\ mol}=7.43$$

答：该缓冲溶液的 pH 为 7.69；向该缓冲溶液中加入 0.0050 mol HCl 后，pH 等于 7.43。

四、缓冲溶液的缓冲能力

缓冲溶液的缓冲能力是有一定限度的，一旦超过这个限度，溶液的 pH 将发生显著改变。缓冲溶液的缓冲能力通常由缓冲容量来衡量。所谓缓冲容量是指单位体积缓冲溶液的 pH 改变一个单位时，所需加入的一元强碱或一元强酸的物质的量，用 β 表示：

$$\beta=\frac{\Delta b}{\Delta pH}=-\frac{\Delta a}{\Delta pH} \tag{6-21}$$

Δb、Δa 分别表示单位体积缓冲溶液中加入的一元强碱或一元强酸的物质的量，β 总是正值。β 越大，表明使单位体积缓冲溶液的 pH 改变一个单位时，所需加入的强碱或强酸的物质的量越大，缓冲

能力越强。当 $\beta<0.01$ 时，溶液已无缓冲能力。

缓冲溶液的**缓冲能力取决于缓冲溶液的总浓度和缓冲比两个因素**。

(1) 当缓冲比(c_{B^-}/c_{HB})一定时，缓冲溶液的总浓度($c_{B^-}+c_{HB}$)越大，**溶液中抗酸、抗碱成分越多，缓冲容量越大**，溶液的缓冲能力就越强；反之，缓冲能力就越弱。但是考虑到离子强度的因素，一般缓冲溶液的总浓度控制在 0.05～0.2 mol/L。

(2) 在缓冲溶液总浓度一定时，缓冲比(c_{B^-}/c_{HB})越接近 1，缓冲溶液的缓冲能力就越强。当缓冲比等于 1(即 $pH=pK_a$)时，缓冲溶液的缓冲能力最强。

五、缓冲溶液的配制

(一) 缓冲范围

缓冲溶液的 pH 主要由 pK_a 或 $14.00-pK_b$ 决定，但会受到缓冲比(c_{B^-}/c_{HB})的影响。当缓冲溶液的总浓度一定时，缓冲比一般控制在 1∶10 至 10∶1 之间，即溶液的 pH 在 pK_a-1 到 pK_a+1 之间时，溶液有较理想的缓冲效果。因此，人们将 $pH=pK_a\pm1$ 的范围称为**缓冲范围**。例如，HAc 的 $pK_a=4.75$，则 HAc-NaAc 缓冲溶液的缓冲范围为 3.75～5.75。可见，缓冲溶液只有在其有效的 pH 范围内才能起到很好的缓冲作用。

(二) 缓冲溶液的配制

1. 配制缓冲溶液时须注意的事项

(1) 应使缓冲对的总浓度较大，但又不宜过大，否则易造成对化学反应或生化反应的不良影响，一般使共轭酸碱对的总浓度在 0.05～0.2 mol/L 之间。

(2) 应使缓冲比尽量接近 1∶1，一般应将其控制在 1∶10 至 10∶1 范围内，即利用确定的一对缓冲对配制缓冲溶液时，pH 应控制在 $pK_a\pm1$ 范围内，超出了此范围，则缓冲溶液的缓冲能力很小，甚至丧失了缓冲作用。

2. 缓冲溶液的配制步骤

(1) 根据需要配制缓冲溶液的 pH，选择合适的缓冲对，缓冲对的 pK_a 应尽量接近所要配制的缓冲溶液的 pH，最大差别不要超过 1，即 pK_a 在 $pH\pm1$ 内。

(2) 根据上述结果，配制缓冲溶液，并使共轭酸碱对的总浓度在 0.05～0.2 mol/L 范围内。

(3) 根据选择的缓冲对的 pK_a 和所要配制的缓冲溶液的 pH，计算出缓冲对的浓度比。

(4) 对缓冲溶液的 pH 或溶液酸度要求极高时，可在缓冲溶液配好后，用 pH 计测定所配溶液的 pH 并进行适当的调整。

(5) 配制的缓冲溶液还应不干扰化学反应，不影响正常的生理代谢。

3. 配制缓冲溶液的两种方法

第一种方法是使用浓度相等的共轭酸碱对，用其体积比代替浓度比，按一定体积比混合就可得到所需缓冲溶液，计算公式如下：

$$pH=pK_a+\lg\frac{n_{B^-}}{n_{HB}}=pK_a+\lg\frac{c_{B^-}V_{B^-}}{c_{HB}V_{HB}}=pK_a+\lg\frac{V_{B^-}}{V_{HB}} \tag{6-22}$$

第二种方法是在一定量的弱酸(或弱碱)溶液中，加入少量强碱(或强酸)进行配制。

常见缓冲溶液的配制方法请看知识拓展。

知识拓展：常见缓冲溶液的配制方法

【例 6-6】 如何配制 200 mL pH 为 5.00 的缓冲溶液？

解：因 HAc 的 $pK_a=4.75$，故可选用 $HAc\text{-}Ac^-$ 缓冲对，选择浓度为 0.10 mol/L 的 HAc 和 0.10 mol/L 的 NaAc 溶液。则

$$V_{HAc}+V_{Ac^-}=200\ mL$$

由于 $c_{Ac^-}=c_{HAc}$，该缓冲溶液的 pH 为

$$pH=pK_a+\lg\frac{V_{Ac^-}}{V_{HAc}}$$

将 $V_{HAc}+V_{Ac^-}=200$ mL 代入上式，得

$$5.00=4.75+\lg\frac{V_{Ac^-}}{200-V_{Ac^-}}$$

$$V_{Ac^-}=128\ mL, V_{HAc}=72\ mL$$

答:量取 128 mL 0.10 mol/L 的 NaAc 溶液和 72 mL 0.10 mol/L 的 HAc 溶液混合可配制成 200 mL pH 为 5.00 的缓冲溶液。

讨论 6-11:(1) 欲配制 pH=5.00、pH=7.35、pH=10.0 的生理实验用的缓冲溶液,应该分别选用下列哪种缓冲对?

A. $HAc(K_a=1.74\times10^{-5})$-NaAc　　B. HAc-$NH_4Ac$

C. $NH_3\cdot H_2O(K_b=1.79\times10^{-5})$-$NH_4Cl$　　D. KH_2PO_4-Na_2HPO_4(H_3PO_4 的 $pK_{a2}=7.21$)

(2) 缓冲溶液的缓冲能力取决于什么?什么条件下缓冲溶液的缓冲能力最大?缓冲溶液总浓度为多少比较合适?

六、缓冲溶液的应用

缓冲溶液在医学、药学上具有重要意义。药剂生产、物质的溶解等方面通常需要选择适当的缓冲溶液来稳定其 pH。微生物的培养、酶的催化、蛋白质的分离提取,对药物制剂进行药理、生理、生化实验时,都需要使用一定的缓冲溶液。

人体血浆就是个很好的缓冲体系,主要由 H_2CO_3-HCO_3^-、$H_2PO_4^-$-HPO_4^{2-}、HPr-Pr^-(Pr 表示蛋白质)等组成,其 pH 正常值为 7.35~7.45,低于 7.35 会引起酸中毒,大于 7.45 会引起碱中毒,若低于 7.0 或高于 7.8,其后果将是致命性的。

人体血浆中最重要的缓冲体系是碳酸氢盐缓冲体系:

$$CO_2(溶解)+H_2O \rightleftharpoons H_2CO_3 \rightleftharpoons H^+ + HCO_3^-$$

$$pH=pK_a+\lg\frac{[HCO_3^-]}{[H_2CO_3]}$$

在正常人血浆中,$[HCO_3^-]:[H_2CO_2]=20:1$,pH=6.10+lg20=7.40

当体内酸性物质增多时,HCO_3^- 与 H^+ 结合,平衡左移;当体内碱性物质增多时,H^+ 结合 OH^-,$H_2CO_3[CO_2(溶解)]$解离,平衡右移,pH 改变。

营养学上将人类的食物分为**酸性食物和碱性食物**,分类依据并非人们的味觉,也不是根据食物溶于水中的化学酸碱性,而**是根据食物进入人体后所生成的最终代谢产物的化学酸碱性而定**。酸性食物通常含有丰富的蛋白质、脂肪和糖类,含成酸元素(S、P、N)较多,在体内代谢后形成酸性物质,可降低血液、体内的 pH;蔬菜、水果等含有 K、Na、Ca、Mg 等元素,在体内代谢后生成碱性物质,能阻止血液 pH 减小。所以,酸味的食物(如水果等)不一定是酸性食物,鸡、鱼、肉、蛋、糖等虽不带酸味,但却是酸性食物。

讨论 6-12:新冠肺炎患者肺部受到损伤,呼吸困难,容易发生酸中毒还是碱中毒?试解释其原因。还有什么人容易发生酸中毒或碱中毒?如何治疗?

讨论 6-13:上网搜索关键字"酸性食物""碱性食物",并举例说明。

能力检测

能力检测答案　　知识拓展:电解质溶液与人体健康

一、单项选择题(15×2=30 分)

1. 常温下,下列物质溶液浓度相同时,解离度最小的是(　　)。

A. NaCl　　B. H_2SO_4　　C. KOH　　D. CH_3COOH

2. 向 0.1 mol/L 氨水中滴加一滴酚酞,振荡后加入少量 NH_4Cl 晶体,则溶液的颜色(　　)。

A. 不变　　B. 变为无色　　C. 变深　　D. 变浅

3. 共轭酸碱对的 K_a 与 K_b 之间的关系为(　　)。

A. $K_a\cdot K_b=K_w$　　B. $K_a\cdot K_b=1$

C. $K_a/K_b=K_w$　　D. $K_b/K_a=K_w$

4. $[OH^-]=1\times10^{-3}$ mol/L 的溶液的 pH 为(　　)。

A. 3　B. 11　C. 14　D. 9

5. 常温下婴儿胃液 pH≈5，成人胃液 pH≈1，则成人胃液中[H^+]是婴儿胃液中[H^+]的(　　)。

A. 10 倍　B. 5 倍　C. 10^4 倍　D. 10^{-4}

6. 能破坏水的解离平衡，使溶液 pH<7 的是(　　)。

A. NaCl　B. K_2SO_4　C. Na_2CO_3　D. NH_4Cl

7. 下列互为共轭酸碱对的是(　　)。

A. H_2CO_3-CO_3^{2-}　B. NaCl-HCl

C. HCO_3^--$H_2PO_4^-$　D. HAc-Ac^-

8. 下列选项可以影响 K_w 的是(　　)。

A. 浓度　B. 温度　C. 压强　D. 催化剂

9. 人体血液中最重要的缓冲对是(　　)。

A. H_2CO_3-HCO_3^-　B. $H_2PO_4^-$-HPO_4^{2-}

C. 血浆蛋白-血浆蛋白钠　D. HCO_3^--CO_3^{2-}

10. 配制 pH=5 的缓冲溶液，下列缓冲对比较合适的是(　　)。

A. HClO-NaClO($K_a=2.8\times10^{-8}$)　B. NH_4Cl-$NH_3\cdot H_2O$($K_b=1.79\times10^{-5}$)

C. HAc-NaAc($K_a=1.74\times10^{-5}$)　D. HCN-NaCN($K_a=6.2\times10^{-10}$)

11. 常温下 $K_{NH_3}=1.0\times10^{-4.75}$，则 0.100 mol/L NH_4Cl 溶液的 pH 是(　　)。

A. 5.13　B. 2.87　C. 9.00　D. 10.00

12. 人体血浆中的主要抗酸成分是(　　)。

A. HPO_4^{2-}　B. HCO_3^-

C. Na-Pr(Pr 表示蛋白质)　D. $H_2PO_4^-$

13. 根据解离度与解离平衡常数的换算公式 $\alpha=\sqrt{K_a/c_a}$，可知溶液越稀则(　　)。

A. 解离出的离子浓度越大　B. 解离度越大

C. 解离出的离子数目越少　D. 解离平衡常数越小

14. 下列解离方程式书写正确的是(　　)。

A. $H_2CO_3 = 2H^+ + CO_3^{2-}$　B. $CH_3COOH = CH_3COO^- + H^+$

C. $NH_3\cdot H_2O \rightleftharpoons NH_4^+ + OH^-$　D. $NaHCO_3 \rightleftharpoons Na^+ + HCO_3^-$

15. 将下列溶液等体积混合，所得缓冲溶液缓冲比最大的是(　　)。

A. 0.1 mol/L $NH_3\cdot H_2O$ 与 0.1 mol/L NH_4Cl

B. 0.05 mol/L $NH_3\cdot H_2O$ 与 0.1 mol/L NH_4Cl

C. 0.15 mol/L $NH_3\cdot H_2O$ 与 0.2 mol/L NH_4Cl

D. 0.1 mol/L $NH_3\cdot H_2O$ 与 0.5 mol/L NH_4Cl

二、多项选择题(5×4=20 分)

1. 影响电解质解离平衡常数的有(　　)。

A. 浓度　B. 溶剂　C. 催化剂　D. 物质本性　E. 温度

2. 正常人血浆中的主要缓冲对有(　　)。

A. NH_3-NH_4Cl　B. H_2CO_3-$NaHCO_3$　C. HPr-Pr^-

D. $NaHCO_3$-Na_2CO_3　E. Na_2HPO_4-NaH_2PO_4

3. 下列离子在溶液中显酸性的有(　　)。

A. Ac^-　B. HCO_3^-　C. $H_2PO_4^-$　D. Cl^-　E. NH_4^+

4. 根据酸碱质子理论，下列属于酸碱反应的有(　　)。

A. $Fe+2HCl = FeCl_2+H_2\uparrow$　B. $H_2O+H_2O \rightleftharpoons H_3O^+ + OH^-$

C. $NH_3+HCl = NH_4Cl$　D. $NaCl+AgNO_3 = AgCl\downarrow + NaNO_3$

E. $HCO_3^- + H_2O \rightleftharpoons H_2CO_3 + OH^-$

5. 下列关于缓冲溶液的叙述正确的有(　　)。

A. 一种溶质不可以配成缓冲溶液　　B. 缓冲溶液中含有共轭酸碱对

C. 缓冲溶液缓冲作用是无限的　　D. 缓冲溶液不可以稀释

E. 缓冲溶液中含有抗酸、抗碱成分

三、配伍题($10\times2=20$ 分)

【1～4 题】 选出与酸碱质子理论相匹配的选项。

A. 质子酸　　B. 质子碱　　C. 两性物质　　D. 都不是

1. NH_4^+(　　)
2. CO_3^{2-}(　　)
3. Na^+(　　)
4. HCO_3^-(　　)

【5～8 题】 向氨水中加入下列物质,对于解离平衡 $NH_3\cdot H_2O \rightleftharpoons NH_4^+ + OH^-$,选出与下列变化相匹配的选项。

A. 加入 NH_4Cl　　B. 加入 HCl　　C. 加入 NaCl　　D. 加热

5. 向左移动(　　)
6. 向右移动(　　)
7. 属于同离子效应(　　)
8. 属于盐效应(　　)

【9～10 题】 正常人血浆 pH 为 7.35～7.45,选出下列对应的选项。

A. pH>7.45　　B. pH<7.35

9. 酸中毒,用碳酸氢钠来纠正(　　)
10. 碱中毒,用氯化铵来纠正(　　)

四、综合题($3\times10=30$ 分)

1. 298 K 时,将 0.2 mol/L 的醋酸($K_a=1.76\times10^{-5}$)500 mL 加水稀释至 1000 mL,求稀释后溶液的 pH。

2. 0.20 mol/L 的 $NaHCO_3$ 溶液和 0.20 mol/L Na_2CO_3 溶液等体积混合,求溶液 pH。(已知 $pK_{a2}=10.33$)

3. 某患者血浆中$\frac{[HPO_4^{2-}]}{[H_2PO_4^-]}=3$,则这位患者血液 pH 是否正常?如不正常,是酸中毒还是碱中毒?(已知 310 K 时,$pK_{H_2PO_4^-}=7.21$)

参考文献

[1] 刘斌. 无机及分析化学[M]. 2 版. 北京:高等教育出版社,2013.

[4] 牛秀明,林珍. 无机化学[M]. 3 版. 北京:人民卫生出版社,2018.

(左　丽)

第七章

难溶电解质的沉淀-溶解平衡

学习目标

知识目标

1. 掌握：溶度积与溶解度的换算，溶度积规则。
2. 熟悉：沉淀的产生、沉淀溶解、沉淀转化方向及沉淀的先后顺序。
3. 了解：溶度积规则的应用。

能力目标

1. 能进行溶度积与溶解度的换算。
2. 能判断沉淀的产生、溶解、转化及沉淀的先后顺序。

素质目标

提高爱护环境、保护环境的意识。

学习引导

环境保护，人人有责。如果废水中的重金属离子 Ag^+ 浓度为0.01 mol/L，需加入多少摩尔每升的 NaCl 溶液，才能使 Ag^+ 沉淀完全？

难溶电解质的沉淀-溶解平衡是一种常见的化学平衡。实际工作中，经常利用沉淀-溶解平衡理论来指导药物的生产、制备、分离、净化及定性、定量分析。

第一节 沉淀-溶解平衡

PPT 微课

一、沉淀-溶解平衡与溶度积常数

（一）沉淀-溶解平衡

难溶电解质在水中的溶解，是一个复杂的过程。例如在一定温度下，把难溶的 AgCl 固体放入水中，一方面，由于水分子的作用，少量的 Ag^+ 和 Cl^- 脱离固体 AgCl 表面而进入溶液，这个过程称为溶解；另一方面，溶液中的 Ag^+ 和 Cl^- 也在不停地运动，离子在运动过程中相互碰撞而结合成 AgCl，或受到固体表面相反电荷的静电吸引，又重新回到固体表面，这个过程称为沉淀。

溶解和沉淀是可逆的两个过程。如果溶液是不饱和的，那么溶液中溶解过程是主要的，固体继续溶解；相反，在过饱和溶液中，沉淀过程是主要的，会有一些沉淀生成；如果溶液中沉淀和溶解两个相反过程的速率相等，溶液就达到饱和状态。在饱和溶液中各种离子的浓度不再改变，但沉淀和溶解这两个相反的过程并没有停止。此时，固体和溶液中的离子之间，处于一种动态的平衡状态。这种难溶强电解质在饱和溶液中沉淀与溶解的平衡，称为沉淀-溶解平衡。例如 AgCl 的沉淀-溶解平衡可表示如下：

$$AgCl(s) \rightleftharpoons Ag^+(aq) + Cl^-(aq)$$

（二）溶度积常数

1. 定义

在一定温度下，难溶电解质的饱和溶液中，存在沉淀-溶解平衡，其平衡常数称为溶度积常数（或溶度积），用 K_{sp} 表示。

2. 表示方法

以 $M_mA_n(s) \rightleftharpoons mM^{n+}(aq)+nA^{m-}(aq)$ 为例（固体物质不列入平衡常数）：

$$K_{sp}=[M^{n+}]^m \cdot [A^{m-}]^n$$

如在难溶电解质 AgCl 的饱和溶液中，存在沉淀-溶解平衡，根据化学平衡定律，其溶度积表达式为

$$K_{sp}=[Ag^+] \cdot [Cl^-]$$

3. 影响溶度积(K_{sp})的因素

K_{sp} 只与难溶电解质的性质、温度有关，而与沉淀的量无关，并且溶液中离子浓度的变化只能使平衡移动，并不改变溶度积。

4. 意义

①K_{sp} 反映了同类型难溶电解质在水中的溶解能力，当化学式所表示的阴、阳离子个数比相同时，K_{sp} 数值越大的同类型难溶电解质在水中的溶解能力相对越强；②可以用 K_{sp} 来计算饱和溶液中某种离子的浓度。

二、溶解度与溶度积的换算

物质的溶解度，一般是指在 100 g 水中物质溶解的质量。但在讨论溶解度与溶度积的换算时，溶解度用 s 表示，其意义是实现沉淀-溶解平衡时，某物质的物质的量浓度，它的单位是 mol/L。s 和 K_{sp} 从不同侧面描述了物质的同一性质——溶解性，它们之间存在一定的数量关系。

在相关溶度积的计算中，离子浓度必须是物质的量浓度，其单位是 mol/L，而溶解度的单位往往是 g/100 g 水。因此，计算时要先将难溶电解质的溶解度 s 的单位换算成 mol/L。

【例 7-1】 已知某温度下，$CaCO_3$ 的 $K_{sp}=8.7\times10^{-9}$，求 $CaCO_3$ 在水中的溶解度。

解：设 $CaCO_3$ 在水中的溶解度为 s，则 s 为 Ca^{2+} 和 CO_3^{2-} 的平衡浓度。

$$CaCO_3(s) \rightleftharpoons Ca^{2+}(aq)+CO_3^{2-}(aq)$$

平衡浓度/(mol/L)　　　s　　　s

$$K_{sp}=[Ca^{2+}] \cdot [CO_3^{2-}]=s^2$$

$$s=\sqrt{K_{sp}}=\sqrt{8.7\times10^{-9}}=9.3\times10^{-5}\ \text{mol/L}$$

答：该温度下 $CaCO_3$ 在水中的溶解度 s 为 9.3×10^{-5} mol/L。

故 K_{sp} 与 s 之间存在数量关系，是由于某些离子的浓度与 s 有关，例如在本例中 $[Ca^{2+}]$ 和 $[CO_3^{2-}]$ 均等于 s。

【例 7-2】 某温度下，Ag_2CrO_4 的溶解度为 1.34×10^{-4} mol/L，求 Ag_2CrO_4 的溶度积。

解：已知 Ag_2CrO_4 的溶解度 s 为 1.34×10^{-4} mol/L。

$$Ag_2CrO_4(s) \rightleftharpoons 2Ag^+(aq)+CrO_4^{2-}(aq)$$

平衡浓度/(mol/L)　　　$2s$　　　s

$$K_{sp}=[Ag^+]^2 \cdot [CrO_4^{2-}]=(2s)^2\times s=4s^3=4\times(1.34\times10^{-4})^3=9.6\times10^{-12}$$

答：该温度下 Ag_2CrO_4 的溶度积为 9.6×10^{-12}。

通过上面两个例子可知，相同类型的难溶电解质，K_{sp} 大的 s 也大。**不同类型的难溶电解质不能直接用溶度积比较其溶解度的相对大小。**

讨论 7-1：(1) 试比较 AgCl、AgI、Ag_2CO_3 的溶解度。

(2) 试比较 AgCl 在纯水中和在 0.1 mol/L NaCl 中的溶解度。

第二节　溶度积规则及其应用

PPT　　微课

一、溶度积规则

难溶电解质的多相平衡是一种动态平衡。当溶液中离子浓度变化时，平衡就会发生移动，至离子浓度幂的乘积等于溶度积为止。在一定条件下，某一难溶电解质的沉淀能否生成或溶解，可根据溶度积规则来判断。

这里引入一个离子积的概念，在某难溶电解质的溶液中，有关离子浓度幂的乘积称为离子积，用符号 Q_c 表示：

$$A_mB_n(s) \rightleftharpoons mA^{n+}(aq) + nB^{m-}(aq)$$

$$Q_c = c_{A^{n+}}^{m} \cdot c_{B^{m-}}^{n}$$

①$Q_c < K_{sp}$时，为不饱和溶液，若体系中有固体存在，固体将溶解直至饱和。

②$Q_c = K_{sp}$时，为饱和溶液，处于动态平衡状态。

③$Q_c > K_{sp}$时，为过饱和溶液，有沉淀析出。

上述三种情况，概括了 Q_c 与 K_{sp} 的关系，称为**溶度积规则**，也叫**溶度积原理**，可以**用来判断沉淀的生成和溶解**。在一定温度下，控制难溶电解质溶液中离子浓度来改变 Q_c，使得溶液中 Q_c 大于 K_{sp} 或小于 K_{sp}，就可以使难溶电解质生成沉淀或使沉淀溶解，从而使反应向我们所需要的方向进行。

二、沉淀的生成

根据溶度积规则，在难溶电解质溶液中，如果离子积 Q_c 大于该难溶电解质的溶度积 K_{sp}，就会有沉淀生成。因此，当我们要求溶液中析出沉淀或某种离子沉淀完全时，就必须创造条件，使 $Q_c > K_{sp}$。一般采用加入沉淀剂的方法使沉淀析出，如果要除去溶液中的 SO_4^{2-}，可向其溶液中加入可溶性的钡盐。此外，由于溶液的 pH 往往影响沉淀的溶解度，故也可以通过控制溶液 pH，使弱酸的难溶盐或难溶的氢氧化物析出沉淀。

【例 7-3】 等体积混合 0.002 mol/L Na_2SO_4 溶液和 0.02 mol/L $BaCl_2$ 溶液，是否有白色 $BaSO_4$ 沉淀生成？SO_4^{2-} 是否沉淀完全？(已知 $K_{sp,BaSO_4} = 1.08 \times 10^{-10}$)

解：溶液等体积混合后，浓度变为原来的一半，故

$$c_{SO_4^{2-}} = 1 \times 10^{-3}\ \text{mol/L};\ c_{Ba^{2+}} = 1 \times 10^{-2}\ \text{mol/L}$$

$$\begin{aligned} Q_c &= c_{Ba^{2+}} \cdot c_{SO_4^{2-}} \\ &= 1 \times 10^{-3}\ \text{mol/L} \times 1 \times 10^{-2}\ \text{mol/L} \\ &= 1 \times 10^{-5} \end{aligned}$$

$Q_c > K_{sp,BaSO_4}$，所以可以断定有白色 $BaSO_4$ 沉淀生成。

析出 $BaSO_4$ 沉淀后，溶液中还有过量的 Ba^{2+}，其 $c_{Ba^{2+}} = 0.01\ \text{mol/L} - 0.001\ \text{mol/L} = 0.009\ \text{mol/L}$，平衡时，溶液中剩余的 SO_4^{2-} 浓度：

$$c_{SO_4^{2-}} = \frac{K_{sp,BaSO_4}}{c_{Ba^{2+}}} = \frac{1.08 \times 10^{-10}}{9 \times 10^{-3}}\ \text{mol/L} = 1.2 \times 10^{-8}\ \text{mol/L}$$

一般来讲，溶液中残留的离子浓度小于 1×10^{-5} mol/L 时即可认为沉淀完全，故可以认为上例中 SO_4^{2-} 已沉淀完全。

根据同离子效应，欲使溶液中某离子沉淀，加入过量的沉淀剂是有利的，但一般以超过理论计算值 10%～20%为宜。如果过量太多，溶液中离子总浓度太大，此时盐效应就会显著增大，反而会增大难溶电解质溶解度。当然，在相当范围内，过量的沉淀剂的同离子效应远大于盐效应。此外，加入过多沉淀剂还会使被沉淀的离子发生一些副反应，使难溶电解质的溶解度增大。如要沉淀 Ag^+，若加入太过量的 NaCl，则可形成$[AgCl_2]^-$，反而影响 AgCl 沉淀的生成。

三、分步沉淀

当溶液中存在多种可被沉淀的离子时,加入沉淀剂,多种可被沉淀离子依次产生沉淀。这种先后沉淀的现象,叫作分步沉淀或分级沉淀。分步沉淀时,先达到 $Q_c=K_{sp}$ 的物质先沉淀,同条件下,溶解度小的物质先沉淀,溶解度大的物质后沉淀。

【例 7-4】 在 1.0 L 含有相同浓度(1.0×10^{-3} mol/L)的 I^- 和 Cl^- 混合溶液中,逐滴加入 1.0×10^{-3} mol/L 的 $AgNO_3$ 溶液,开始时只有黄色 AgI 沉淀析出,继续滴加 $AgNO_3$ 溶液(缓慢滴加并振荡),才有白色 AgCl 沉淀析出。请用溶度积规则解释上述现象。(已知 $K_{sp,AgI}=8.52\times10^{-17}$,$K_{sp,AgCl}=1.77\times10^{-10}$)

解: 上述实验事实,可用溶度积规则说明:

$$AgI(s)\rightleftharpoons Ag^+(aq)+I^-(aq) \quad AgCl(s)\rightleftharpoons Ag^+(aq)+Cl^-(aq)$$

$$K_{sp}=[Ag^+]\cdot[I^-] \qquad K_{sp}=[Ag^+]\cdot[Cl^-]$$

当 $c_{I^-}=1.0\times10^{-3}$ mol/L 时,析出 AgI(s) 的最低 Ag^+ 浓度:

$$c_{1,Ag^+}=\frac{K_{sp,AgI}}{c_{I^-}}=8.52\times10^{-14} \text{ mol/L}$$

当 $c_{Cl^-}=1.0\times10^{-3}$ mol/L 时,析出 AgCl(s) 的最低 Ag^+ 浓度:

$$c_{2,Ag^+}=\frac{K_{sp,AgCl}}{c_{Cl^-}}=1.77\times10^{-7} \text{ mol/L}$$

由计算结果可知,当缓慢滴加 $AgNO_3$ 溶液,Ag^+ 浓度逐渐增大,当 $c_{Ag^+}\cdot c_{I^-}>K_{sp,AgI}$,就会有 AgI 沉淀析出,而此时 $c_{Ag^+}\cdot c_{Cl^-}<K_{sp,AgCl}$,AgCl 沉淀还不能析出。只要溶度积差别足够大,就可以将它们分离开。

四、沉淀的溶解

沉淀溶解的必要条件:根据溶度积规则,沉淀溶解的必要条件是 $Q_c<K_{sp}$。因此,一切能有效地降低多相离子平衡体系中有关离子浓度,从而使 $Q_c<K_{sp}$ 的方法,都能促使沉淀-溶解平衡向着沉淀溶解的方向移动。

溶解难溶电解质常用的三种方法如下。

(一)生成弱电解质

利用酸与难溶电解质的组分离子结合成可溶性弱电解质来溶解难溶电解质。难溶弱酸盐的 K_{sp} 越大,对应弱酸的 K_{sp} 越小,难溶弱酸盐越易被酸溶解。对于 K_{sp} 很小的难溶弱酸盐,如 CuS、HgS、As_2S_3 等,即使采用浓盐酸也不能有效降低 $c_{S^{2-}}$ 而使之溶解。例如:

(1)难溶弱酸盐 $CaCO_3$ 溶于盐酸,FeS 溶于盐酸;

(2)难溶氢氧化物,如 $Al(OH)_3$、$Fe(OH)_3$、$Cu(OH)_2$ 等,都可以用强酸溶解,是由于其生成难解离的 H_2O;

(3)有的不太难溶的氢氧化物,如 $Mg(OH)_2$、$Mn(OH)_2$ 等,甚至能溶于铵盐,是由于生成弱碱 $NH_3\cdot H_2O$。

(二)氧化还原法

利用氧化还原反应降低难溶电解质组分离子的浓度,可以使一些难溶电解质在氧化剂(或还原剂)中溶解。

例如,硫化铜(CuS)溶于硝酸,正是由 S^{2-} 被 HNO_3 氧化为 S,$c_{S^{2-}}$ 显著降低,使 $Q_c<K_{sp,CuS}$ 所致。

$$CuS(s)\rightleftharpoons Cu^{2+}(aq)+S^{2-}(aq)$$
$$\downarrow HNO_3(氧化)$$
$$S\downarrow + NO\uparrow + H_2O$$

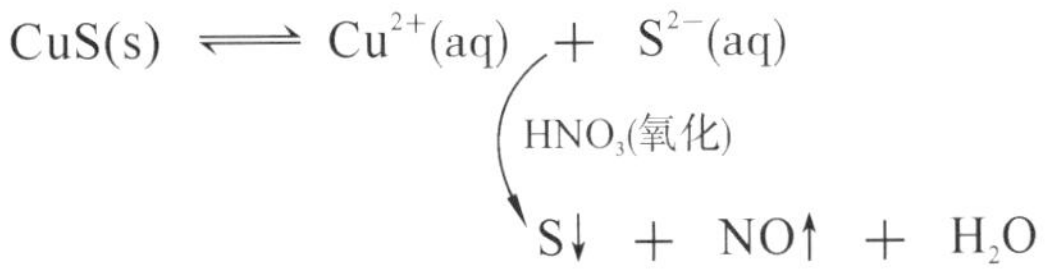

反应式为

$$3CuS(s)+2NO_3^-+8H^+=3Cu^{2+}+3S\downarrow+2NO\uparrow+4H_2O$$

（三）生成难解离的配离子

通过生成难解离的配离子，以减小溶液中难溶电解质组分离子的浓度，使难溶电解质溶解。例如：AgCl(s)溶于氨水，PbI_2(s)溶于 KI 溶液中。

$$AgCl(s)+2NH_3\cdot H_2O \longrightarrow [Ag(NH_3)_2]^+ + Cl^- + 2H_2O$$

$$PbI_2(s)+2I^- \longrightarrow [PbI_4]^{2-}$$

五、沉淀的转化

借助某一试剂的作用，将一种难溶电解质转化为另一种难溶电解质的过程，称为沉淀的转化。

类型相同的难溶电解质，沉淀转化程度的大小取决于两种难溶电解质溶度积的相对大小。例如：

$$Pb(NO_3)_2 \xrightarrow{NaCl} PbCl_2\downarrow \xrightarrow{KI} PbI_2\downarrow \xrightarrow{Na_2CO_3} PbCO_3\downarrow \xrightarrow{Na_2S} PbS\downarrow$$

	$Pb(NO_3)_2$	$PbCl_2$	PbI_2	$PbCO_3$	PbS
	（无色溶液）	（白色沉淀）	（黄色沉淀）	（白色沉淀）	（黑色沉淀）
K_{sp}		1.6×10^{-5}	9.8×10^{-9}	7.4×10^{-14}	8.0×10^{-28}

一般来说，溶解度较大的难溶电解质容易转化为溶解度较小的难溶电解质。两种沉淀物的溶解度相差越大，沉淀转化越完全。

六、沉淀-溶解平衡的应用

（一）溶度积规则在医药学中的应用

溶度积规则在药物的生产和药物分析中的应用较多。

1. 氢氧化铝

氢氧化铝作为药物使用时常制成干燥氢氧化铝和氢氧化铝片，用于治疗胃酸过多，胃及十二指肠溃疡等疾病。它的优点是本身不被吸收，具有两性，碱性很弱，作为口服药物时无碱中毒的危险，与胃酸中和后生成的 $AlCl_3$ 具有收敛性和局部止血作用，是一种常用的抗酸药。

生产氢氧化铝是用矾土（主要成分为 Al_2O_3）作原料，使之溶于硫酸中，生产的硫酸铝再与碳酸钠溶液作用，得到氢氧化铝胶状沉淀。反应方程式如下：

$$Al_2O_3+3H_2SO_4 \longrightarrow Al_2(SO_4)_3+3H_2O$$

$$Al_2(SO_4)_3+3Na_2CO_3+3H_2O \longrightarrow 2Al(OH)_3\downarrow+3Na_2SO_4+3CO_2\uparrow$$

氢氧化铝是胶体沉淀，具有含水量高、体积大的特点。最适宜的生产条件是 pH 8～8.5，在较浓的热溶液中，以较快速度加入沉淀剂，然后立即过滤，经过洗涤、干燥、检查杂质，测定含量，符合药典质量标准便可供药用。

2. Cl^- 的检查

医药上注射用水中 Cl^- 的检查，就是应用溶度积规则进行的。检查时取水样 50 mL，加 2 mol/L 稀硝酸 5 滴，0.1 mol/L 硝酸银 1 mL，静置半分钟，不出现浑浊就是合格，如果出现浑浊，说明有 AgCl 沉淀产生，就不合格。

如铬酸钾指示剂法测 Cl^- 的含量，就是利用 AgCl 的溶解度小于 Ag_2CrO_4 而先沉淀，当产生砖红色的 Ag_2CrO_4 沉淀时，Cl^- 已经沉淀完全。根据所消耗硝酸银的体积和浓度，计算被测物的 Cl^- 浓度。

3. 防蛀牙

生活中，龋齿是一种常见的口腔疾病，在防止龋齿方面就利用了溶度积规则。牙齿表面有一层珐琅质层（又称为釉质），起保护作用，釉质由难溶的羟基磷酸钙[$Ca_5(PO_4)_3OH$]组成，当它溶解时，相关离子进入唾液：

$$Ca_5(PO_4)_3OH(s) \rightleftharpoons 5Ca^{2+}(aq)+3PO_4^{3-}(aq)+OH^-(aq)$$

在正常情况下，向右进行的程度是很小的，该反应的逆过程称为再矿化作用，这是人体自身的防蛀过程。

当人进餐后，口腔中的细菌会分解食物产生有机酸，如醋酸，特别是进食糖果、冰淇淋等含糖高的食物时，产生的酸（H^+）很多，从而导致 pH 减小，pH 减小会促进牙齿脱矿化作用。当保护性的釉质被削弱时，就开始形成蛀牙了。防止蛀牙形成的最好方法是养成良好的习惯，多吃低糖食物和坚持饭后立即刷牙，多数牙膏中含有氟化物（如 NaF 或 SnF_2），这些氟化物能够帮助减少蛀牙。因为在再矿化过程中 F^- 取代了 OH^-：

$$5Ca^{2+}+3PO_4^{3-}+F^- \rightleftharpoons Ca_5(PO_4)_3F\downarrow$$

牙齿的釉质层发生了变化，氟磷灰石[$Ca_5(PO_4)_3F$]是更难溶的化合物，其 K_{sp} 为 1.0×10^{-60}，还因为 F^- 是比 OH^- 更弱的碱，不易与酸反应。

（二）溶度积规则在环境保护中的应用

废水的处理也要用到溶度积规则。水中的污染物有 Ag^+、Hg^{2+}、Cd^{2+}、Cr^{3+} 等金属离子和某些非金属离子，如 F^-，它们都可以用沉淀法除去。常用试剂有 Na_2S、$(NH_4)_2S$、$Ca(OH)_2$ 等，有关反应方程式如下：

$$2Ag^++S^{2-} \rightleftharpoons Ag_2S\downarrow$$

$$Hg^{2+}+S^{2-} \rightleftharpoons HgS\downarrow$$

$$Cd^{2+}+Ca(OH)_2 \rightleftharpoons Cd(OH)_2\downarrow+Ca^{2+}$$

$$2Cr^{3+}+3Ca(OH)_2 \rightleftharpoons 2Cr(OH)_3\downarrow+3Ca^{2+}$$

可以看出溶度积规则应用很广。

讨论 7-2：将等体积 0.2 mol/L NaCl 和 0.2 mol/L Na_2CrO_4 的溶液混合，然后向混合溶液中逐滴加入 0.1 mol/L $AgNO_3$ 溶液，哪种沉淀先产生？当产生铬酸银沉淀时，Cl^- 是否沉淀完全？

能力检测

能力检测答案

案例分析：计算蒸馏水中氯离子的允许限量

一、选择题（10×3＝30 分）

1. 下列物质全部属于难溶电解质的是（　　）。

A. $MgSO_4$、NaCl、$CaCO_3$、$Zn(NO_3)_2$

B. $FeCl_3$、KI、AgCl、$CuSO_4$

C. Ag_2CrO_4、AgCl、$BaSO_4$、$Mg(OH)_2$

D. PbI_2、$KMnO_4$、$CoCl_3$、$Pb(NO_3)_2$

知识拓展：国家重金属污染防治工程技术研究中心

2. 下列难溶电解质的饱和溶液中，Ag^+ 浓度最大的是（　　）。

A. AgCl($K_{sp}=1.77\times10^{-10}$)　　B. Ag_2CO_3($K_{sp}=8.46\times10^{-12}$)

C. Ag_2CrO_4($K_{sp}=1.12\times10^{-12}$)　　D. AgBr($K_{sp}=5.35\times10^{-13}$)

3. 已知 AgI 为黄色沉淀，AgCl 为白色沉淀。25 ℃时，AgI 饱和溶液中 c_{Ag^+} 为 9.23×10^{-8} mol/L，AgCl 饱和溶液中 c_{Ag^+} 为 1.33×10^{-5} mol/L。若在 5 mL KCl 和 KI 浓度均为 0.01 mol/L 的混合溶液中，滴加 8 mL 0.01 mol/L 的 $AgNO_3$ 溶液，则下列叙述中不正确的是（　　）。

A. 溶液中先产生的是 AgCl 沉淀

B. 溶液中先产生的是 AgI 沉淀

C. AgCl 的 K_{sp} 的数值为 1.77×10^{-10}

D. 若在 AgI 悬浊液中滴加少量的 KCl 溶液，黄色沉淀不会转变成白色沉淀

4. 实验室中，要使废水中 Ag^+ 全部沉淀出来，最适宜选用的试剂是（　　）。

A. 盐酸　　B. NaCl 溶液　　C. 硝酸　　D. 氨水

5. 已知 AgCl 为白色沉淀，25 ℃时，饱和溶液中 c_{Ag^+} 为 1.33×10^{-5} mol/L，下列叙述错误的是（　　）。

A. 沉淀溶解平衡可表示为 $AgCl(s) \rightleftharpoons Ag^+(aq)+Cl^-(aq)$

B. 溶度积可表示为 $K_{sp,AgCl}=c_{Ag^+}\cdot c_{Cl^-}$

C. 25 ℃时，AgCl 的 K_{sp}为 1.77×10^{-10} mol/L

D. 向饱和溶液中加入 $AgNO_3$，AgCl 的 K_{sp}会增大

6. 下列有关 AgCl 的沉淀-溶解平衡说法正确的是(　　)。

A. AgCl 的沉淀生成和沉淀溶解不断进行，但速率相等

B. AgCl 难溶于水，溶液中没有 Ag^+ 和 Cl^-

C. 降低温度，AgCl 沉淀的溶解度增大

D. 向 AgCl 沉淀中加入 NaCl 固体，AgCl 沉淀的溶解度不变

7. 某温度下 $BaSO_4$(M=233 g/mol)的溶解度为 2.33×10^{-4} g/100 g H_2O，则 $BaSO_4$ 的 K_{sp}为(　　)。

A. 2.33×10^{-4}　B. 1×10^{-5}　C. 1×10^{-10}　D. 1×10^{-12}

8. 下列关于难溶电解质 $PbCl_2$、AgBr、$Ba_3(PO_4)_2$、Ag_2S 的溶解平衡表达式或溶度积表达式，错误的是(　　)。

A. $PbCl_2(s) \rightleftharpoons Pb^{2+}(aq)+2Cl^-(aq)$；$K_{sp}=c_{Pb^{2+}} \cdot c^2_{Cl^-}$

B. $AgBr(s) \rightleftharpoons Ag^+(aq)+Br^-(aq)$；$K_{sp}=c_{Ag^+} \cdot c_{Br^-}$

C. $Ag_2CrO_4(s) \rightleftharpoons 2Ag^+(aq)+CrO_4^{2-}(aq)$；$K_{sp}=c^2_{Ag^+} \cdot c_{CrO_4^{2-}}$

D. $Ag_2S(s) \rightleftharpoons 2Ag^+(aq)+S^{2-}(aq)$；$K_{sp}=c_{Ag^+} \cdot c_{S^{2-}}$

9. 某温度下 Ag_2CrO_4 的 K_{sp}为 4.0×10^{-12}，则 Ag_2CrO_4 的溶解度(mol/L)为(　　)。

A. 4.0×10^{-12}　B. 2×10^{-6}　C. 2×10^{-12}　D. 1×10^{-4}

10. 某温度下，AgCl 的溶解度为 1.3×10^{-5} mol/L，则 AgCl 的 K_{sp}为(　　)。

A. 1.3×10^{-5}　B. 2.6×10^{-5}　C. 1.69×10^{-10}　D. 2.6×10^{-10}

二、多项选择题(5×5=25 分)

1. 下列有关 K_{sp}说法正确的是(　　)。

A. K_{sp}称为溶度积常数，简称溶度积

B. K_{sp}越大，该物质的溶解度就越大

C. 同条件下，同类型的难溶电解质，K_{sp}越大，该物质的溶解度就越大

D. K_{sp}的大小只与温度、浓度、溶剂有关

E. 可利用 K_{sp}计算物质的溶解度

2. 在 Ag_2CrO_4 的沉淀-溶解平衡中，下列说法正确的是(　　)。

A. 包括溶解和沉淀两个相反的过程，且两个过程的化学反应速率相等

B. 溶液中没有 Ag^+ 和 CrO_4^{2-}

C. 溶液中有少量的 Ag^+ 和 CrO_4^{2-}

D. 向溶液中加入 1 mol/L 氨水，Ag_2CrO_4 沉淀可溶解

E. Ag_2CrO_4 为白色沉淀

3. 有关溶度积规则的应用，下列说法正确的是(　　)。

A. 可用于判断沉淀的生成、溶解、转化

B. 当 $Q_c<K_{sp}$时，为不饱和溶液，沉淀溶解

C. $Q_c=K_{sp}$时，为饱和溶液，属于动态平衡状态，沉淀的量不会变化

D. $Q_c>K_{sp}$时，为过饱和溶液，产生沉淀

E. 使用溶度积规则时，要在同一温度下

4. 下列物质属于难溶电解质的是(　　)。

A. KI　B. AgI　C. PbI_2　D. $BaSO_4$　E. $Mg(OH)_2$

5. 使沉淀溶解的主要方法有(　　)。

A. 发生氧化还原反应　B. 生成难解离的物质　C. 生成配合物

D. 加入催化剂　　　　　　　　E. 增大压强

三、配伍题（6×3＝18 分）

【1～3 题】 从 A、B、C 选项中选出与 1～3 题相匹配的答案：

A. $Q_c > K_{sp}$　　　　B. $Q_c = K_{sp}$　　　　C. $Q_c < K_{sp}$

1. 判断沉淀溶解的依据是（　　）。

2. 判断沉淀产生的依据是（　　）。

3. 判断溶液处于沉淀-溶解平衡状态的依据是（　　）。

【4～6 题】 已知某温度下，$K_{sp,ZnS} = 2.0 \times 10^{-22}$，$K_{sp,CdS} = 8.0 \times 10^{-27}$，$K_{sp,CuS} = 1.27 \times 10^{-36}$，在 Zn^{2+}、Cd^{2+}、Cu^{2+} 的溶液中（浓度相同）分别加入相同量的 Na_2S 溶液。

A. ZnS　　　　B. CdS　　　　C. CuS

4. 溶解度最大的是（　　）。

5. 先沉淀的是（　　）。

6. 可转化成 CdS 的是（　　）。

四、计算题（3×9＝27 分）

1. 试比较某温度下，AgI 在纯水中和在 0.010 mol/L KI 溶液中的溶解度。（已知 $K_{sp,AgI} = 9.3 \times 10^{-17}$）

2. 某温度下，某溶液中 Mg^{2+} 的浓度为 5×10^{-2} mol/L，要使 90％的 Mg^{2+} 成为 $Mg(OH)_2$ 沉淀，溶液中$[OH^-]$应为多少？（$K_{sp,Mg(OH)_2} = 1.2 \times 10^{-11}$）

3. 0.1 mol/L 的 K_2CrO_4 溶液与 0.1 mol/L $AgNO_3$ 溶液等体积混合后是否有 Ag_2CrO_4 沉淀生成？（已知 $K_{sp,Ag_2CrO_4} = 1.12 \times 10^{-12}$）

参考文献

[1] 蒋文，石宝珏. 无机化学[M]. 4 版. 北京：中国医药科技出版社，2021.

[2] 冯务群. 无机化学[M]. 4 版. 北京：人民卫生出版社，2018.

（罗孟君）

第八章

氧化还原反应与电极电势

学习目标

知识目标

1. 掌握：氧化数的标定，氧化还原反应的概念，电极电势的计算方法。
2. 熟悉：氧化还原反应的配平。
3. 了解：原电池的原理，电极电势的应用。

能力目标

1. 能应用电极电势判断氧化剂和还原剂的强弱和氧化还原反应进行的方向。
2. 会计算氧化数，能完成氧化还原反应的配平。

素质目标

提高环保意识，养成良好的生活习惯。

学习引导

铜锌原电池是最早发明的原电池，给我们的生活提供了诸多便利，原电池产生电流的原理是什么？在铜锌原电池中具体发生了什么反应？

第一节　氧化还原反应的基本概念

PPT　微课

氧化还原反应是一类在日常生活和化工生产中经常有的反应。如金属的制备和精炼、金属的腐蚀和防腐、化学电池等都涉及氧化还原反应。氧化还原反应也是人体内营养物质代谢供给机体能量的主要方式。在氧化还原反应过程中，某些原子或离子的氧化数发生了变化。

一、氧化数(oxidation number)

氧化数又称氧化态(oxidation state)，指在单质或化合物中，假设把每个化学键中的一对电子指定给成键两原子中电负性较大的原子，这样所得的某元素一个原子的电荷数就是该元素的氧化数。确定氧化数的规则如下。

(1) 在单质中元素的氧化数为0。例如，在单质C、H_2中，元素C、H的氧化数均为0。

(2) 在离子化合物中，单原子离子的电荷数等于元素的氧化数。例如，Mg^{2+}中Mg的氧化数为+2。

(3) 复杂离子的电荷等于其中各原子的氧化数的代数和。例如，SO_4^{2-}中，S的氧化数为+6，氧的氧化数为−2，SO_4^{2-}的电荷为

$$+6+(-2\times4)=-2$$

(4) 分子的电荷等于其中各原素的氧化数的代数和，均为0。例如，计算$KMnO_4$中Mn的氧化

数，假设 Mn 的氧化数为 x，则

$$+1+x+(-2\times4)=0,\quad x=+7$$

(5) 一般情况下，H 的氧化数为+1，O 的氧化数为−2，卤素的氧化数为−1。但也有例外：①在活泼金属的氢化物（如 KH、CaH_2）中，H 的氧化数为−1；②在过氧化物（如 Na_2O_2、H_2O_2）中，O 的氧化数为−1；③Cl 与电负性更大的 O 结合时，例如 $HClO_3$ 中，Cl 的氧化数为+5。

由上述规则，可以计算各种化合物中元素的氧化数。

【例 8-1】 试求 $K_2Cr_2O_7$ 中 Cr 的氧化数。

解：已知 O 的氧化数是−2，K 的氧化数是+1，设 Cr 的氧化数是 x。

$$(+1)\times2+2x+7\times(-2)=0,\quad x=+6$$

答：Cr 的氧化数为+6。

【例 8-2】 试求 MnO_4^- 中 Mn 的氧化数。

解：已知 O 的氧化数是−2，设 Mn 的氧化数是 x。

$$x+4\times(-2)=-1,\quad x=+7$$

答：Mn 的氧化数为+7。

【例 8-3】 试求 $Na_2S_4O_6$ 中 S 的氧化数。

解：已知 Na 的氧化数是+1，O 的氧化数是−2，设 S 的氧化数是 x。

$$(+1)\times2+4x+6\times(-2)=0,\quad x=+2.5$$

答：硫的氧化数为+2.5。

二、氧化还原反应的基本概念

氧化还原反应（oxidation-reduction reaction）是反应物之间发生了电子的得失或转移，从而导致元素的氧化数发生了改变。元素失去电子，氧化数升高的过程称为氧化；元素得到电子，氧化数降低的过程称为还原；如果反应物中某原素氧化数升高，该反应物称为还原剂；如果反应物中某原素的氧化数降低，则该反应物称为氧化剂。

对于任何一个氧化还原反应，氧化反应与还原反应总是同时发生的，并且氧化剂的氧化数降低总数等于还原剂的氧化数升高的总数。

例如：

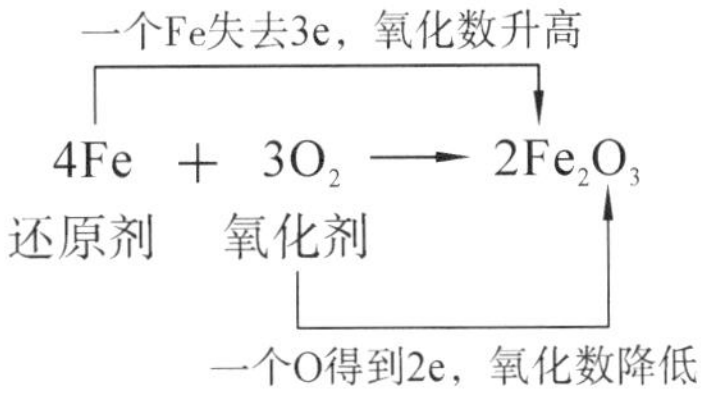

由此可见，氧化是指还原剂失去电子的过程，还原是指氧化剂接受电子的过程。在氧化还原反应中，还原剂失去电子被氧化，氧化剂得到电子被还原，氧化剂与还原剂之间得失电子数相等。

1. 氧化还原反应的规律

当某元素为最高价态时，它只能作氧化剂；当某元素为最低价态时，它只能作还原剂；当某元素为中间价态时，它既能作氧化剂，又能作还原剂。

2. 氧化还原反应的类型

根据反应中电子转移的特点，氧化还原反应可分为 4 种类型。

(1) 一般的氧化还原反应：反应中的氧化剂完全被还原，还原剂完全被氧化。例如：

$$Zn+CuSO_4 = ZnSO_4+Cu$$

反应中，Zn 的氧化数升高，Cu 的氧化数降低。

(2) 部分氧化还原反应：反应中氧化剂（或还原剂）只有一部分发生了电子的转移，还有一部分没有发生电子的转移。例如：

$$2KMnO_4+16HCl \!=\!=\!= 2KCl+2MnCl_2+5Cl_2\uparrow+8H_2O$$

反应中,HCl 中 Cl 氧化数部分升高,部分没变。

(3) 歧化反应:氧化还原反应中,电子的得失发生在同一物质的同种元素上。例如:

$$Cl_2+H_2O \!=\!=\!= HClO+HCl$$

反应中,Cl 的氧化数既有升高,又有降低,氧化剂和还原剂都是 Cl_2。

(4) 自身氧化还原反应:氧化剂和还原剂为同一种物质。例如:

$$2KMnO_4 \!=\!=\!= K_2MnO_4+MnO_2+O_2\uparrow$$

反应中,O 的氧化数升高,Mn 的氧化数降低,$KMnO_4$ 既是氧化剂又是还原剂。

3. 常用的氧化剂和还原剂

氧化还原反应的本质是电子的得失或转移,元素氧化数的变化是电子得失的结果。失去电子的物质称为还原剂,得到电子的物质称为氧化剂。还原剂具有还原性,它在反应中因失去电子而被氧化,所以元素的氧化数升高;氧化剂具有氧化性,它在反应中因得到电子而被还原,所以元素的氧化数降低。

氧化剂一般指具有较高氧化数元素的化合物或单质,该元素的氧化数有降低的趋势。常见的氧化剂如下。

(1) 活泼的非金属单质,如 O_2、Cl_2、Br_2、I_2 等。

(2) 元素处在较高氧化数的含氧化合物,如 $KMnO_4$、$KClO_3$、$K_2Cr_2O_7$、$K_2S_2O_8$、浓 H_2SO_4、浓 HNO_3 等。

(3) 具有较高价态的金属离子及其配合物,如 Fe^{3+}、Ce^{4+}、$[PtCl_6]^{2-}$ 等。

还原剂一般指具有较低氧化数元素的化合物或单质,该元素的氧化数有升高的趋势。常见的还原剂有如下。

(1) 活泼的金属单质及非金属单质,如 Na、Ca、Zn、Fe、H_2、C 等。

(2) 低价态金属离子及其配合物,如 Fe^{2+}、Sn^{2+}、$[Fe(CN)_6]^{4-}$ 等。

(3) 非金属元素的阴离子,如 S^{2-}、I^- 等。

(4) 具有较低氧化数的化合物,如 CO、SO_2、Na_2SO_3、NH_2OH(羟胺)等。

三、氧化还原反应方程式的配平

氧化还原反应体系一般较为复杂,除氧化剂和还原剂外还有介质参与。用普通观察法常常难以配平氧化还原反应方程式,常用氧化数法和离子电子半反应法来配平。

(一) 氧化数法

氧化数升高的总数等于氧化数降低的总数,反应前后各元素的原子总数相等。

(1) 写出反应前后氧化数发生变化的元素的氧化数,如:

$$\overset{0}{C}+H\overset{+5}{N}O_3 —— \overset{+4}{N}O_2\uparrow+\overset{+4}{C}O_2\uparrow+H_2O$$

(2) 标出反应前后元素氧化数的变化,如:

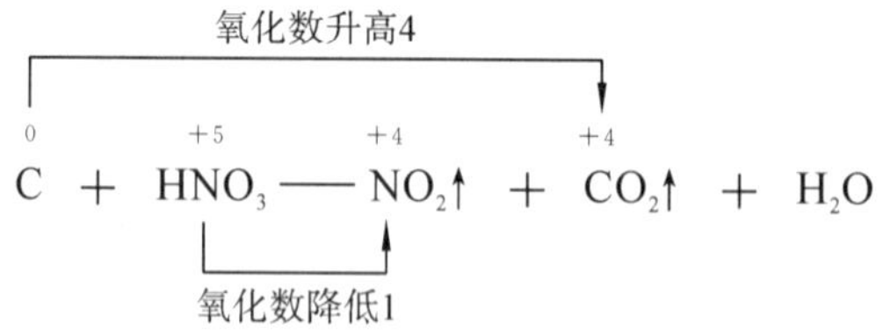

(3) 依据电子守恒定律,使氧化数升高和降低的总数相等。如:

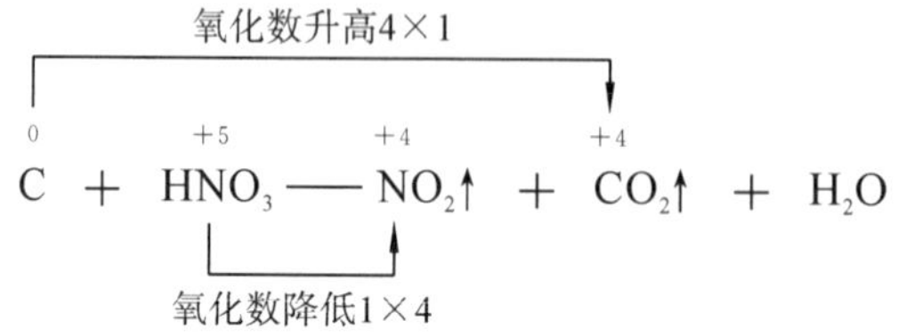

(4) 配系数：用观察法配平其他物质的化学计量数，配平后，把单线改成双线。

$$C+4HNO_3 = 4NO_2\uparrow + CO_2\uparrow + 2H_2O$$

（二）离子电子半反应法

离子电子半反应法是根据氧化还原反应中氧化剂和还原剂的得失电子总数相等的原则来配平的。例如，高锰酸钾和亚硫酸钾在稀硫酸溶液中的反应方程式配平步骤如下。

(1) 写出未配平的离子反应方程式：

$$MnO_4^- + SO_3^{2-} + H^+ \longrightarrow Mn^{2+} + SO_4^{2-} + H_2O$$

(2) 将离子反应方程式拆分成氧化和还原两个半反应：

氧化半反应： $MnO_4^- + 8H^+ + 5e \longrightarrow Mn^{2+} + 4H_2O$ （式 1）

还原半反应： $SO_3^{2-} + H_2O - 2e \longrightarrow SO_4^{2-} + 2H^+$ （式 2）

(3) 两个半反应式各乘以适当系数，使其得失电子数相等：

$2MnO_4^- + 16H^+ + 10e \longrightarrow 2Mn^{2+} + 8H_2O$ （式 1）×2

$5SO_3^{2-} + 5H_2O - 10e \longrightarrow 5SO_4^{2-} + 10H^+$ （式 2）×5

将两式相加，消去电子，重复项可消去，得到以下配平的离子反应方程式：

$$2MnO_4^- + 5SO_3^{2-} + 6H^+ = 2Mn^{2+} + 5SO_4^{2-} + 3H_2O$$

讨论 8-1：试用氧化数法或离子电子半反应法配平下列氧化还原反应。

(1) $KMnO_4 + HCl \longrightarrow MnCl_2 + Cl_2 + KCl + H_2O$

(2) $KOH + Br_2 \longrightarrow KBrO_3 + KBr + H_2O$

第二节 电极电势

PPT 微课

一、原电池(primary cell)

（一）原电池的工作原理

原电池是利用氧化还原反应，将化学能转变为电能的装置。Cu-Zn 原电池是最早发明的原电池，称 Daniell 电池。Cu-Zn 原电池的结构见图 8-1。

Cu-Zn 原电池由两个活泼性不同的金属作为电极，一个是活泼金属锌片(负极)，另一个是不活泼金属铜片(正极)。两个电极同时插入不同的电解质溶液中，用盐桥连接两种溶液。盐桥是用来连接两极的 U 形导通管，内盛有饱和 KCl 溶液与琼脂制成的凝胶，能导通两极间的电流，阻隔两极电解质间的接触。

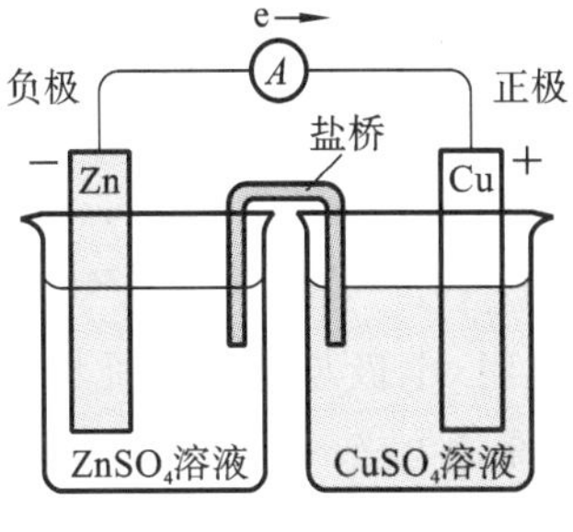

图 8-1 Cu-Zn 原电池结构

用导线将正、负极连接起来，插入电解质溶液后，形成闭合回路，由于电子产生定向移动，外电路有了电流通过，电子从负极经导线向正极移动，电流则从正极流向负极，从而实现将化学能转变成电能。

Cu-Zn 原电池电路接通时，在正、负极上发生如下反应；

正极： $Cu^{2+} + 2e \longrightarrow Cu$（还原反应）

负极： $Zn \longrightarrow Zn^{2+} + 2e$（氧化反应）

上述反应分别发生于两个电极上，故称为电极反应，或称为半电池反应，可用氧化还原电对来表示(氧化型/还原型，如 Cu^{2+}/Cu，Zn^{2+}/Zn)。一个电极反应不能单独发生，只有两个半电池才能构成一个原电池。Cu-Zn 原电池中发生的总反应称为电池反应(cell reaction)。电池反应方程式为

$$Zn + Cu^{2+} \longrightarrow Zn^{2+} + Cu$$

（二）原电池的符号

Cu-Zn 原电池的组成可以用下列电池符号表示：

$$(-)Zn|ZnSO_4(c_1)\parallel CuSO_4(c_2)|Cu(+)$$

书写原电池符号的方法如下：

(1) 负极写在左，正极写在右。

(2) 用单竖线(|)表示不同相物质间的界面，同一相中不同物质间用逗号(,)隔开。用双竖线(‖)表示盐桥。

(3) 以化学式表示电池中各物质的组成，溶液要标出活度或浓度(mol/L)，若为气体物质应注明其分压(Pa)，还应标明当时的温度。若无特别说明，则温度为 298 K，气体分压为 101 kPa，溶液浓度为 1 mol/L。

(4) 非金属或气体不导电，因此当参与氧化还原的电对作为半电池时，需外加惰性导体(如铂或石墨等)作为电极导体，其中惰性导体不参与电极反应，只起导电和输送电子的作用。

知识拓展 8-1：盐桥的作用

二、电极电势(electrode potential)

（一）电极电势的产生

电极与溶液界面双电层的电势差，称为电极电势，用 φ 表示。电极电势 φ 的高低与金属的活泼性有关，也与溶液中金属离子的浓度以及温度等因素有关。两个电极间的电势差是产生电流的根源。当电路中电流趋近零时，两个电极间电势差最大，称为电池的电动势，用符号 $E_{池}$ 表示。正、负电极的电极电势分别用符号 φ_+ 和 φ_- 表示。如 Cu-Zn 原电池的电子由锌片经导线流向铜片。锌片为负极，铜片为正极。

知识拓展 8-2：废旧电池——保护我们的最后一寸土地

$$E_{池}=\varphi_+-\varphi_- \tag{8-1}$$

原电池的电动势可以用电位计测量。原电池的电动势为正值。

（二）标准氢电极(standard hydrogen electrode, SHE)

单个电极的电极电势的绝对值是无法测定的，因为任何完整的电路必须包含两个电极。为此就需要一个电极作为比较的标准。国际上统一用标准氢电极作为电极电势的比较标准，以确定各种电极的相对电极电势值。

标准氢电极的组成如图 8-2 所示。通入 H_2 的压力为 101 kPa，H^+ 的浓度为 1 mol/L，用镀有海绵状铂黑的铂片作为电极，铂黑由细小颗粒的铂粉构成，它对 H_2 的吸附能力很强，当铂黑被 H_2 饱和时，电极就与溶液间达成平衡：

$$\underset{(溶液中)}{2H^+}\ (1\ mol/L)+2e \rightleftharpoons \underset{(铂黑电极板上)}{H_2(101\ kPa)}$$

这时，电极与溶液界面上产生的电势差，就是标准氢电极的电极电势。IUPAC 规定，在 298.15 K 时，标准氢电极的电极电势为零，即 $\varphi^\ominus(H^+/H_2)=0.0000\ V$。

标准氢电极虽然稳定，但操作烦琐，所以普通实验室常用重现性好又比较稳定的甘汞电极作为比较标准。甘汞电极是由金属汞和 Hg_2Cl_2 及 KCl 溶液组成的电极。电极反应方程式为 $Hg_2Cl_2+2e \rightleftharpoons 2Hg+2Cl^-$。此电极的电势只与其内部 Cl^- 浓度有关，经常使用的是 KCl 饱和溶液所以又称为饱和甘汞电极(图 8-2)，298.15 K 时饱和甘汞电极的电极电势为 0.2415 V。

（三）标准电极电势

标准电极电势用 $\varphi^\ominus$ 表示，国际单位为 V，右上角的符号"⊖"表示标准状态。电极的标准状态是指温度为 298.15 K，气体分压为 101 kPa，离子浓度为 1 mol/L。

标准氢电极和待测电极在标准状态下组成原电池，测得该电池的电动势($E_{池}$)，并通过直流电压表确定电池的正、负极，即可根据 $E_{池}=\varphi^\ominus_+-\varphi^\ominus_-$ 计算出各电极的标准电极电势。

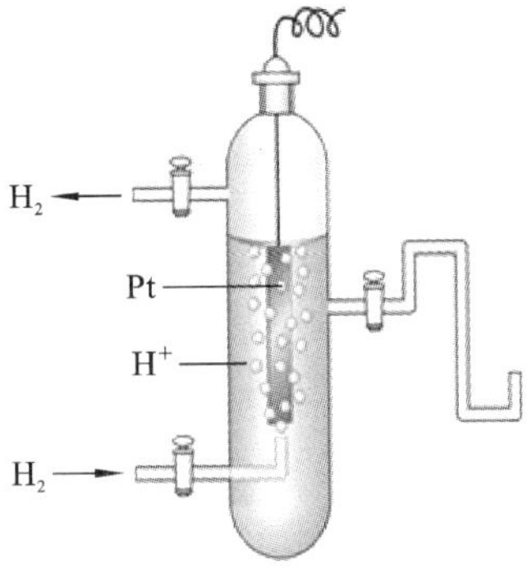

图 8-2 标准氢电极

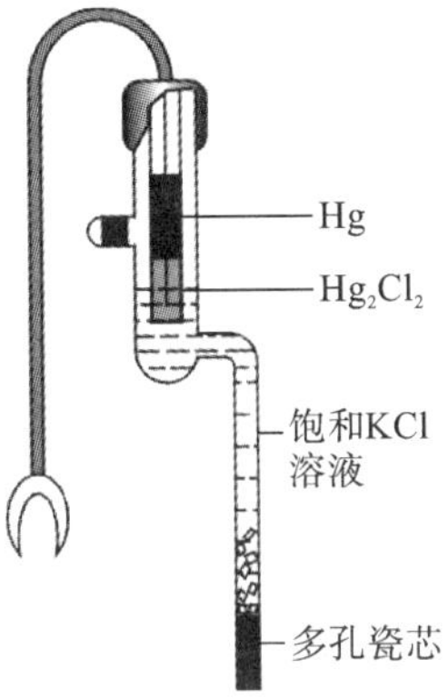

图 8-3 饱和甘汞电极

【例 8-4】 标准氢电极与铜电极组成原电池，当 Cu^{2+} 浓度为 1 mol/L 时，测得电池电动势 $E_{池}=0.3419$ V，铜电极为正极，氢电极为负极。试计算铜电极的标准电极电势。

解：

$$E_{池}=\varphi^{\ominus}(Cu^{2+}/Cu)-\varphi^{\ominus}(H^{+}/H_2)$$

$$0.3419\ V=\varphi^{\ominus}(Cu^{2+}/Cu)-0.0000\ V$$

$$\varphi^{\ominus}(Cu^{2+}/Cu)=0.3419\ V$$

答：铜电极的标准电极电势为 0.3419 V。

部分电极的标准电极电势(298.15 K)见表 8-1。

表 8-1 部分电极的标准电极电势(298.15 K)

电　对	电极反应	$\varphi^{\ominus}$/V
Li^+/Li	$Li^+ + e \rightleftharpoons Li$	−3.0401
K^+/K	$K^+ + e \rightleftharpoons K$	−2.931
Na^+/Na	$Na^+ + e \rightleftharpoons Na$	−2.71
H_2O/H_2	$2H_2O + 2e \rightleftharpoons H_2 + 2OH^-$	−0.8277
AsO_4^{3-}/AsO_2^-	$AsO_4^{3-} + 2H_2O + 2e \rightleftharpoons AsO_2^- + 4OH^-$	−0.71
$CO_2/H_2C_2O_4$	$2CO_2 + 2H^+ + 2e \rightleftharpoons H_2C_2O_4$	−0.481
Fe^{2+}/Fe	$Fe^{2+} + 2e \rightleftharpoons Fe$	−0.447
Sn^{2+}/Sn	$Sn^{2+} + 2e \rightleftharpoons Sn$	−0.1375
H^+/H_2	$2H^+ + 2e \rightleftharpoons H_2$	0.0000
$S_4O_6^{2-}/S_2O_3^{2-}$	$S_4O_6^{2-} + 2e \rightleftharpoons 2S_2O_3^{2-}$	0.08
S/H_2S	$S + 2H^+ + 2e \rightleftharpoons H_2S(aq)$	0.142
Sn^{4+}/Sn^{2+}	$Sn^{4+} + 2e \rightleftharpoons Sn^{2+}$	0.151
Cu^{2+}/Cu^+	$Cu^{2+} + e \rightleftharpoons Cu^+$	0.153
$AgCl/Ag$	$AgCl + e \rightleftharpoons Ag + Cl^-$	0.22233
IO_3^-/I^-	$IO_3^- + 3H_2O + 6e \rightleftharpoons I^- + 6OH^-$	0.26
Cu^{2+}/Cu	$Cu^{2+} + 2e \rightleftharpoons Cu$	0.3419
$[Ag(NH_3)_2]^+/Ag$	$[Ag(NH_3)_2]^+ + e \rightleftharpoons Ag + 2NH_3$	0.373
$H_2SO_3/S_2O_3^{2-}$	$2H_2SO_3 + 2H^+ + 4e \rightleftharpoons 3H_2O + S_2O_3^{2-}$	0.40
O_2/OH^-	$O_2 + 2H_2O + 4e \rightleftharpoons 4OH^-$	0.401
I_2/I^-	$I_2 + 2e \rightleftharpoons 2I^-$	0.5355
I_3^-/I^-	$I_3^- + 2e \rightleftharpoons 3I^-$	0.536
MnO_4^-/MnO_4^{2-}	$MnO_4^- + e \rightleftharpoons MnO_4^{2-}$	0.558
MnO_4^-/MnO_2	$MnO_4^- + 2H_2O + 3e \rightleftharpoons MnO_2 + 4OH^-$	0.595

续表

电　对	电极反应	$\varphi^{\ominus}$/V
BrO_3^-/Br^-	$BrO_3^- + 3H_2O + 6e \rightleftharpoons Br^- + 6OH^-$	0.61
O_2/H_2O_2	$O_2 + 2H^+ + 2e \rightleftharpoons H_2O_2$	0.695
Fe^{3+}/Fe^{2+}	$Fe^{3+} + e \rightleftharpoons Fe^{2+}$	0.771
Ag^+/Ag	$Ag^+ + e \rightleftharpoons Ag$	0.7996
Hg^{2+}/Hg	$Hg^{2+} + 2e \rightleftharpoons Hg$	0.851

使用标准电极电势表应注意：

(1) 标准电极电势是在标准状态下的水溶液中测定的，对非水溶液或高温下的固相反应不适用。

(2) 标准电极电势的数值和符号，不因电极反应的书写方式而改变。例如，不管电极反应是按 $Cu^{2+} + 2e \rightleftharpoons Cu$ 还是按 $Cu - 2e \rightleftharpoons Cu^{2+}$ 进行，$\varphi^{\ominus}(Cu^{2+}/Cu) = 0.3419$ V 不变。

(3) 部分电极电势数值与反应体系酸碱性有关。例如 MnO_4^- 在酸性、中性和碱性条件下的标准电极电势都不同。

三、能斯特方程(Nernst equation)

(一) 电极电势的能斯特方程

标准电极电势是在标准状态下测定的。实际中的化学反应往往在非标准状态下进行，随着反应的进行，电对离子的浓度也会发生改变，电极电势便随之发生改变。电极电势与反应温度、反应物浓度、溶液的酸度之间的定量关系式，称为能斯特方程。

对于电极反应：

$$a\,\text{氧化态} + ne \rightleftharpoons b\,\text{还原态}$$

其电极电势可以通过能斯特方程计算：

$$\varphi = \varphi^{\ominus} - \frac{RT}{nF}\ln\frac{c^b_{\text{还原态}}}{c^a_{\text{氧化态}}} \tag{8-2}$$

式中，$\varphi^{\ominus}$ 为标准电极电势(V)；R 为摩尔气体常数[8.314 J/(K·mol)]；T 为热力学温度(K)；n 为电极反应中电子转移数；F 为法拉第常数(96485 C/mol)。

当温度为 298.15 K 时，将各常数代入式(8-2)中，则能斯特方程可改写为

$$\varphi = \varphi^{\ominus} - \frac{0.0592}{n}\lg\frac{c^b_{\text{还原态}}}{c^a_{\text{氧化态}}} \tag{8-3}$$

利用能斯特方程可以计算电对在各种浓度下的电极电势，这在实际应用中非常重要。下面以实例来说明它的应用。

【例 8-5】 试写出下列电对的能斯特方程(由附录 E 中查出各电对的标准电极电势)。

(1) Zn^{2+}/Zn；

(2) Cl_2/Cl^-；

(3) $Cr_2O_7^{2-}/Cr^{3+}$(酸性介质)；

(4) MnO_2/Mn^{2+}(酸性介质)。

解：(1) 电极反应：　$Zn^{2+} + 2e \rightleftharpoons Zn$

$$\varphi = \varphi^{\ominus}(Zn^{2+}/Zn) - \frac{0.0592}{2}\lg\frac{1}{[Zn^{2+}]} = -0.7618 - \frac{0.0592}{2}\lg\frac{1}{[Zn^{2+}]}$$

(2) 电极反应：　$Cl_2 + 2e \rightleftharpoons 2Cl^-$

$$\varphi = \varphi^{\ominus}(Cl_2/Cl^-) - \frac{0.0592}{2}\lg\frac{[Cl^-]^2}{p_{Cl_2}} = 1.35827 - \frac{0.0592}{2}\lg\frac{[Cl^-]^2}{p_{Cl_2}}$$

(3) 电极反应：　$Cr_2O_7^{2-} + 14H^+ + 6e \rightleftharpoons 2Cr^{3+} 7H_2O$

$$\varphi = \varphi^{\ominus}(Cr_2O_7^{2-}/Cr^{3+}) - \frac{0.0592}{6}\lg\frac{[Cr^{3+}]^2}{[Cr_2O_7^{2-}][H^+]^{14}}$$

$$= 1.232 - \frac{0.0592}{6}\lg\frac{[Cr^{3+}]^2}{[Cr_2O_7^{2-}][H^+]^{14}}$$

（4）电极反应： $MnO_2 + 4H^+ + 2e \rightleftharpoons Mn^{2+} + 2H_2O$

$$\varphi = \varphi^{\ominus}(MnO_2/Mn^{2+}) - \frac{0.0592}{2}\lg\frac{[Mn^{2+}]}{[H^+]^4} = 1.224 - \frac{0.0592}{2}\lg\frac{[Mn^{2+}]}{[H^+]^4}$$

【例 8-6】 试计算 $c_{H^+} = 10^{-7}$ mol/L，$p_{H_2} = 100$ kPa 时，电对 H^+/H_2 的电极电势（由表 8-1 中查出各电对的标准电极电势）。

解：$c_{H^+} = 10^{-7}$ mol/L，即 $[H^+] = 10^{-7}$ mol/L。

电极反应： $2H^+ + 2e \rightleftharpoons H_2$

$$\varphi = \varphi^{\ominus}(H^+/H_2) - \frac{0.0592}{2}\lg\frac{p_{H_2}}{[H^+]^2} = 0 - \frac{0.0592}{2}\lg\frac{\frac{100}{100}}{(10^{-7})^2}$$

$$= -\frac{0.0592}{2} \times 14 = -0.414\ V$$

298 K 时，对于氧化还原反应 $aA + bB \rightleftharpoons dD + eE$，电池电动势的能斯特方程如下：

$$E_{池} = E^{\ominus}_{池} - \frac{0.0592}{n}\lg\frac{c_D^d \times c_E^e}{c_A^a \times c_B^b} \quad (8-4)$$

（二）影响电极电势的因素

知识拓展 8-3：能斯特

1. 浓度对电极电势的影响

从能斯特方程可知，电极电势取决于电对的标准电极电势，同时取决于温度、电子转移数以及氧化态和还原态的浓度等因素。增大氧化态的浓度或减小还原态的浓度，电对平衡向右移动，电极电势增高；增大还原态的浓度或减小氧化态的浓度，电对平衡向左移动，电极电势降低。

2. 酸度对电极电势的影响

对于有 H^+ 或 OH^- 等介质参与的电极反应，电对的电极电势除了受氧化态和还原态物质的浓度影响外，还与溶液的酸度有关。例如 $Cr_2O_7^{2-}$，H^+/Cr^{2+} 电对，溶液 pH 越大，电极电势越小，$Cr_2O_7^{2-}$ 氧化性越弱；溶液 pH 越小，电极电势越大，$Cr_2O_7^{2-}$ 的氧化性越强。

讨论 8-2：请写出 $MnO_4^- + 8H^+ + 5e \rightleftharpoons Mn^{2+} + 4H_2O$ 的能斯特方程。

第三节 电极电势的应用

PPT 微课

一、判断氧化剂和还原剂的强弱

标准电极电势的大小反映了该物质的氧化还原能力的强弱。标准电极电势越大，氧化还原电对中氧化型物质越容易得到电子，氧化性越强；标准电极电势越小，电对中还原型物质越容易失去电子，还原性越强。较强氧化剂的电对中对应的还原型物质的还原能力较弱，较强还原剂的电对中对应的氧化型物质的氧化能力较弱。氧化型物质可与还原型物质发生自发反应。有多种物质同时发生氧化还原反应时，电极电势差值越大，反应的趋势越大。

【例 8-7】 根据标准电极电势，从下列电对中找出最强的氧化剂和最强的还原剂，并给出各氧化型物质氧化能力和各还原型物质还原能力强弱的顺序。

MnO_4^-/Mn^{2+}　　Fe^{3+}/Fe^{2+}　　I_2/I^-

解：由附录 E 中查出各电对的标准电极电势如下：

$MnO_4^- + 8H^+ + 5e \rightleftharpoons Mn^{2+} + 4H_2O \quad \varphi^{\ominus} = 1.507\ V$

$Fe^{3+} + e \rightleftharpoons Fe^{2+} \quad \varphi^{\ominus} = 0.771\ V$

$I_2 + 2e \rightleftharpoons 2I^- \quad \varphi^{\ominus} = 0.5355\ V$

电对 MnO_4^-/Mn^{2+} 的 $\varphi^{\ominus}$ 最大，说明 MnO_4^- 是最强的氧化剂，Mn^{2+} 是最弱的还原剂；电对 I_2/I^- 的 $\varphi^{\ominus}$ 最小，说明 I_2 是最弱的氧化剂，I^- 是最强的还原剂。

各氧化型物质氧化能力的顺序：$MnO_4^- > Fe^{3+} > I_2$。

各还原型物质还原能力的顺序：$I^- > Fe^{2+} > Mn^{2+}$。

二、判断氧化还原反应进行的方向

任何一个自发进行的氧化还原反应，原则上都可组成原电池。利用原电池的电动势可以判断氧化还原反应进行的方向。在研究氧化还原反应时，可假想反应组成一原电池，根据电池的电动势 $E_{池} = \varphi_{ox} - \varphi_{red}$，判断氧化还原反应进行的方向。$\varphi_{ox}$、$\varphi_{red}$ 分别为反应物中氧化剂电对和还原剂电对的电极电势。

当 $E_{池} > 0$ 时，反应正向自发进行。

当 $E_{池} = 0$ 时，处于平衡状态。

当 $E_{池} < 0$ 时，反应不能正向自发进行，而可逆向自发进行。

【例 8-8】 在标准状态下，判断下列反应能否自发进行。

$$Hg^{2+} + 2Ag \rightleftharpoons Hg + 2Ag^+$$

解：查表 8-1 知： $\varphi^\ominus(Hg^{2+}/Hg) = 0.851\ V$，$\varphi^\ominus(Ag^+/Ag) = 0.7996\ V$

$$E^\ominus_{池} = \varphi^\ominus(Hg^{2+}/Hg) - \varphi^\ominus(Ag^+/Ag) = 0.851 - 0.7996 = 0.0514\ V$$

$E^\ominus_{池} > 0$，因此，在标准状态下，该反应正向自发进行。

实际上多数氧化还原反应是在非标准状态下进行的。为判断非标准状态下反应自发进行的方向，可用电池电动势的能斯特方程求出电池的电动势（$E_{池}$），根据其正负判断反应自发进行的方向。

【例 8-9】 对于反应 $Hg^{2+} + 2Ag \rightleftharpoons Hg + 2Ag^+$，已知 $c_{Hg^{2+}} = 0.0010\ mol/L$，$c_{Ag^+} = 1\ mol/L$，通过计算判断反应能否自发进行（由表 8-1 查出各电对的标准电极电势）。

解：根据能斯特方程：

$$E_{池} = E^\ominus_{池} - \frac{0.0592}{2}\lg\frac{c^2_{Ag^+}}{c_{Hg^{2+}}} = 0.0514 - \frac{0.0592}{2}\lg\frac{1^2}{0.0010} = -0.0374\ V$$

因 $E_{池} < 0$，反应不能正向自发进行。

一般来说，在非标准状态下，仍可用电池的标准电动势（$E^\ominus_{池}$）估计氧化还原反应进行的方向。

当 $E^\ominus_{池} > 0.2\ V$ 时，反应正向自发进行。

当 $E^\ominus_{池} < -0.2\ V$ 时，反应不能正向自发进行，可以逆向自发进行。

当 $E^\ominus_{池}$ 为 $-0.2 \sim 0.2\ V$ 时，不可忽略浓度对电动势的影响，要根据能斯特方程计算电池电动势，并根据其符号判断反应自发进行的方向。

三、判断氧化还原反应进行的限度

氧化还原反应属于可逆反应，当反应达到平衡时，可用平衡常数的大小来衡量反应进行的限度。氧化还原反应的平衡常数可以通过两个电对的标准电极电势求得。

【例 8-10】 计算下列氧化还原反应的平衡常数。

$$Cu + 2Ag^+ \rightleftharpoons Cu^{2+} + 2Ag$$

解：反应开始时，两个电对的电极电势如下：

正极： $2Ag^+ + 2e \rightleftharpoons 2Ag$ $\varphi^\ominus(Ag^+/Ag) = 0.7996\ V$

负极： $Cu - 2e \rightleftharpoons Cu^{2+}$ $\varphi^\ominus(Cu^{2+}/Cu) = 0.3419\ V$

电动势： $E^\ominus_{池} = \varphi^\ominus_+ - \varphi^\ominus_- = 0.7996\ V - 0.3419\ V = 0.4577\ V > 0.2\ V$

反应正向进行，正极中 c_{Ag^+} 不断减小，负极中 $c_{Cu^{2+}}$ 不断增大。

$$\varphi(Ag^+/Ag) = \varphi^\ominus(Ag^+/Ag) - \frac{0.0592}{2}\lg\frac{1}{[Ag^+]^2}$$

$$\varphi(Cu^{2+}/Cu) = \varphi^\ominus(Cu^{2+}/Cu) - \frac{0.0592}{2}\lg\frac{1}{[Cu^{2+}]}$$

由以上公式可知，随着正向反应的发生，$\varphi(Ag^+/Ag)$ 逐渐减小，$\varphi(Cu^{2+}/Cu)$ 逐渐增大。正、负电极的电极电势逐渐接近，最后两电极电势必将相等，氧化还原反应达到平衡状态，则可得以下关系式：

$$\varphi(Ag^+/Ag) = \varphi(Cu^{2+}/Cu)$$

$$\varphi^\ominus(Ag^+/Ag) - \frac{0.0592}{2}\lg\frac{1}{[Ag^+]^2} = \varphi^\ominus(Cu^{2+}/Cu) - \frac{0.0592}{2}\lg\frac{1}{[Cu^{2+}]}$$

$$\varphi^{\ominus}(Ag^{+}/Ag)-\varphi^{\ominus}(Cu^{2+}/Cu)=\frac{0.0592}{2}\lg\frac{1}{[Ag^{+}]^{2}}-\frac{0.0592}{2}\lg\frac{1}{[Cu^{2+}]}=\frac{0.0592}{2}\lg\frac{[Cu^{2+}]}{[Ag^{+}]^{2}}$$

该反应的平衡常数为

$$K^{\ominus}=\frac{[Cu^{2+}]}{[Ag^{+}]^{2}}$$

所以

$$\lg K^{\ominus}=\frac{2\times[\varphi^{\ominus}(Ag^{+}/Ag)-\varphi^{\ominus}(Cu^{2+}/Cu)]}{0.0592}$$

$$=\frac{2\times(0.7996-0.3419)}{0.0592}=15.46$$

$$K^{\ominus}=2.88\times10^{15}$$

可见，该反应的 $K^{\ominus}$ 很大，说明氧化还原反应进行得很完全。

推广到一般情况，任一氧化还原反应的平衡常数与对应电对的 $\varphi^{\ominus}$ 的关系如下：

$$\lg K^{\ominus}=\frac{n\times(\varphi^{\ominus}_{+}-\varphi^{\ominus}_{-})}{0.0592}$$

或

$$\lg K^{\ominus}=\frac{n\times E^{\ominus}_{池}}{0.0592}$$

由公式可知，氧化还原反应的 $K^{\ominus}$ 与两个电对标准电极电势的差值（或者说该电池的标准电动势）成正比，标准电极电势的差值越大，$K^{\ominus}$ 就越大，反应就进行得越彻底。因此，$K^{\ominus}$ 只与氧化剂和还原剂本身的性质有关，与反应物的浓度无关。

综上所述，可以由标准电极电势判断氧化还原反应进行的方向和限度，但是，不能根据电极电势的大小判断化学反应速率的快慢。例如，在酸性 $KMnO_4$ 溶液中加入锌粉，其反应如下：

$$2MnO_4^{-}+5Zn+16H^{+}\rightleftharpoons 2Mn^{2+}+5Zn^{2+}+8H_2O$$

$$E^{\ominus}_{池}=\varphi^{\ominus}(MnO_4^{-}/Mn^{2+})-\varphi^{\ominus}(Zn^{2+}/Zn)$$

$$=1.507-(-0.7618)=2.2688\ V$$

两个电对的标准电极电势差值很大，说明反应进行得很彻底。但其实，几乎观察不到明显变化，$KMnO_4$ 的紫色不容易褪去，这是因为该反应的化学反应速率非常慢，只有向溶液中加入 Fe^{3+} 作为催化剂，反应才能迅速进行。

讨论 8-3： 查出下列各电对的标准电极电势，判断各组中哪一种物质是最强的氧化剂，哪一种物质是最强的还原剂，并写出发生自发反应的方程式。

（1）MnO_4^{-}/Mn^{2+}　　Fe^{3+}/Fe^{2+}

（2）Br_2/Br^{-}　　Fe^{3+}/Fe^{2+}　　I_2/I^{-}

能力检测

能力检测答案

一、单项选择题（15×2=30 分）

1. 电极反应属于（　　）。

A. 氧化反应　　B. 还原反应

C. 氧化或还原反应　　D. 非氧化还原反应

2. 下列关于氧化数的叙述中，不正确的是（　　）。

A. 氧化数不一定是整数　　B. O 的氧化数一般为 −2

C. H 的氧化数只能为 +1　　D. 在多原子分子中，各元素的氧化数的代数和为 0

3. $S_4O_6^{2-}$ 中 S 的氧化数是（　　）。

A. +1.5　　B. +2　　C. +2.5　　D. +3

4. 下列物质中，既可作氧化剂，又可作还原剂的是（　　）。

A. HNO_3　　B. H_2O_2　　C. H_2SO_4　　D. HCl

5. 下列不属于氧化还原反应的是(　　)。

A. $Na_2CO_3+2HCl \xlongequal{} 2NaCl+H_2O+CO_2\uparrow$

B. $Fe_2O_3+3CO \xlongequal{} 2Fe+3CO_2$

C. $Cl_2+H_2O \xlongequal{} HCl+HClO$

D. $H_2+CuO \xlongequal{} Cu+H_2O$

6. 下列说法正确的是(　　)。

A. 在原电池中,电极电势较小的电对是原电池的正极

B. 在原电池中,电极电势较大的电对是原电池的负极

C. 原电池的电动势等于正、负电极的电极电势之差

D. 在原电池中,正极发生氧化反应,负极发生还原反应

7. 下列关于电极电势的叙述,正确的是(　　)。

A. 电极电势是指待测电极和标准氢电极构成的原电池的电动势,是一个相对值

B. 按同样比例增大电对中氧化型和还原型物质的浓度,电极电势不变

C. 按同样比例减小电对中氧化型和还原型物质的浓度,电极电势不变

D. 增大电对中氧化型物质的浓度,电极电势降低

8. 已知 $\varphi^\ominus(Zn^{2+}/Zn)=-0.7618\ V$,$\varphi^\ominus(Ag^+/Ag)=0.7996\ V$,这两个电对组成的原电池的标准电动势为(　　)。

A. 0.0378 V　　B. 0.8374 V　　C. 1.5614 V　　D. 2.3574 V

9. 已知 $\varphi^\ominus(Fe^{3+}/Fe^{2+})=0.771\ V$,$\varphi^\ominus(Cu^{2+}/Cu)=0.3419\ V$,反应 $2Fe^{3+}+Cu \rightleftharpoons 2Fe^{2+}+Cu^{2+}$ 自发进行的方向为(　　)。

A. 向左　　B. 向右　　C. 已达平衡　　D. 无法判断

10. 对于电池反应 $Cu^{2+}+Zn \rightleftharpoons Cu+Zn^{2+}$,下列说法正确的是(　　)。

A. 当 $c_{Cu^{2+}}=c_{Zn^{2+}}$ 时,电池反应达到平衡

B. 当 Cu^{2+}、Zn^{2+} 均处于标准状态时,电池反应达到平衡

C. 当原电池的标准电动势为 0 时,电池反应达到平衡

D. 当原电池的电动势为 0 时,电池反应达到平衡

11. 已知 $\varphi^\ominus(Fe^{3+}/Fe^{2+})=0.771\ V$,$\varphi^\ominus(Cu^{2+}/Cu)=0.3419\ V$,$\varphi^\ominus(Na^+/Na)=-2.71\ V$,标准状态下,其中最强的氧化剂和最强的还原剂分别是(　　)。

A. Cu^{2+} 和 Na　　B. Fe^{3+} 和 Na　　C. Na^+ 和 Fe^{2+}　　D. Na^+ 和 Cu

12. 已知 $\varphi^\ominus(Fe^{3+}/Fe^{2+})=0.771\ V$,$\varphi^\ominus(I_2/I^-)=0.5355\ V$,标准状态下,下列能正向自发进行的反应是(　　)。

A. $2Fe^{2+}+2I^- \rightleftharpoons I_2+2Fe^{3+}$　　B. $2Fe^{3+}+I_2 \rightleftharpoons 2Fe^{2+}+2I^-$

C. $2Fe^{3+}+2I^- \rightleftharpoons 2Fe^{2+}+I_2$　　D. $I_2+2Fe^{2+} \rightleftharpoons 2I^-+2Fe^{3+}$

13. 下列有关电对 Br_2/Br^- 的电极电势 φ 的叙述,正确的是(　　)。

A. Br^- 的浓度增大,φ 减小　　B. H^+ 的浓度增大,φ 减小

C. Br_2 的质量增大,φ 增大　　D. 温度升高,φ 减小

14. 某电池反应 $A+B^{2+} \longrightarrow A^{2+}+B$ 的平衡常数 $K^\ominus=1.0\times10^4$,该电池的电动势是(　　)。

A. -1.20 V　　B. -0.50 V　　C. $+0.118$ V　　D. $+1.20$ V

15. 下列哪个电对反应是被氧化的过程?(　　)

A. $Cl_2+2e \longrightarrow 2Cl^-$　　B. $Cu^{2+}+2e \longrightarrow Cu$

C. $Fe^{2+}-e \longrightarrow Fe^{3+}$　　D. $MnO_4^-+5e+8H^+ \longrightarrow Mn^{2+}+4H_2O$

二、多项选择题(5×4=20 分)

1. 下列化合物中 S 的氧化数为+4 的是(　　)。

A. SO_2　　B. S　　C. H_2S　　D. Na_2SO_3　　E. SO_3

2. 下列电对书写正确的是（　　）。

A. Fe^{3+}/Fe^{2+}　　B. I_2/I^-　　C. Na^+/Na　　D. Mn^{2+}/MnO_4^-　　E. Cu/Cu^{2+}

3. 根据电对的电极电势判断氧化剂和还原剂的强弱的说法正确的是（　　）。

A. 电对的电极电势越低，其氧化型的氧化能力越弱

B. 电对的电极电势越高，其还原型的氧化能力越强

C. 电对的电极电势越低，其还原型的还原能力越强

D. 某电对的还原型可以还原电极电势比它低的另一电对的氧化型

E. 某电对的氧化型可以氧化电极电势比它低的另一电对的还原型

4. 下列说法正确的是（　　）。

A. 氧化反应是指物质所含元素氧化数升高的反应

B. $KMnO_4$ 可以作还原剂

C. 氧化还原反应的发生必须有电子的得失或转移

D. 氧化剂和还原剂不可能是同一种物质

E. 只有当原电池中 $\varphi_+ > \varphi_-$ 时，氧化还原反应才能正向自发进行

5. 下列氧化还原反应能发生的是（　　）。

A. $AsO_3^{3-} + I_2 + H_2O \rightleftharpoons AsO_4^{3-} + 2I^- + 2H^+$

B. $Cu^{2+} + Zn \rightleftharpoons Cu + Zn^{2+}$　　C. $2Cu^{2+} + 4I^- \rightleftharpoons 2CuI\downarrow + I_2$

D. $Pb^{2+} + Sn \rightleftharpoons Pb + Sn^{2+}$　　E. $2Fe^{3+} + Cu \rightleftharpoons 2Fe^{2+} + Cu^{2+}$

三、配伍题（5×4＝20 分）

【1～5 题】 选出下列化合物中硫的氧化数。

A. 0　　B. －2　　C. ＋6　　D. ＋2.5　　E. ＋2

1. SO_3（　　）　　2. $Na_2S_2O_3$（　　）

3. H_2S（　　）　　4. S（　　）

5. $Na_2S_4O_6$（　　）

四、计算题（3×10＝30 分）

1. 298.15 K 时，$\varphi^\ominus(Cu^{2+}/Cu) = 0.3419$ V，$\varphi^\ominus(Zn^{2+}/Zn) = -0.7618$ V，可将这两个电对组成原电池，试计算此原电池的电动势。

2. 对于电极反应 $Fe^{3+} + e \rightleftharpoons Fe^{2+}$，已知 $c_{Fe^{3+}}$ 为 1.0 mol/L，$c_{Fe^{2+}}$ 为 1.0×10^{-3} mol/L，试计算电极电势。

3. 试计算下列反应的平衡常数，并说明此反应进行的程度。

$$MnO_4^- + 5Fe^{2+} + 8H^+ \rightleftharpoons Mn^{2+} + 5Fe^{3+} + 4H_2O$$

参考文献

[1] 王建梅，旷英姿. 无机化学[M]. 3 版. 北京：化学工业出版社，2017.

[2] 刘幸平，黄尚荣. 无机化学[M]. 北京：科学出版社，2005.

[3] 胡伟光，张桂珍. 无机化学[M]. 2 版. 北京：化学工业出版社，2007.

[4] 陈任宏，董会钰. 药用基础化学：上册[M]. 2 版. 北京：化学工业出版社，2019.

（何　萍）

第九章

配位化合物

学习目标

知识目标

1. 掌握：配位化合物的基本概念、组成及命名。
2. 熟悉：配位化合物在水溶液中的配位平衡及平衡的移动，螯合物的性质。
3. 了解：EDTA 的结构及其在配位分析中的作用。

能力目标

1. 能命名常见的配位化合物，认识螯合物。
2. 会判断配位平衡移动的方向。

素质目标

提高科学探究意识，养成实事求是、科学严谨的习惯，提高创新能力。

学习引导

配位化合物(coordination compound)简称配合物，是一类组成复杂的化合物。配合物的应用十分广泛，如植物进行光合作用所依赖的叶绿素是含镁的配合物，人体内输送氧气的血红蛋白是含铁的配合物，人体所需要的部分酶也是以金属配合物的形式存在的。另外，金属配合物药物已经成为合成无机药物的重要发展方向之一。总之，配合物在生命过程中起着重要的作用。配合物在理论上十分重要，对配合物的研究不仅是现代无机化学的重要课题，而且对同学们将要从事的分析化学、生物化学、电化学、药物化学等研究或工作都有十分重要的理论意义。本章将简要介绍一些有关配合物的基本知识。

第一节　配合物的基本概念

PPT　微课

一、配合物的定义

实验中向 $CuSO_4$ 溶液中加入过量的氨水，反应开始时生成蓝色沉淀，随着氨水的滴加，蓝色沉淀逐渐消失，溶液变为深蓝色，原因是 $CuSO_4$ 与 NH_3 结合生成了复杂的化合物，即 $[Cu(NH_3)_4]SO_4$。这种化合物含有一个复杂离子，即 $[Cu(NH_3)_4]^{2+}$，其可以在溶液中稳定存在，并像一个简单离子一样参加反应。在水溶液中发生的化学反应如下：

$$CuSO_4+4NH_3 \rightleftharpoons [Cu(NH_3)_4]SO_4$$

其中，金属阳离子(Cu^{2+})和中性分子(NH_3)通过配位键结合，这种化学键的特点是共用电子对完全由一方(NH_3)提供，而另一方(Cu^{2+})只提供空轨道。

又如，实验室常见的 AgCl 白色沉淀溶解于浓氨水中，也形成复杂的化合物，化学反应如下：

$$AgCl + 2NH_3 \rightleftharpoons [Ag(NH_3)_2]Cl$$

溶液中有大量复杂离子（$[Ag(NH_3)_2]^+$），其中金属阳离子（Ag^+）只提供空轨道，中性分子（NH_3）提供共用电子对，Ag^+ 和 NH_3 通过配位键结合。

这些由一个金属阳离子和一定数目的中性分子或阴离子按一定的空间构型以配位键相结合，生成的带有电荷的复杂离子称为配位离子，简称配离子。配离子$[Cu(NH_3)_4]^{2+}$与 SO_4^{2-} 组成的复杂化合物$[Cu(NH_3)_4]SO_4$，配离子$[Ag(NH_3)_2]^+$与 Cl^- 组成的复杂化合物$[Ag(NH_3)_2]Cl$ 称为配合物。

另外，由金属阳离子和一定数目的中性分子及阴离子以配位键结合，可生成电中性的复杂化合物，如$[CoCl_3(NH_3)_3]$等；由金属原子和一定数目的中性分子以配位键结合，可生成电中性的复杂化合物，如$[Ni(CO)_4]$、$[Fe(CO)_5]$等。这些复杂化合物称为配位分子，属于配合物。配位键是配合物的特征之一，在书写配合物时，为了与简单化合物区分，把配离子或配位分子置于方括号内，如$[Cu(NH_3)_4]^{2+}$、$[Ag(NH_3)_2]^+$、$[Fe(CO)_5]$等。

归纳以上几种类型，把由金属离子（原子）和一定数目的中性分子或阴离子按一定的空间构型以配位键相结合所形成的复杂物质称为配位单元，含有配位单元的化合物统称为配位化合物，简称配合物。

二、配合物的组成

配合物的组成如图 9-1 所示。多数配合物的配位单元是配离子，如$[Cu(NH_3)_4]SO_4$。这类配合物由内界和外界两个部分组成。内界为配离子，由中心原子和配体组成，是配合物的特征部分，通常写在方括号内。方括号以外的其他部分为外界。外界是与配离子带有相反电荷的简单离子。当内界电荷为 0 时，内界形成配位分子，如$[CrCl_3(NH_3)_3]$、$[Fe(CO)_5]$等，此类配合物没有外界。书写化学式时，先列出中心原子符号，再列出配体符号，并用下标注明配体数。

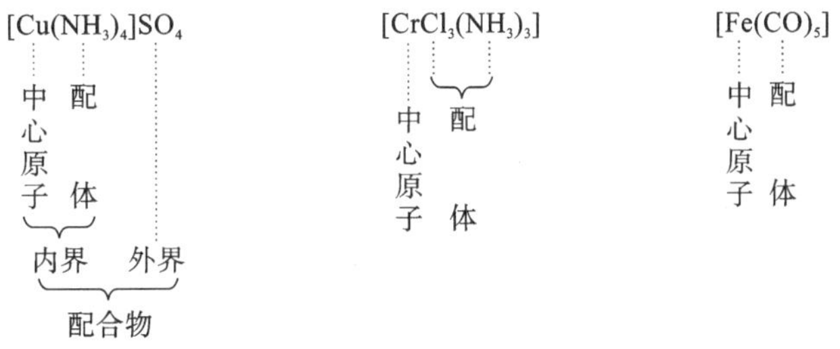

图 9-1 配合物的组成

若配合物内界中配体不止一种，这种配合物称为混合配体配合物（mixed-ligand complex），简称混配合物。如$[CrCl_3(NH_3)_3]$，配体为 Cl^- 和 NH_3。生物体内的配合物多为混配合物。

（一）中心原子

中心原子（central atom）是配合物的形成体，是具有空的价层轨道、能够接受孤对电子的原子或离子，用 M 表示，位于内界的中心。中心原子通常是带正电荷的过渡金属阳离子，如$[Cu(NH_3)_4]^{2+}$中的 Cu^{2+}，$[CrCl_3(NH_3)_3]$中的 Cr^{3+}；中心原子也可以是中性原子，如$[Fe(CO)_5]$中的 Fe 原子；高氧化数的非金属元素也可以作为中心原子，如$[SiF_6]^{2-}$中的 Si(Ⅳ)。

（二）配体和配位原子

与中心原子以配位键结合的中性分子或阴离子称为配位体（ligand），简称配体，用 L 表示，与中心离子（或原子）处于配合物的内界。常见的配体有 NH_3、H_2O、CO、OH^-、CN^-、X^- 等。提供配体的物质称为配位剂，如 NaOH、KCN 等。有时配位剂本身就是配体，如 NH_3、H_2O、CO 等。配体中提供孤对电子与中心离子（或原子）直接以配位键相结合的原子称为配位原子。它们通常是电负性较大的非金属元素的原子，例如 O、S、N、P、C、F、Cl、Br、I 等。

按照所含配位原子的数目，配体分为单齿配体和多齿配体两类。只能以 1 个配位原子与中心原子配位的配体称为单齿配体（monodentate ligand），如 X^-、NH_3、OH^-、H_2O、CN^-、SCN^- 等。两个或两个以上的配位原子与中心原子同时配位的配体称为多齿配体（polydentate ligand），如乙二胺（$NH_2CH_2CH_2NH_2$，常缩写为 en）、草酸根（$C_2O_4^{2-}$）、氨基乙酸根（$NH_2CH_2COO^-$）等。一些常见配体列于表 9-1 中。

表 9-1　常见配体

化　学　式	名　　称	缩　写	齿　数
F^-、Cl^-、Br^-、I^-	卤素离子		
$:CN^-$	氰离子		
$:CO$	羰基		
$:OH^-$	羟基		
$:SCN^-$	硫氰根		1
$:NO_2^-$	硝基		
$:ONO^-$	亚硝酸根		
$H_2O:$，$:NH_3$	水，氨		
$H_2\ddot{N}CH_2CH_2\ddot{N}H_2$	乙二胺	en	
$^-\ddot{O}OC—CO\ddot{O}^-$	草酸根	ox	2
$\begin{array}{c}^-\ddot{O}OCH_2C\\^-\ddot{O}OCH_2C\end{array}\ddot{N}—CH_2—CH_2—\ddot{N}\begin{array}{c}CH_2CO\ddot{O}^-\\CH_2CO\ddot{O}^-\end{array}$	乙二胺四乙酸根	edta 或 EDTA	6

（三）配位数与配体数

配位数（coordination number）是指中心原子形成的配位键的个数，即中心原子接受配体提供的孤对电子数目。配体的总数称为配体数（number of ligands）。如果配合物中所有配体都是单齿配体，则配位数等于配体数，如$[Ag(NH_3)_2]^+$中的 NH_3 是单齿配体，因此 Ag^+ 的配位数和配体数相等，均为 2；如果其中含有多齿配体，则配位数大于配体数，如$[Cu(en)_2]^{2+}$中的 en 是双齿配体，配体数是 2，而 Cu^{2+} 的配位数不是 2 而是 4。过渡金属离子的常见配位数是为 2、4、6 等，其中较常见的为 4 和 6。

以下是常见配合物的配位数与配体数：

$[Ag(NH_3)_2]^+$　　　　配位数＝2，配体数＝2

$[Cu(en)_2]^{2+}$　　　　配位数＝4，配体数＝2

$[CoCl_3(NH_3)_3]$　　　配位数＝6，配体数＝6

$[Ca(edta)]^{2-}$　　　　配位数＝6，配体数＝1

（四）配离子的电荷数

配离子由中心原子和配体组成，所以电荷数等于中心原子和配体电荷的代数和。如：$[Cu(NH_3)_4]^{2+}$的中心原子 Cu^{2+} 为＋2 价，配体 NH_3 为 0 价，代数和为＋2 价；$[Fe(CN)_6]^{4-}$的中心原子 Fe^{2+} 为＋2 价，配体 CN^- 为－1 价，有 6 个，所以代数和为－4 价。

【例 9-1】　指出配合物$[Cu(NH_3)_4]SO_4$ 的中心原子、配体、配位原子、配位数、配体数、内界、外界。

解：

中心原子	配体	配位原子	配位数	配体数	内界	外界
Cu^{2+}	NH_3	N	4	4	$[Cu(NH_3)_4]^{2+}$	SO_4^{2-}

【例 9-2】　指出配合物$[CoCl_2(en)_2]NO_3$ 的中心原子、配体、配位原子、配位数、配体数、内界、外界。

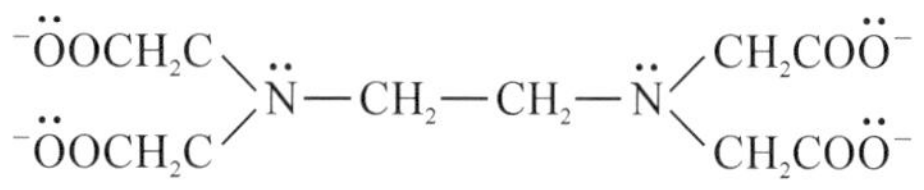

解：

中心原子	配体	配位原子	配位数	配体数	内界	外界
Co^{3+}	Cl^-，en	Cl、N	6	4	$[CoCl_2(en)_2]^+$	NO_3^-

讨论 9-1：指出配合物$[Pt(NH_3)_2Cl_2]$的中心原子、配体、配位数、配体数。

讨论 9-2：明矾$[KAl(SO_4)_2 \cdot 12H_2O]$、铁铵矾$[NH_4Fe(SO_4)_2 \cdot 6H_2O]$是不是配合物？为什么？

三、配合物的命名

配合物命名分为传统命名法和系统命名法。传统命名法：如 $K_4[Fe(CN)_6]$称为黄血盐，$[Fe(C_5H_5)_2]$称为二茂铁，$K_3[Fe(CN)_6]$称为赤血盐。下面主要介绍系统命名法。

配合物的系统命名，遵循无机物的命名原则：阴离子名称在前，阳离子名称在后，如氯化钠、氢氧化钠。分外界和内界两部分介绍。

（一）配合物的外界

配合物的外界通常称为某化…、某酸…、…酸某或…酸，其中“…”代表内界的命名。

若外界是简单阴离子，命名为“某化…”，如 Cl^-、Br^- 分别命名为氯化…、溴化…；若外界是复杂阴离子，命名为“某酸…”，如 SO_4^{2-}、CO_3^{2-} 分别命名为硫酸…、碳酸…；若外界是简单阳离子，命名为“…酸某”，如 K^+、Na^+ 分别命名为…酸钾、…酸钠；若外界是氢离子，命名为“…酸”。

（二）配合物的内界

配合物内界的命名是配合物命名的关键。内界按以下顺序命名：

配体数（汉字数字）→配体名称→合→中心原子名称→中心原子的氧化数（罗马数字）

配体数用倍数词头“二、三、四”等数字表示（配体数为“一”时可以省略配体数）。如果内界有多种配体（不同配体之间可用实心圆点隔开），其顺序为简单离子→复杂离子→有机酸根→无机分子→有机分子。

$[Cu(NH_3)_4]^{2+}$　　四氨合铜（Ⅱ）配离子

$[Fe(CN)_6]^{4-}$　　六氰合铁（Ⅱ）配离子

$[PtCl_5(NH_3)]^-$　　五氯・一氨合铂（Ⅳ）配离子

同类配体，按配位原子的元素符号在英文字母表的顺序排列。如配体 H_2O 和 NH_3，都是中性无机分子，配位原子分别为 O 和 N，在英文字母表中 N 在 O 的前面，所以命名时先氨后水。复杂配体，特别是有机配体，要加括号以避免混淆。

$[Co(NH_3)_5(H_2O)]^{3+}$　　五氨・一水合钴（Ⅲ）配离子

$[Co(H_2O)_2(en)_2]^{3+}$　　二水・二（乙二胺）合钴（Ⅲ）配离子

下面是一些命名的实例：

$[Cu(NH_3)_4]SO_4$　　硫酸四氨合铜（Ⅱ）

$[CrCl_2(H_2O)_4]Cl$　　一氯化二氯・四水合铬（Ⅲ）

$K_4[Fe(CN)_6]$　　六氰合铁（Ⅱ）酸钾

$H_4[Fe(CN)_6]$　　六氰合铁（Ⅱ）酸

$[Fe(CO)_5]$　　五羰基合铁（0）

$[PtCl_4(NH_3)_2]$　　四氯・二氨合铂（Ⅳ）

四、配合物的几何异构现象

如果两个配合物配体的种类和数目都相同，只是以不同的方式排布在中心原子周围，这种现象称为几何异构（顺反异构）现象。在配合物中，配体按一定的规律排列在中心原子的周围空间。每一种配合物有一定的空间结构。如果配合物只有一种配体，那么形成的排列方式只有一种。如果配合物

顺式　　　　反式

图 9-2　$[Pt(NH_3)_2Cl_2]$的结构

有两种及两种以上配体，那么可能会有不同的排列方式。例如，$[Pt(NH_3)_2Cl_2]$（空间构型为平面正方形）就有顺式和反式两种异构体，见图 9-2。

配合物中的顺反异构现象相当普遍。顺反异构体组成相同但性质不同。如顺式$[Pt(NH_3)_2Cl_2]$呈橙黄色，反式$[Pt(NH_3)_2Cl_2]$为淡黄色。两者的药理性质更不一样。顺式$[Pt(NH_3)_2Cl_2]$是一种广泛使用的抗癌药物，在医学上称为顺铂。顺式$[Pt(NH_3)_2Cl_2]$能迅速而又牢固地与脱氧核糖核酸（DNA）结合，迫使 DNA 构象改变，干扰 DNA 的复制，阻止癌细胞的再生，因而表现出抗癌作用，目前已用于临床；而反式$[Pt(NH_3)_2Cl_2]$无法形成 DNA 单链内的交联，不具抗癌作用。

知识拓展 9-1：顺铂——抗癌药里的青霉素

第二节　配位平衡

PPT　　**微课**

在一定温度下，对于配离子的水溶液，解离反应速率与配离子的生成速率相等时，配位反应中的各种物质的浓度不再变化，体系达到动态平衡，称为配位平衡。

一、配位平衡常数

向 $AgNO_3$ 溶液中加入过量氨水，会生成$[Ag(NH_3)_2]^+$，此反应称为配位反应。同时有极小部分的$[Ag(NH_3)_2]^+$发生解离生成 Ag^+ 和 NH_3，此反应称为解离反应。最终解离反应和配位反应达到如下配位平衡：

$$Ag^+ + 2NH_3 \rightleftharpoons [Ag(NH_3)_2]^+$$

对于此配位平衡，正向反应为配位反应，逆向反应为解离反应。配位反应与解离反应互为可逆反应。

若向$[Ag(NH_3)_2]^+$溶液中加入 KI 溶液，则有黄色的 AgI 沉淀析出。这是因为溶液中有少量 Ag^+ 存在，加入 KI 后，Ag^+ 和 I^- 结合生成更难溶的 AgI 沉淀，$[Ag(NH_3)_2]^+$会解离出更多的 Ag^+ 与 I^- 生成 AgI 沉淀。

根据化学平衡定律，配位平衡常数表达式如下：

$$K=\frac{[Ag(NH_3)_2^+]}{[Ag^+][NH_3]^2}$$

请注意配位平衡常数表达式中配离子电荷的表示法。

同理，任意一个配位反应在水溶液中都存在如下平衡：

$$M + xL \rightleftharpoons ML_x$$

配位平衡常数表达式为

$$K=\frac{[ML_x]}{[M][L]^x} \tag{9-1}$$

形成配离子反应的平衡常数称为配合物的稳定常数（stability constant），**用 K_s 表示**。公式中，$[ML_x]$、$[M]$、$[L]$分别表示配离子 ML_x、中心原子 M、配体 L 的相对平衡浓度（mol/L）。

K_s 的倒数称为不稳定常数，用 K_{is} 表示：

$$K_{is}=\frac{1}{K_s} \tag{9-2}$$

显然，K_{is}越大，表明配离子越容易解离，越不稳定。

事实上，配合物的生成都是逐级进行的。因此溶液中存在着一系列的配位平衡，每一步平衡都有一个逐级稳定常数。

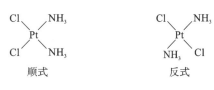

例如，$[Cu(NH_3)_4]^{2+}$的形成过程如下：

第一步：　$Cu^{2+}+NH_3 \rightleftharpoons [Cu(NH_3)]^{2+}$　$K_1=\dfrac{[Cu(NH_3)^{2+}]}{[Cu^{2+}][NH_3]}$

第二步：　$[Cu(NH_3)]^{2+}+NH_3 \rightleftharpoons [Cu(NH_3)_2]^{2+}$　$K_2=\dfrac{[Cu(NH_3)_2^{2+}]}{[Cu(NH_3)^{2+}][NH_3]}$

第三步：　$[Cu(NH_3)_2]^{2+}+NH_3 \rightleftharpoons [Cu(NH_3)_3]^{2+}$　$K_3=\dfrac{[Cu(NH_3)_3^{2+}]}{[Cu(NH_3)_2^{2+}][NH_3]}$

第四步：　$[Cu(NH_3)_3]^{2+}+NH_3 \rightleftharpoons [Cu(NH_3)_4]^{2+}$　$K_4=\dfrac{[Cu(NH_3)_4^{2+}]}{[Cu(NH_3)_3^{2+}][NH_3]}$

其中，K_1、K_2、K_3、…、K_n 称为逐级稳定常数(stepwise stability constant)。

将各分步反应相加就是总配位平衡反应：

$$Cu^{2+}+4NH_3 \rightleftharpoons [Cu(NH_3)_4]^{2+}$$

根据多重化学平衡规则，将配离子的逐级稳定常数依次相乘，便得到配离子的总稳定常数。总稳定常数等于各逐级稳定常数的乘积。

$$K_s=K_1\times K_2\times K_3\times K_4=\frac{[Cu(NH_3)_4^{2+}]}{[Cu^{2+}][NH_3]^4}$$

常用的平衡常数还有累积稳定常数(overall stability constant，β)，$\beta_i=K_1K_2K_3\cdots K_i(1\leqslant i\leqslant n)$。例如，对于$[Cu(NH_3)_4]^{2+}$：

$$Cu^{2+}+NH_3 \rightleftharpoons [Cu(NH_3)]^{2+}\quad \beta_1=K_1=\frac{[Cu(NH_3)^{2+}]}{[Cu^{2+}][NH_3]}$$

$$Cu^{2+}+2NH_3 \rightleftharpoons [Cu(NH_3)_2]^{2+}\quad \beta_2=K_1\times K_2=\frac{[Cu(NH_3)_2^{2+}]}{[Cu^{2+}][NH_3]^2}$$

$$Cu^{2+}+3NH_3 \rightleftharpoons [Cu(NH_3)_3]^{2+}\quad \beta_3=K_1\times K_2\times K_3=\frac{[Cu(NH_3)_3^{2+}]}{[Cu^{2+}][NH_3]^3}$$

$$Cu^{2+}+4NH_3 \rightleftharpoons [Cu(NH_3)_4]^{2+}\quad \beta_4=K_1\times K_2\times K_3\times K_4=\frac{[Cu(NH_3)_4^{2+}]}{[Cu^{2+}][NH_3]^4}$$

可见，最高级累积稳定常数 β_n 与总稳定常数 K_s 相等($\beta_n=K_s$)，所以最高级累积稳定常数也称为总稳定常数。

稳定常数 K_s、逐级稳定常数 K_i 及累积稳定常数 β_i 都是温度的函数，不随配离子中各物质的浓度改变而改变。在实际工作中，由于 K_s 数值往往较大，常用 $\lg K_s$ 表示。一些常见配离子的稳定常数见附录 F。

虽然在配离子的溶液中，各级离子均存在，但在实际工作中，通常加入过量的配位剂，使金属离子绝大部分处在最高配位数的状态，其他较低级的配离子可忽略不计。此时如果只求简单金属离子的浓度，只需按总反应的 K_s 进行计算，而不考虑逐级平衡，这样可使计算简化。

【例 9-3】　试计算 298.15 K 时，将 0.20 mol/L $CuSO_4$ 溶液与 0.80 mol/L 乙二胺(en)溶液等体积混合的水溶液中 Cu^{2+} 的平衡浓度。(已知 Cu^{2+} 和 en 可以生成$[Cu(en)_2]^{2+}$，$K_{s,[Cu(en)_2]^{2+}}=1.0\times 10^{20}$)

解：将 0.20 mol/L $CuSO_4$ 溶液与 0.80 mol/L 乙二胺(en)溶液等体积混合，混合后，$CuSO_4$ 浓度为0.10 mol/L，乙二胺(en)浓度为 0.40 mol/L。设水溶液中 Cu^{2+} 的平衡浓度为 x mol/L，配位平衡如下：

	Cu^{2+}	+	2en	$\rightleftharpoons$	$[Cu(en)_2]^{2+}$
初始态/(mol/L)	0.10		0.40		0
平衡态/(mol/L)	x		$0.40-2\times(0.10-x)\approx 0.20$		$0.10-x\approx 0.10$

$$K_s=\frac{[Cu(en)_2^{2+}]}{[Cu^{2+}][en]^2}=\frac{0.10}{x\times(0.20)^2}$$

$$x=\frac{0.10}{K_s\times(0.20)^2}=2.5\times10^{-20}$$

由此解得：Cu^{2+}的平衡浓度为2.5×10^{-20} mol/L，该结果表明，$x\ll0.10$，在计算过程中，将$0.10-x\approx0.10$所引起的误差非常小。

根据K_s可以直接比较相同类型配离子的稳定性。对于相同类型的配离子，K_s越大，配离子的解离倾向越小，即配离子越稳定；K_s越小，配离子的解离倾向越大，即配离子越不稳定。对于不同类型的配合物，必须通过计算才能判断配离子的稳定性。

【例 9-4】 已知$[Ag(CN)_2]^-$的$\lg K_s$为21.1，$[Ag(S_2O_3)_2]^{3-}$的$\lg K_s$为13.46，$[Ag(NH_3)_2]^+$的$\lg K_s$为7.05，当水溶液中三种配离子的浓度相同时，写出三种配离子的稳定性顺序。

解：因为三种配离子为相同类型，所以当三种配离子的浓度相同时，K_s大的配离子溶液中游离的Ag^+浓度小，所以稳定性顺序为$[Ag(CN)_2]^-$比$[Ag(S_2O_3)_2]^{3-}$稳定，$[Ag(S_2O_3)_2]^{3-}$比$[Ag(NH_3)_2]^+$稳定。

【例 9-5】 已知$[CuY]^{2-}$的K_s为5.0×10^{18}，$[Cu(en)_2]^{2+}$的K_s为1.0×10^{20}，当两种配离子浓度均为0.1 mol/L时，比较两种配离子的稳定性。（Y代表乙二胺四乙酸根）

解：配合物越稳定，解离出的离子越少。$[CuY]^{2-}$的配体数为1，配位数为6，$[Cu(en)_2]^{2+}$的配体数为2，配位数为4，两者不属于同种类型。两者的浓度均为0.1 mol/L，根据配位平衡可以计算出两种水溶液中Cu^{2+}的平衡浓度，游离的Cu^{2+}的浓度越小，说明配离子越稳定。

设水溶液中，$[CuY]^{2-}$和$[Cu(en)_2]^{2+}$解离出的Cu^{2+}的平衡浓度分别为x mol/L和y mol/L，

	Cu^{2+}	$+\ Y^{4-}$	$\rightleftharpoons [CuY]^{2-}$
初始态/(mol/L)	0	0	0.1
平衡态/(mol/L)	x	x	$0.1-x\approx0.1$

$$K_s=\frac{[CuY^{2-}]}{[Cu^{2+}][Y^{4-}]}=\frac{0.1}{x^2}=5.0\times10^{18}$$

$$x=1.41\times10^{-10}$$

	Cu^{2+}	$+\ 2en$	$\rightleftharpoons [Cu(en)_2]^{2+}$
初始态/(mol/L)	0	0	0.1
平衡态/(mol/L)	y	$2y$	$0.1-y\approx0.1$

$$K_s=\frac{[Cu(en)_2^{2+}]}{[Cu^{2+}][en]^2}=\frac{0.1}{y(2y)^2}=\frac{0.1}{4y^3}=1.0\times10^{20}$$

$$y=6.30\times10^{-8}$$

$x<y$，所以$[CuY]^{2-}$解离出的$[Cu^{2+}]$较小，$[CuY]^{2-}$比$[Cu(en)_2]^{2+}$稳定。

由例9-5可知，虽然$[CuY]^{2-}$的K_s比$[Cu(en)_2]^{2+}$的K_s小，但$[CuY]^{2-}$的稳定性较大。

讨论 9-3：在$[Co(NH_3)_5Cl]SO_4$水溶液中可能存在哪些离子或分子？其中最多的是哪一种（H_2O除外）？

讨论 9-4：比较$[Fe(CN)_6]^{4-}$（$K_s=1.0\times10^{35}$）与$[Fe(CN)_6]^{3-}$（$K_s=1.0\times10^{42}$）两种配离子的稳定性。

二、配位平衡的移动

对于任意配离子，在水溶液中，中心原子M和配体L及生成的配离子ML_x之间存在如下配位平衡：

$$M+xL\rightleftharpoons ML_x\text{（略去电荷）}$$

配位平衡是一种动态平衡。如果向溶液中加入酸、碱、沉淀剂、氧化剂、还原剂或其他配位剂等，由于这些试剂与M或L可能发生各种化学反应，导致各离子浓度发生改变，可使配位平衡发生移动。这个过程就是配位平衡与其他化学平衡之间相互影响，最后达到多重平衡。

（一）配位平衡与酸碱平衡

1. 酸效应(acid effect)

由于配体都属于路易斯碱，特点是具有孤对电子，如 NH_3、F^- 等，它们能结合溶液中的质子，生成难解离的弱酸，导致配位平衡向解离的方向移动，这种现象称为酸效应。例如，向 $[Cu(NH_3)_4]^{2+}$ 溶液中加入适当的酸，由于 NH_3 可与 H^+ 生成 NH_4^+，使配位平衡发生移动，$[Cu(NH_3)_4]^{2+}$ 向解离方向移动：

$$\begin{array}{l} Cu^{2+} + 4NH_3 \rightleftharpoons [Cu(NH_3)_4]^{2+} \\ \qquad\quad + \\ \qquad\quad 4H^+ \\ \qquad\quad \Updownarrow \\ \qquad\quad 4NH_4^+ \end{array}$$

总反应式：$$[Cu(NH_3)_4]^{2+} + 4H^+ \rightleftharpoons Cu^{2+} + 4NH_4^+$$

2. 水解效应(hydrolysis effect)

当溶液 pH 变化时，还需考虑 OH^- 对配位平衡的影响。中心原子 M 将与水进行质子交换，发生水解生成难溶解的 $M(OH)_m$ 型沉淀。中心原子 M 浓度减小，配位平衡向解离的方向移动，配离子的稳定性降低，这种现象称为水解效应。例如，溶液 pH 升高时，$[Cu(NH_3)_4]^{2+}$ 的中心原子 Cu^{2+} 发生水解：

$$\begin{array}{l} Cu^{2+} \ + \ 4NH_3 \rightleftharpoons [Cu(NH_3)_4]^{2+} \\ \ \ + \\ 2OH^- \\ \ \ \Updownarrow \\ Cu(OH)_2\downarrow \end{array}$$

总反应式：$$[Cu(NH_3)_4]^{2+} + 2OH^- \rightleftharpoons Cu(OH)_2\downarrow + 4NH_3$$

在水溶液中，酸效应和水解效应同时存在，配离子的稳定常数、配体的碱性以及金属氢氧化物的溶解性决定中心原子以哪种形式为主。无论是酸效应还是水解效应，均不利于配离子的稳定。若使配离子浓度具有最大值，应存在一个确定的 pH。一般在不发生水解效应的前提下，提高溶液的 pH 有利于配合物的生成。在生物体内，酸度影响配合物稳定性。例如，胃液中 pH≈2，许多金属离子无法在胃液中与配体结合生成配合物，但当金属离子随消化液进入肠道时，pH 上升到 7 或更大一些，在此条件下就易形成配合物。

【例 9-6】 当溶液 pH 升高时，判断 $[FeF_6]^{3-}$ 配位平衡移动的方向。

解：写出 $[FeF_6]^{3-}$ 配位平衡表达式：

$$Fe^{3+} + 6F^- \rightleftharpoons [FeF_6]^{3-}$$

当 pH 升高时，OH^- 与 Fe^{3+} 结合生成 $Fe(OH)_3$，Fe^{3+} 浓度减小，平衡向解离方向移动。总反应式为 $[FeF_6]^{3-} + 3OH^- \rightleftharpoons Fe(OH)_3 + 6F^-$。

（二）配位平衡与沉淀-溶解平衡

若溶液中存在中心原子的沉淀剂，而配体不受该沉淀剂的影响，则中心原子会同时参与沉淀-溶解平衡和配位平衡。中心原子可与多种沉淀剂形成沉淀，在沉淀中加入相应的配体，也可使沉淀溶解，配位平衡和沉淀-溶解平衡可相互共存并互相影响。

在配离子溶液中加入沉淀剂，若金属离子和沉淀剂生成沉淀，会使配位平衡向解离方向移动。反之，若向已产生沉淀的溶液中加入能与金属离子形成配合物的配位剂，则沉淀-溶解平衡会向溶解方向进行，会有更多的配离子生成。反应朝哪个方向移动，取决于沉淀剂与配位剂争夺金属离子的能力。例如，在含有 AgCl 沉淀的溶液中加入过量氨水，AgCl 沉淀溶解；再向此溶液中加入适量 KBr 溶液，则生成淡黄色的沉淀，$[Ag(NH_3)_2]^+$ 解离；然后加入 $Na_2S_2O_3$ 溶液，AgBr 沉淀溶解；接着加入 KI 溶液，$[Ag(S_2O_3)_2]^{3-}$ 解离，又生成黄色的沉淀；再加入 KCN 溶液，黄色的 AgI 沉淀溶解。这一系列转化过程可表示如下：

$$AgCl + 2NH_3 \rightleftharpoons [Ag(NH_3)_2]^+ + Cl^-$$
$$[Ag(NH_3)_2]^+ + Br^- \rightleftharpoons AgBr\downarrow + 2NH_3$$
$$AgBr + 2S_2O_3^{2-} \rightleftharpoons [Ag(S_2O_3)_2]^{3-} + Br^-$$
$$[Ag(S_2O_3)_2]^{3-} + I^- \rightleftharpoons AgI\downarrow + 2S_2O_3^{2-}$$
$$AgI + 2CN^- \rightleftharpoons [Ag(CN)_2]^- + I^-$$

分析上述反应可知，每一个反应都包括配位平衡和沉淀-溶解平衡两个平衡。例如 AgCl 沉淀溶解转化成 $[Ag(NH_3)_2]^+$ 的过程，分步反应如下：

第一步：　$AgCl \rightleftharpoons Ag^+ + Cl^-$　　$K_1 = K_{sp,AgCl}$

第二步：　$Ag^+ + 2NH_3 \rightleftharpoons [Ag(NH_3)_2]^+$　　$K_2 = K_{s,[Ag(NH_3)_2]^+}$

总反应：$AgCl + 2NH_3 \rightleftharpoons [Ag(NH_3)_2]^+ + Cl^-$　　$K = K_1 \cdot K_2 = K_{sp,AgCl} \cdot K_{s,[Ag(NH_3)_2]^+}$

从沉淀溶解生成配离子的平衡常数可知，配离子的 K_s 和沉淀的 K_{sp} 越大，沉淀越容易转化为配离子；配离子的 K_s 和沉淀的 K_{sp} 越小，越容易使配离子转化为沉淀。

【例 9-7】 将 0.20 mol/L 的 $AgNO_3$ 溶液与 0.60 mol/L 的 KCN 溶液等体积混合后，再加入固体 KI，使 I^- 的浓度为 0.085 mol/L，判断能否产生 AgI 沉淀。忽略体积变化，已知 $K_{s,[Ag(CN)_2]^-} = 1.26 \times 10^{21}$，$K_{sp,AgI} = 8.52 \times 10^{-17}$。

解：0.20 mol/L 的 $AgNO_3$ 溶液与 0.60 mol/L 的 KCN 溶液等体积混合后，$AgNO_3$ 溶液的浓度为 0.10 mol/L，KCN 溶液的浓度为 0.30 mol/L，Ag^+ 与 CN^- 在溶液中发生配位反应。Ag^+ 与 CN^- 在溶液中的配位平衡关系式如下：

	Ag^+	+	$2CN^-$	$\rightleftharpoons$	$[Ag(CN)_2]^-$
反应前浓度/(mol/L)	0.10		0.30		0
平衡时浓度/(mol/L)	$[Ag^+]$		$0.30 - 2\times(0.10 - [Ag^+]) \approx 0.10$		$0.10 - [Ag^+] \approx 0.10$

由
$$K_{s,[Ag(CN)_2]^-} = \frac{[Ag(CN)_2^-]}{[Ag^+][CN^-]^2}$$

得
$$[Ag^+] = \frac{[Ag(CN)_2^-]}{K_{s,[Ag(CN)_2]^-}[CN^-]^2}$$
$$= \frac{0.10}{1.26 \times 10^{21} \times (0.10)^2} = 7.94 \times 10^{-21}\ mol/L$$

根据溶度积规则，因为 $Q_{AgI} = c_{Ag^+} c_{I^-} = 7.94 \times 10^{-21}\ mol/L \times 0.085\ mol/L = 6.75 \times 10^{-22}$，$K_{sp,AgI} = 8.52 \times 10^{-17}$，$Q_{AgI} < K_{sp,AgI}$，所以，不能产生 AgI 沉淀。

对于例 9-7 此类的情况，首先分析溶液中存在哪些平衡，然后根据相关平衡与离子浓度的关系得到相关离子浓度，最后根据溶度积规则，判断是否有沉淀生成。

（三）配位平衡与氧化还原平衡

在配位平衡状态下，向配离子溶液中加入能与中心原子或配体发生氧化还原反应的物质时，将导致中心原子或配体的浓度降低，配位平衡向解离方向移动。例如，向 $[FeCl_2(H_2O)_4]^+$ 溶液中依次加入 CCl_4 溶液、KI 溶液，观察 CCl_4 层颜色，发现 CCl_4 层由无色变为紫红色，说明有 I_2 生成。这是由于 I^- 与 Fe^{3+} 发生氧化还原反应，导致配位平衡向解离方向移动。反应式如下：

$$Fe^{3+} + 2Cl^- + 4H_2O \rightleftharpoons [FeCl_2(H_2O)_4]^+$$
$$\Downarrow +I^-$$
$$Fe^{2+} + \frac{1}{2}I_2$$

氧化还原平衡对配位平衡有影响，反过来，配位平衡对氧化还原平衡也有影响。前面已经学习了能斯特方程，可以计算任意浓度下的电极电势，氧化还原电对的电极电势反映出电对氧化型的氧化能力和还原型的还原能力。例如：向含有 Fe^{3+} 与 I^- 的溶液中依次加入 CCl_4 溶液、NaF 溶液，观察 CCl_4 层颜色，发现 CCl_4 层的紫红色变浅甚至变为无色，说明 I_2 减少。这是由于加入 NaF 溶液后，Fe^{3+} 优先与 F^- 发生配位反应，导致氧化还原平衡向左移动，I_2 减少。这是配位平衡对氧化还原平衡产生影响的实例。反应式如下：

$$Fe^{3+} + I^- \rightleftharpoons Fe^{2+} + \frac{1}{2}I_2$$
$$\Big\Updownarrow +6F^-$$
$$[FeF_6]^{3-}$$

金属离子形成的配离子越稳定，溶液中金属离子的浓度就会越低，根据能斯特方程，相应的电极电势也越低，例如，$[Ag(NH_3)_2]^+$ 稳定性小于 $[Ag(S_2O_3)_2]^{3-}$，则有下列标准电极电势的关系：

$$Ag^+ + e \rightleftharpoons Ag \quad \varphi^{\ominus}_{Ag^+/Ag} = 0.7996\ V$$
$$[Ag(NH_3)_2]^+ + e \rightleftharpoons Ag + 2NH_3 \quad \varphi^{\ominus}_{[Ag(NH_3)_2]^+/Ag} = 0.3718\ V$$
$$[Ag(S_2O_3)_2]^{3-} + e \rightleftharpoons Ag + 2S_2O_3^{2-} \quad \varphi^{\ominus}_{[Ag(S_2O_3)_2]^{3-}/Ag} = 0.0027\ V$$

配位反应可以改变氧化还原电对的电极电势，从而改变氧化还原平衡的移动方向。例如，金属 Cu 不能置换酸或水中的氢，但是当向溶液中加入足量 KCN 时，就可以置换出氢。王水可以与金属铂反应，但是浓硝酸却不可以。

讨论 9-5：解释金属 Cu 不能置换酸或水中的氢，但是当向溶液中加入足量 KCN 时，就可以置换出氢。（已知 $\varphi^{\ominus}_{Cu^{2+}/Cu} = 0.3419\ V$，$\varphi^{\ominus}_{Cu^+/Cu} = 0.521\ V$，$\varphi^{\ominus}_{H^+/H_2} = 0.0000\ V$，$\varphi^{\ominus}_{[Cu(CN)_2]^-/Cu} = -0.90\ V$）

（四）配位平衡之间的相互关系

向一种配离子溶液中，加入另一种能与该配离子的中心原子形成配离子的配位剂时，原来的配位平衡将发生移动。例如，向 $[Ag(NH_3)_2]^+$ 溶液中加入足量的 CN^- 后，将发生如下反应：

$$[Ag(NH_3)_2]^+ + 2CN^- \rightleftharpoons [Ag(CN)_2]^- + 2NH_3$$

其反应方向可根据平衡常数的大小来判断。上述反应的平衡常数可表示如下：

$$K = \frac{[Ag(CN)_2^-][NH_3]^2}{[Ag(NH_3)_2^+][CN^-]^2} = \frac{[Ag(CN)_2^-][Ag^+][NH_3]^2}{[Ag^+][CN^-]^2[Ag(NH_3)_2^+]}$$
$$= \frac{K_{s,[Ag(CN)_2]^-}}{K_{s,[Ag(NH_3)_2]^+}}$$
$$= \frac{1.26 \times 10^{21}}{1.12 \times 10^7} = 1.125 \times 10^{14}$$

由此可以看出，上述反应向右进行的趋势很大。一般说来，配合物相互转化的趋势取决于其稳定常数的大小，即反应方向是由较不稳定的配离子转化成较稳定的配离子。两个配合物的稳定性相差越大，由较不稳定的配合物转化为较稳定的配合物的趋势就越大。

讨论 9-6：向 $[Cu(NH_3)_4]SO_4$ 溶液中分别加入盐酸、氨水、Na_2S 溶液，会对下列平衡有何影响？

$$[Cu(NH_3)_4]SO_4 \rightleftharpoons Cu^{2+} + 4NH_3 + SO_4^{2-}$$

第三节　配合物的类型

PPT　微课

根据中心原子的个数、配体的种类、配体在中心原子周围排列的方式，配合物可分为简单配合物、多核配合物、原子簇状配合物、螯合物等。本节主要讲述简单配合物和螯合物。

一、简单配合物

简单配合物是一类由单齿配体，如 NH_3、H_2O、Cl^- 等，有规律地排列在中心原子周围，与其直接配位形成的配合物。这类配合物分子或离子只有一个中心原子，每个配体只有一个配位原子与中心原子成键。如：$[Ag(NH_3)_2]Cl$，$[Cu(NH_3)_4]SO_4$，$H_4[Fe(CN)_6]$，$[CoCl_3(NH_3)_3]$。这类配合物通常配体较多，在溶液中逐级解离成一系列配位数不同的配离子。

二、螯合物

螯合物(chelate)定义为中心原子与多齿配体形成的具有环状结构的一类配合物，又称内配合物。例如，中心原子 Cu^{2+} 与多齿配体乙二胺(en)形成的配合物，乙二胺为二齿配体，有两个 N 原子可以作为配位原子，与 Cu^{2+} 形成配位数为 4 的具有环状结构的螯合物 $[Cu(en)_2]^{2+}$。其结构式见图 9-3。

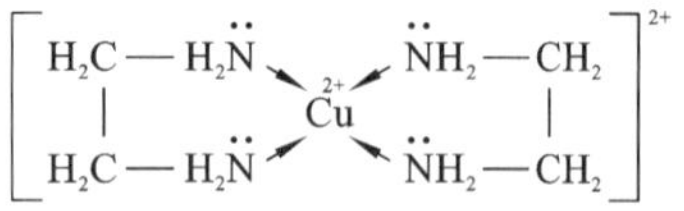

图 9-3　二(乙二胺)合铜(Ⅱ)配离子

能与中心原子形成螯合物的多齿配体称为螯合剂(chelating agent)。螯合剂的特点：必须含有两个或两个以上能给出孤对电子的配位原子，这些配位原子的位置必须适当，相互之间一般间隔两个或三个其他原子，以形成稳定的五元环或六元环。如图 9-3 中的乙二胺，两个配位原子 N 之间间隔两个 C 原子，可以和金属离子结合形成稳定的五元环结构。当同一配体中含有多个配位原子时，可同时形成多个螯合环。

(一) 螯合物的稳定性

螯合物比具有相同配位原子的简单配合物要稳定。因为要使螯合物完全解离成金属离子和配体，对于二齿配体所形成的螯合物，需要同时破坏两个键；对于六齿配体所形成的螯合物，则需要同时破坏六个键，故**螯合物的稳定性随螯合物中环数的增多而显著增强，这一特点称为螯合效应(chelate effect)。**例如：$[Cd(en)_2]^{2+}$ 和 $[Cd(CH_3NH_2)_4]^{2+}$ 的配位原子数均为 4，中心原子和配位原子也相同，但螯合物 $[Cd(en)_2]^{2+}$ 的稳定常数比相应的简单配合物 $[Cd(CH_3NH_2)_4]^{2+}$ 的稳定常数大 10000 倍。

$$[Cd(en)_2]^{2+} \quad K_s = 1.66\times10^{10}$$

$$[Cd(CH_3NH_2)_4]^{2+} \quad K_s = 3.55\times10^{6}$$

螯合环的大小和数量都会影响螯合物的稳定性。五元环、六元环比较稳定。相同条件下，五元环的稳定性大于六元环，例如：乙二胺($NH_2CH_2CH_2NH_2$)的两个配位原子之间间隔两个 C 原子，与中心原子形成的五元环螯合物稳定性大于 $NH_2CH_2CH_2CH_2NH_2$ 与中心原子形成的六元环螯合物。螯合物形成的环越多，中心原子越不容易脱离，螯合物越稳定。如乙二胺四乙酸(简称 EDTA，书写反应式时用 H_4Y 表示)有 6 个配位原子，螯合能力强，可以与多种金属离子形成稳定螯合物，螯合物中含有 5 个五元环，如图 9-4 所示。

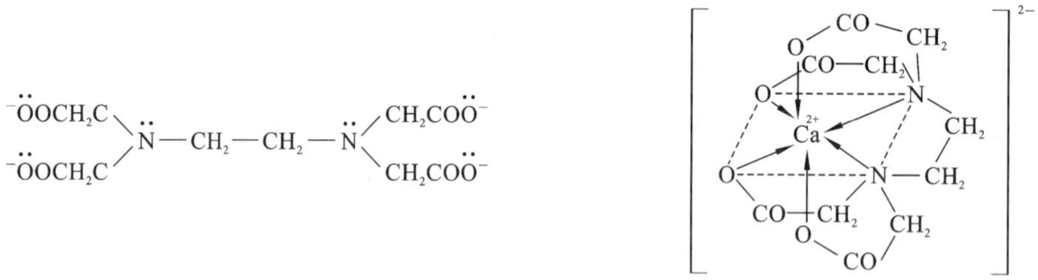

图 9-4　Y^{4-} 及其与 Ca^{2+} 的螯合物

乙二胺四乙酸(H_4Y)是一种应用广泛的螯合剂，是一类既有氨基又有羧基的有机配位剂，即氨羧配位剂，H_4Y 难溶于水，因此，常用其二钠盐(Na_2H_2Y)作螯合剂，H_4Y 或 Na_2H_2Y 统称 EDTA。EDTA 的配位能力很强，它能通过 2 个 N 原子、4 个 O 原子总共 6 个配位原子与金属离子结合，形成很稳定的具有 5 个五元环的螯合物。EDTA 能与除碱金属外的绝大多数金属离子形成稳定的螯合物，一般情况下，EDTA 与一至四价金属离子都能形成配位比为 1∶1 的易溶于水的螯合物。Ca^{2+}、Fe^{3+} 与 EDTA 的螯合物的结构如图 9-5 所示。

EDTA 与金属离子形成螯合物时，不存在分步配位现象，配位反应比较完全，生成的螯合物可溶于水，并且比较稳定，溶液无色。这些特点都符合滴定分析的要求，故 EDTA 常用作配位滴定剂，其配位比为 1∶1，这对分析结果的计算也十分方便。

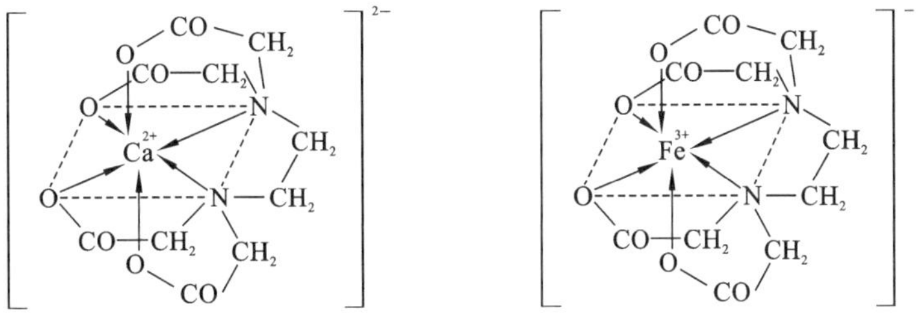

图 9-5 $[CaY]^{2-}$、$[FeY]^{-}$ 的环状结构

（二）螯合物的特殊颜色

许多螯合物具有颜色，可作为检验这些离子的特征反应。例如：在弱碱性条件下，向丁二酮肟溶液中滴加 Ni^{2+} 形成鲜红色的二（丁二酮肟）合镍（Ⅱ）螯合物沉淀，该反应可用于定性检验 Ni^{2+} 的存在，并可用比色法测定 Ni^{2+} 的含量；血清中铜含量的测定，可以先用三氯乙酸处理除去蛋白质，然后加入铜试剂，即二乙胺基二硫代甲酸钠，生成黄色螯合物，再用比色法测定铜的含量；检验体内是否含有有机汞农药，可将试样酸化后，加入二苯胺脲醇溶液，若出现紫色或蓝紫色，则证明有汞存在；尿中铅含量的测定，常用双硫腙与 Pb^{2+} 生成红色螯合物，然后进行比色分析；血清中铁含量的测定，用 $Na_2S_2O_3$ 将 Fe^{3+} 还原为 Fe^{2+}，然后与 α,α'-双吡啶生成红色螯合物，再进行比色分析。

讨论 9-7：体液中各种元素的含量测定还有哪些方法？

第四节 配合物在生命及医药中的作用

PPT 微课

人体内的金属元素依其含量被分为常量金属元素和微量金属元素，是生物体内不可缺少的组成部分，大多以金属配合物形式存在。配合物在环境监测、生命科学、制药和食品等领域，引起越来越多的关注。

一、配合物药物

配合物药物也常被称为金属基药物，分铂基药物和其他金属基药物，顺铂、卡铂、异丙铂、草酸铂、奥沙利铂都为铂基药物，具有共同的特征，具有抗癌活性。化合物二氯二氨合铂（Ⅱ）（$[PtCl_2(NH_3)_2]$）有两个几何异构体，即顺-二氯二氨合铂（Ⅱ）和反-二氯二氨合铂（Ⅱ）。顺-二氯二氨合铂（Ⅱ），别名顺铂，为黄色结晶性粉末，极性分子，溶解度为每 100 mL 水中溶解 0.2577 g，有抗癌活性。反-二氯二氨合铂（Ⅱ），为淡黄色结晶性粉末，非极性分子，溶解度为每 100 mL 水中溶解 0.0366 g，无抗癌活性。顺铂开拓了金属配合物抗癌作用研究的新领域。顺铂抗癌作用机制：顺铂能与 DNA 结合，引起交叉联结，影响 DNA 的合成，阻碍 DNA 的复制，从而破坏 DNA 的功能，并抑制细胞的有丝分裂，为一种细胞非特异性药物。该品抗肿瘤谱较广，临床上对卵巢癌、前列腺癌、睾丸癌、肺癌、鼻咽癌、食管癌等多种实体肿瘤均能显示疗效。除铂化合物外，在研的还有其他非铂抗癌金属配合物，如金属茂类配合物。二氯二茂钛（TDC）抗癌作用机制是与癌细胞 DNA 磷酸基团结合致使 DNA 收缩，与 DNA 碱基结合，导致 DNA 二级结构改变，双螺旋解开而变性。

其他金属基药物，如枸橼酸铁铵给患者补铁质，酒石酸锑钾用于治疗血吸虫病，维生素 B_{12} 是钴的螯合物，用于治疗恶性贫血，胰岛素是锌的配合物，用于治疗糖尿病，8-羟基喹啉的铜、铁配合物有明显的抗菌作用。

二、金属促排剂

环境污染、过量服用金属元素药物、职业中毒以及金属代谢障碍均能引起体内 Pb、As 等污染元素的累积和 Ca、Cu 等微量元素的过量，造成金属中毒。对于体内的有毒或过量的金属离子，可选择合适的配体与其结合而排出体外，称为螯合疗法，所用的螯合剂称为促排剂（或解毒剂）（表 9-2）。解除金属中毒的螯合剂药物应具备以下条件：①具有水溶性，在生理 pH 条件下具有足够的螯合能力，能穿过细胞膜到达金属离子的配位部分；②螯合剂药物分子应对待排出的金属离子选择性高、配位能力强、反应速率快；③药物及药物与待排出的金属离子形成的螯合物必须很容易从肾脏排泄，在治疗浓度下不应产生毒性、副作用等。例如：EDTA（乙二胺四乙酸或其钠盐）能与 Pb^{2+}、Hg^{2+} 形成稳定的可溶于水且不被人体吸收的螯合物而随新陈代谢排出体外，达到缓解 Hg^{2+}、Pb^{2+} 中毒症状的目的。

表 9-2　一些常用的金属促排剂

促排剂	促排金属	促排剂	促排金属
2,3-二巯基丙醇(BAL)	Sb、Te、As 等	D-青霉胺	Cu
2,3-二巯基丙磺酸钠(DMPS)	Sb、Te、As 等	脱铁肟胺 B	Fe
$Na_2[Ca(EDTA)]$	Pb、Co 等	二苯硫腙	Tl

三、生物配体

生命科学是一门新兴的由多学科相互渗透的边缘学科。它与化学、生物学、医药学、环境科学、食品学、营养学等有着密切关系。目前研究表明，化学元素特别是微量元素，在与人体生物分子的有机联系中，起着关键的调控作用。人体必需的微量元素，在体内不以自由离子形式存在，而以配合物的形式存在。这些**在生物体内与金属元素配位并具有生物功能的配体称为生物配体**。在体内，蛋白质、多糖、核酸、磷脂及其各级降解产物都可以作为微量元素的配体。

生物配体按照相对分子质量大小，大致可分为两大类。大分子配体：相对分子质量从几千到数百万，为蛋白质、多糖、核酸、糖蛋白、脂蛋白等。小分子配体：如氨基酸、羧酸、卟啉、核苷酸、咕啉等，以及一些简单的酸根，如氯离子、硫酸根、碳酸氢根、磷酸根等，另外还有一些简单分子配体，如 O_2、H_2O、CO、NO、羧酸和胺类等。生物配体与金属元素的结合一般遵循软硬酸碱规则。

人体必需的微量元素只有与生物配体结合成配合物，才能维持人体正常生理功能。例如，生物体内与呼吸作用密切相关的血红素，为 O_2 的携带者，是 Fe^{2+} 的卟啉类螯合物[图 9-6(a)]。在一些低级动物（如蜗牛）的血液中，执行输氧功能的是含铜的蛋白质螯合物，称为血蓝蛋白。在海胆一类动物中，执行输氧功能的是钒的螯合物。植物的叶绿素是镁的配合物[图 9-6(b)]；生物体中起特殊催化作用的酶，几乎都是金属元素的配合物，如铁酶、铜酶等。

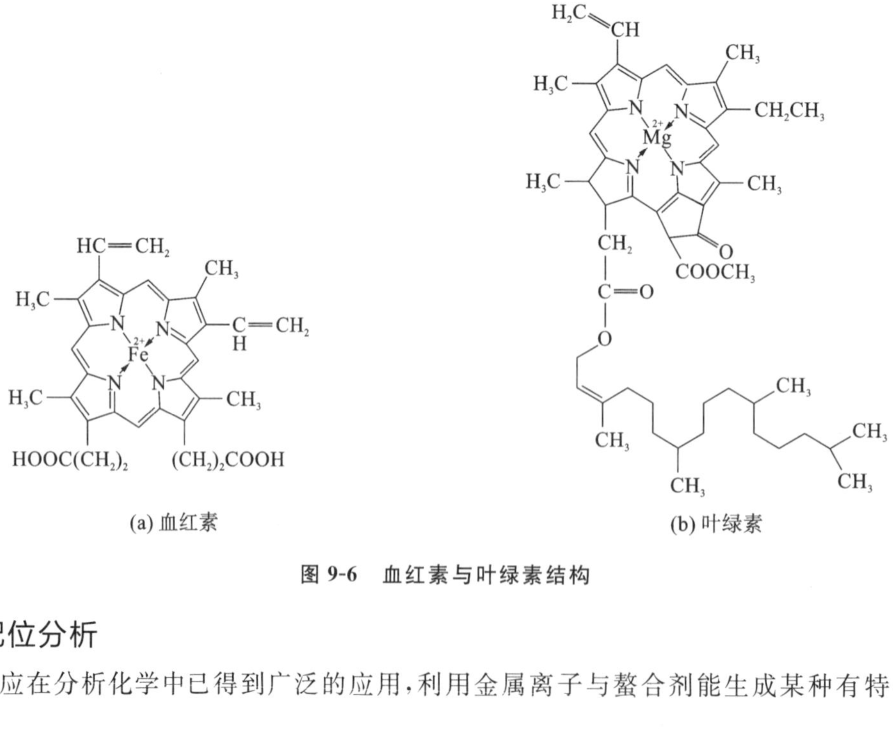

(a) 血红素　　(b) 叶绿素

图 9-6　血红素与叶绿素结构

四、配位分析

配位反应在分析化学中已得到广泛的应用，利用金属离子与螯合剂能生成某种有特征颜色的螯合物，可检验这些离子的特征反应，并根据显色的深浅进行定量分析。

（一）配位滴定法

配位滴定法是以配位反应为基础的滴定分析法，主要用于金属离子的测定，使用金属指示剂。例如，采用 EDTA 滴定，铬黑 T(EBT)为指示剂测定葡萄糖酸钙的含量。

（二）吸光光度法

利用各种配合物特别是螯合物特殊的颜色进行仪器分析测定。例如，血清中 Fe^{3+} 含量的测定，用 $Na_2S_2O_3$ 将 Fe^{3+} 还原为 Fe^{2+}，再与 α,α'-双吡啶生成红色螯合物，进行比色分析测定其含量。

（三）其他各种化学分析

使用萃取掩蔽剂、配位掩蔽剂、溶解-沉淀的试剂等涉及配位反应。如配位掩蔽剂，加入掩蔽剂使之与干扰离子形成更稳定的配合物，如待测溶液中含有 0.02 mol/L 的 Al^{3+} 和 Zn^{2+}，用 EDTA 滴定 Zn^{2+}，可先加入 NH_4F 以掩蔽 Al^{3+}。

讨论 9-8：调查治疗缺铁性贫血的药物有哪些，阅读说明书，了解它的主要成分是什么物质，其中铁以什么状态、什么形式存在？

能力检测

能力检测答案

知识拓展：血红蛋白输送氧气的功能

一、单项选择题（15×2＝30 分）

1. 下列配体中属于多齿配体的是(　　)。

A. SCN^-　　B. CH_3NH_2　　C. H_2O　　D. en(乙二胺)

2. 配合物中，中心原子的配位数等于(　　)。

A. 配离子的电荷数　　B. 配体的数目

C. 配原子的数目　　D. 外界离子的电荷数

3. 在$[Cu(NH_3)_4]SO_4$ 溶液中，存在如下平衡：$[Cu(NH_3)_4]^{2+} \rightleftharpoons Cu^{2+} + 4NH_3$。向该溶液中分别加入以下试剂，能使平衡向左移动的是(　　)。

A. HCl　　B. NH_3　　C. NaCl　　D. Na_2S

4. 已知巯基(—SH)与某些重金属离子能形成较强的配位键，预计下列配体中，哪一个是重金属离子的最好的螯合剂？(　　)

A. CH_3—SH　　B. $CH_3CH_2CH_2$—SH

C. CH_3—S—S—CH_3　　D. HS—CH_2CH(SH)CH_2—OH

5. 要使 AgCl 大量溶解，可向溶液中加入(　　)。

A. H_2O　　B. KCl　　C. $AgNO_3$　　D. KCN

6. 配合物$[Pt(NH_3)_2Cl_4]$和 $H[Cu(CN)_2]$中，中心原子的氧化数分别为(　　)。

A. ＋2，＋2　　B. ＋2，＋1　　C. ＋4，＋2　　D. ＋4，＋1

7. 在配离子$[Co(en)_2(NH_3)_2]^{3+}$和$[Fe(C_2O_4)_3]^{3-}$中，中心原子的配位数分别为(　　)。

A. 2，3　　B. 4，3　　C. 6，3　　D. 6，6

8. 下列化合物中，能与中心原子形成五元环螯合物的是(　　)。

A. CH_3NH_2　　B. $CH_3CH_2NH_2$

C. $NH_2CH_2CH_2NH_2$　　D. $NH_2CH_2CH_2CH_2NH_2$

9. 下列物质中能作配体的是(　　)。

A. NH_4^+　　B. NH_3　　C. CH_4　　D. BH_3

10. 下列离子不能作配体的是(　　)。

A. H^+　　B. F^-　　C. $S_2O_3^{2-}$　　D. $C_2O_4^{2-}$

11. 下列原子或离子不能作中心原子的是(　　)。

A. F^-　　B. Fe　　C. Fe^{2+}　　D. Fe^{3+}

12. 对于配合物$[CoCl(NH_3)_5]SO_4$,下列表述错误的是(　　)。

A. 配体是 Cl^- 和 NH_3　　B. 配原子是 Cl 和 N

C. 中心原子的电荷是+3　　D. 中心原子的配位数是 5

13. 下列配离子中,稳定性最大的是(　　)。

A. $[Co(NH_3)_6]^{2+}$　$K_s=1.3\times10^5$　　B. $[Co(NH_3)_6]^{3+}$　$K_s=1.3\times10^{35}$

C. $[Fe(CN)_6]^{4-}$　$K_s=1.0\times10^{35}$　　D. $[Fe(CN)_6]^{3-}$　$K_s=1.0\times10^{42}$

14. $[Co(NH_3)_5(H_2O)]Cl_3$ 的正确命名是(　　)。

A. 三氯化一水·五氨合钴(Ⅲ)　　B. 三氯化水·五氨合钴

C. 三氯化五氨·水合钴(Ⅲ)　　D. 三氯化五氨·水合钴

15. $K[Au(CN)_2]$的正确命名是(　　)。

A. 二氰合金(Ⅰ)化钾　　B. 二氰合金(Ⅳ)酸钾

C. 二氰合金(Ⅳ)化钾　　D. 二氰合金(Ⅰ)酸钾

二、多项选择题(5×4=20 分)

1. 对于配合物$[CoCl(NH_3)_5]SO_4$,下列表述正确的是(　　)。

A. 配体是 Cl^- 和 NH_3　　B. 配位原子是 Cl 和 N

C. 中心原子的电荷是+3　　D. 中心原子的配位数是 5

E. 配离子的电荷是+3

2. 影响配位平衡的因素有(　　)。

A. 酸效应　　B. 水解效应　　C. 沉淀-溶解平衡

D. 稀释定律　　E. 氧化还原平衡

3. 关于螯合物,下列表述正确的是(　　)。

A. 配体是多齿配体　　B. 稳定性大

C. 稳定性不一定大　　D. 配体与中心原子形成环状结构

E. 常含有五元环或六元环

4. 下列配合物的化学式中,正确的是(　　)。

A. $K_4[PtCl_6]$　　B. $[Co(NO_2)_3(NH_3)_3]$　　C. $K_2[PtCl_6]$

D. $K[PtCl(NH_3)_5]$　　E. $[Ni(CO)_4]$

5. 利用生成配合物使难溶电解质溶解时,下列哪些情况有利于沉淀的溶解?(　　)

A. K_{sp}越大　　B. K_s 越大　　C. K_s 越小　　D. K_{sp}越小

三、配伍题(10×2=20 分)

【1～5 题】 选出与物质相匹配的类型。

A. 复盐　　B. 简单配合物　　C. 螯合物　　D. 多核配合物

1. $[Cu(NH_3)_4]SO_4$ (　　)　　2. $KAl(SO_4)_2$ (　　)

3. $[Cd(en)_2]SO_4$ (　　)　　4. $[CaY]Cl_2$ (　　)

5. $[Ag(S_2O_3)_2](NO_3)_3$ (　　)

【6-10 题】 在$[Cu(NH_3)_4]SO_4$ 溶液中,存在下列平衡:

$$[Cu(NH_3)_4]^{2+} \rightleftharpoons Cu^{2+} + 4NH_3$$

分别向溶液中加入少量下列物质,选出与改变外界条件相匹配的平衡移动的方向。

A. 左移　　B. 右移　　C. 不移动

6. 稀硫酸(　　)　　7. NH_3 溶液(　　)

8. NaCl 粉末(　　)　　9. Na_2S 溶液(　　)

10. $CuSO_4$ 溶液(　　)

四、简答题（4×5＝20 分）

写出下列化学式的名称或配合物的化学式，并指出配合物的中心原子、配体、配位原子、配位数。

1. $[Co(NH_3)_6]Cl_3$
2. $H[PtCl_6]$
3. 硫酸四氨合铜（Ⅱ）
4. 硝酸氯·硝基·二（乙二胺）合铂（Ⅳ）

五、计算题（1×10＝10 分）

在含有 Zn^{2+} 的溶液中加入氨水，至 NH_3 的平衡浓度为 5.0×10^{-3} mol/L，此时溶液中的 Zn^{2+} 有一半与 NH_3 形成了 $[Zn(NH_3)_4]^{2+}$，求 $[Zn(NH_3)_4]^{2+}$ 的 K_s。

参考文献

[1] 张天蓝，姜凤超. 无机化学[M]. 7 版. 北京：人民卫生出版社，2016.

[2] 柴逸峰，邸欣. 分析化学[M]. 8 版. 北京：人民卫生出版社，2016.

[3] 胡琴. 基础化学[M]. 4 版. 北京：高等教育出版社，2020.

（李海霞）

第十章

s区主要元素及其重要化合物

PPT

学习目标

知识目标

1. 掌握重要的碱金属及碱土金属化合物的性质。
2. 熟悉重要的碱金属及碱土金属化合物的应用。
3. 了解碱金属及碱土金属元素的性质递变规律。

能力目标

能够说出常见碱金属及碱土金属化合物的性质和应用。

素质目标

提高分析问题与解决问题的能力。

学习引导

水是生命之源，是所有生物的结构组成和生命活动的主要物质基础。那怎样从自然界中获取洁净的水？

第一节 碱 金 属

微课

一、概述

碱金属属于元素周期表第ⅠA族元素，在元素周期表的s区。第ⅠA族包括氢(H)和锂(Li)、钠(Na)、钾(K)、铷(Rb)、铯(Cs)、钫(Fr)六种碱金属元素。碱金属原子的价层电子构型为ns^1，它们的原子最外层有1个电子，是最活泼的金属元素，在自然界中主要以盐的形式存在。海水中氯化钠的含量为2.7%，植物灰中含有钾盐。锂、铷和铯在自然界中储量较少且分散，被列为稀有金属。

二、碱金属的氧化物和氢氧化物

(一) 碱金属的基本性质

碱金属位于元素周期表的最左端，它们的原子半径在同周期元素中(稀有气体除外)是最大的，而核电荷在同周期元素中是最小的。s区同族元素自上而下随着核电荷的增加，原子核对外层电子的吸引力逐渐减弱，失去电子的倾向逐渐增大，所以它们的金属性从上至下逐渐增强。

在物理性质方面，碱金属单质的主要特点是轻、软、熔点低。密度最低的锂是最轻的金属，碱金属可以用刀切。

碱金属是最活泼的金属元素，它们的单质都能与大多数非金属、水反应。例如，金属钠极易在空气中燃烧。碱金属可形成稳定的氢氧化物，这些氢氧化物大多是强碱。碱金属所形成的化合物大多是离子型的。但是锂的离子半径小，形成的化合物基本上是共价型的，少数镁的化合物也是共价型的。常温下，碱金属的盐类在水溶液中大多不发生水解反应。

由于碱金属极易与空气中的水、氧气等反应，保存时应隔绝空气和水。例如，金属钠、金属钾保存在干燥的煤油中，而金属锂的密度小，只能保存于液体石蜡中。

（二）碱金属的氧化物

s区元素的一个重要特点是各族元素通常只有一种稳定的氧化数。碱金属很容易失去一个电子，故氧化数为+1。

碱金属与氧化合时能形成三种氧化物：普通氧化物（M_2O），过氧化物（M_2O_2），超氧化物（MO_2）。在充足的空气中燃烧时，只有锂生成氧化锂（Li_2O），钠生成过氧化钠（Na_2O_2），钾、铷、铯生成超氧化物（KO_2、RbO_2、CsO_2）。

1. 普通氧化物

除氧化锂外，其余碱金属的普通氧化物必须采取间接的方法来制备。碱金属的氧化物都可以与水化合生成强碱，即氢氧化物。

$$M_2O + H_2O = 2MOH$$

2. 过氧化物

碱金属的过氧化物中含有过氧键（—O—O—），重要的过氧化物是过氧化钠。过氧化钠为淡黄色粉末，与水或稀酸反应产生 H_2O_2，H_2O_2 会立即分解放出氧气。

$$Na_2O_2 + 2H_2O = H_2O_2 + 2NaOH$$

$$2H_2O_2 = 2H_2O + O_2\uparrow$$

所以过氧化钠可用作氧化剂、漂白剂、消毒剂和氧气发生剂。过氧化钠与二氧化碳反应能生成氧气。

$$2Na_2O_2 + 2CO_2 = 2Na_2CO_3 + O_2\uparrow$$

利用这一性质，过氧化钠在防毒面具、高空飞行、核潜艇中用作供氧剂和二氧化碳的吸收剂。

3. 超氧化物

除锂外，碱金属能形成超氧化物（MO_2）。一般来说，金属性很强的元素容易形成含氧较多的氧化物，因此，钾、铷、铯在空气中燃烧能直接生成超氧化物（MO_2）。

超氧化物都是强氧化剂，能与水剧烈反应，与二氧化碳反应放出氧气。

$$4MO_2 + 2CO_2 = 2M_2CO_3 + 3O_2\uparrow$$

$$2MO_2 + 2H_2O = 2MOH + H_2O_2 + O_2\uparrow$$

因此，超氧化物也能除去二氧化碳生成氧气，用作潜水、飞行、登山、急救的供氧剂。

（三）碱金属的氢氧化物

碱金属的氢氧化物都是白色晶体，具有较低的熔点，对纤维和皮肤有强烈的腐蚀性，称为苛性碱。除氢氧化锂外，其余碱金属的氢氧化物都易溶于水，且能放出大量热，其水溶液呈强碱性。

碱金属的氢氧化物都是强碱或中强碱。碱金属氢氧化物碱性的强弱顺序如下：

LiOH	< NaOH	< KOH	< RbOH	< CsOH
中强碱	强碱	强碱	强碱	强碱

例如，氢氧化钠是重要的碱金属氢氧化物，又称苛性钠、烧碱、火碱，在空气中容易吸湿潮解，所以固体氢氧化钠是常用的干燥剂。氢氧化钠能腐蚀玻璃，实验室盛放氢氧化钠的试剂瓶，应用橡皮塞而不能用玻璃塞，否则存放时间较长时，氢氧化钠就和瓶口玻璃中的主要成分二氧化硅（SiO_2）反应而生成具有黏性的硅酸钠（Na_2SiO_3），把玻璃塞和瓶口粘在一起。

讨论 10-1：请简述防毒面具的供氧原理。

三、碱金属的盐类

碱金属的盐类大多数易溶于水，只有少数碱金属盐难溶于水。其中重要的碱金属盐有卤化物、碳酸盐、硝酸盐、硫酸盐等。碱金属单质都不能从盐溶液中置换出较不活泼金属。

1. 氯化钠($NaCl$)

氯化钠是用途最广的卤化物，主要存在于海水中。氯化钠除供食用外，它还是制取金属钠、氢氧化钠、碳酸钠、氯气、氯化氢等多种化工产品的基本原料，冰盐混合物可用作致冷剂。临床上，氯化钠用来配制生理盐水(浓度为 9 g/L)，生理盐水可用来治疗腹泻等各种原因引起的脱水症以及洗涤伤口等。

2. 碳酸钠(Na_2CO_3)

碳酸钠俗称苏打或纯碱，其水溶液因水解而呈较强的碱性。它是一种基本的化工原料，大量用于玻璃、搪瓷、肥皂、造纸、纺织、洗涤剂的生产中。

3. 碳酸氢钠($NaHCO_3$)

碳酸氢钠俗称小苏打，其固体在 50 ℃以上开始逐渐分解生成碳酸钠、二氧化碳和水，270 ℃时完全分解。碳酸氢钠是强碱与弱酸中和后生成的酸式盐，溶于水时呈弱碱性。在食品工业中主要用作食品制作过程中的膨松剂。在医药上用途非常广泛，常与碳酸钙或氧化镁等一起组成西比氏散用作抗酸药，内服后，能迅速中和胃酸，作用迅速。此外，碳酸氢钠能碱化尿液，与磺胺类药物同服，以防磺胺类药物在尿中结晶析出，与链霉素合用可增强尿道抗菌作用。

四、离子鉴定

在无色火焰中灼烧时，原子外层电子被激发所吸收的能量不同即吸收光的波长不同，所呈现的颜色不同，这被称为“焰色反应”。利用焰色反应，可以根据火焰颜色定性鉴别元素的存在与否，但一次只能鉴别一种元素。

(一) Na^+ 的鉴定

焰色反应：用铂丝蘸取少量钠盐或 Na^+ 的溶液，在无色火焰上灼烧，火焰呈持久的黄色。

(二) K^+ 的鉴定

焰色反应：用铂丝蘸取少量钾盐或 K^+ 的溶液，在无色火焰上灼烧，火焰呈紫色。当钾盐中含有少量钠盐时，最好用蓝色钴玻璃隔火观察，这是由于钾的紫色会被钠的强烈黄色所掩盖。

第二节 碱土金属

微课

一、概述

碱土金属是元素周期表第ⅡA 族元素，在元素周期表的 s 区。第ⅡA 族包括铍(Be)、镁(Mg)、钙(Ca)、锶(Sr)、钡(Ba)、镭(Ra)六种元素，它们被称为碱土金属。碱土金属原子的价层电子构型为 ns^2，它们的原子最外层有 2 个电子，是活泼金属元素。由于这些金属的氧化物难熔，被称为“土”(黏土的主要成分 Al_2O_3 称为“土”)又因为它们与水作用显碱性，故名碱土金属。镭是放射性元素。碱土金属除镭外在自然界中分布很广。例如，海水中含有大量镁的氯化物和硫酸盐。

二、碱土金属的氧化物和氢氧化物

(一) 碱土金属的基本性质

同周期碱土金属的核电荷数比碱金属大，原子半径比碱金属小，金属性比碱金属略差一些。

同周期碱土金属的密度、熔点和沸点则较碱金属高。碱土金属也属于 s 区元素，容易失去 2 个电子，氧化数为+2。

碱土金属的物理性质变化不如碱金属那么有规律，这是由于碱土金属晶格类型不是完全相同的。同周期碱土金属由于原子半径较小，具有 2 个价电子，金属键的强度比碱金属的强，故熔点、沸点和硬度均较碱金属高。

除铍、镁外，其余碱土金属较易与水反应。铍的原子半径小，形成的化合物基本上是共价型的，少数镁的化合物也是共价型的。

（二）碱土金属的氧化物

碱土金属在室温或加热条件下，能与氧气直接化合而生成氧化物（MO），也可以从它们的碳酸盐或硝酸盐加热分解制得 MO。碱土金属的氧化物均为白色，由于熔点高、硬度大，常用作耐火材料、结构材料、陶瓷材料。例如：

$$CaCO_3 \xlongequal{} CaO + CO_2\uparrow$$

$$2Sr(NO_3)_2 \xlongequal{} 2SrO + 4NO_2\uparrow + O_2\uparrow$$

氧化钙与水反应生成熟石灰并放出大量热，熟石灰广泛应用于建筑工业。

$$CaO + H_2O \xlongequal{} Ca(OH)_2$$

（三）碱土金属的氢氧化物

同周期碱土金属的氢氧化物溶解度要比碱金属的氢氧化物小得多，氢氧化镁和氢氧化铍是难溶的氢氧化物。从氢氧化铍到氢氧化钡，碱性依次增强，$Be(OH)_2$ 是两性化合物，$Mg(OH)_2$ 是中强碱，其余的都是强碱，$Ba(OH)_2$ 碱性最强。

$Mg(OH)_2$ 在医药上配制成乳剂，称为镁乳，用作泻药，同时具有抑制胃酸的作用。$Ca(OH)_2$ 是常见的碱土金属氢氧化物，又称为熟石灰、消石灰，它的溶解度较小，并且随着温度的升高，溶解度降低。氢氧化钙主要用作建筑材料、制造漂白粉、硬水的软化等。

三、碱土金属的盐类

碱土金属盐类的重要特征是它们的微溶性。除氯化物、硝酸盐、硫酸镁、铬酸镁易溶于水外，其余的碳酸盐、硫酸盐、草酸盐、铬酸盐等都是难溶的。草酸钙的溶解度是所有钙盐中最小的，因此在重量分析中可用它来测定钙含量。

1. 氯化钙（$CaCl_2$）

氯化钙用途广泛，可用作冬季的融雪剂、防冻剂，夏季的制冷剂，油田中的钻井液、压井液、完井液，建筑行业的干燥剂等。在医药上，氯化钙可用于治疗血钙降低引起的手足搐搦症以及肠绞痛、输尿管绞痛等，用于维生素 D 缺乏引起的佝偻病、软骨病的治疗，孕妇及哺乳期妇女钙盐补充，还可用于治疗低钙引起的荨麻疹、渗出性水肿、瘙痒性皮肤病以及用于解救镁盐中毒等。

2. 硫酸镁（$MgSO_4$）

硫酸镁易溶于水，溶液带苦味。常温下可以从水溶液中析出含有 7 个结晶水的化合物，在医药上用作轻泻剂。

3. 硫酸钡（$BaSO_4$）

硫酸钡不溶于水也不溶于酸，具有强烈吸收 X 射线的能力。在医疗上用作胃肠透视时的内服对比剂，用来检查、诊断疾病。因硫酸钡在胃肠道中不溶解，也不被吸收，能完全排出体外，因而对人体无害。

四、离子的鉴定

（一）Mg^{2+} 的鉴定

在盛有 Mg^{2+} 溶液的试管中加入 NaOH 试液，有白色沉淀生成，再加入镁试剂（对硝基苯偶氮间苯二酚），沉淀变为蓝色（镁试剂在碱性溶液中显紫红色，在酸性溶液中显黄色）。

（二）Ca^{2+} 的鉴定

焰色反应：用铂丝蘸取少量 Ca^{2+} 的溶液，在无色火焰上灼烧，火焰呈砖红色。

（三）Ba^{2+} 的鉴定

焰色反应：用铂丝蘸取少量 Ba^{2+} 的溶液，在无色火焰上灼烧，火焰呈黄绿色。

讨论 10-2：溶液中含有 Fe^{3+}、Ca^{2+} 和 Na^{+}，如何分别鉴定它们？

第三节　水的净化和纯化

一、水的分类和水的净化

（一）自然水

存在于自然界，未经处理过的水称为自然水，如海水、河水、湖水、井水、泉水和雨水等。自然水以含盐量大的海水居多，海水占地球表面积的3/4，陆地上的水一般含盐量很小，故称淡水，淡水主要分地表水和地下水。江水、河水、湖水是地表水，井水、泉水是地下水。雨水是大海及地表的水分蒸发形成的自然净化水，是各种淡水的主要来源。由于雨水在形成过程中曾与大气存在物质交换，其中含有微量的杂质，因此，雨水不是纯水。

（二）净化水

天然水或某种污染水，经过物理及化学方法的处理，其中的杂质被除去而达到适合饮用的标准或满足生产科研需要的水叫净化水。生活中的瓶装"纯净水""矿泉水"以及实验室用的去离子水均属于净化水。

在海水冻结法、电渗析法、蒸馏法、反渗透法等多种海水淡化技术中，反渗透法的应用前景广阔，由于设备简单、易于维护、设备可以模块化等优点正日益被市场认可，它已经取代蒸馏法成为目前应用最广泛的海水淡化方法。反渗透净水技术采用的是膜分离技术。

（三）水的净化

1. 清除悬浮物质

（1）沉降法：将带有泥浆的水静置，使其澄清，除去粒子直径较大的悬浮物质。

（2）凝聚法：加入一种化合物（如铝盐），其在水中水解会产生一种吸附性强的胶状物，将悬浮微粒吸附、凝聚、沉降。

（3）过滤法：水经过凝聚法处理后，通常再经过砂床过滤（使水缓慢通过砂床进行过滤，砂床上层为细砂层，砂床下面是几层砂层加石子作铺垫），以除去颗粒较大的物质。

2. 消毒和去臭

（1）消毒：常用的消毒剂为氯气与漂白粉。

（2）去臭：可用活性炭过滤床的吸附、过滤作用来除去水中产生异味的有机物。

二、硬水和水的软化

工业上根据水中Ca^{2+}和Mg^{2+}的含量，把溶有较多Ca^{2+}和Mg^{2+}的水叫作硬水，溶有较少Ca^{2+}和Mg^{2+}的水叫作软水。

（一）硬水的分类

水的总硬度指水中Ca^{2+}、Mg^{2+}的总浓度，包括暂时硬水和永久硬水。

（1）暂时硬水：含可溶性钙和镁的酸式碳酸盐（$Ca(HCO_3)_2$、$Mg(HCO_3)_2$），容易除去Ca^{2+}和Mg^{2+}，除去Ca^{2+}和Mg^{2+}后，水的硬度就变低了，故这种硬水叫作暂时硬水。

$$Ca(HCO_3)_2 \xlongequal{\triangle} CaCO_3\downarrow + H_2O + CO_2\uparrow$$

$$Mg(HCO_3)_2 \xlongequal{\triangle} MgCO_3\downarrow + H_2O + CO_2\uparrow$$

（2）永久硬水：含有硫酸镁（$MgSO_4$）、硫酸钙（$CaSO_4$）或氯化镁（$MgCl_2$）、氯化钙（$CaCl_2$）等的水，经过煮沸，水的硬度也不会降低，这种水叫作永久硬水。

（二）水的软化

除去硬水中Ca^{2+}、Mg^{2+}的过程叫作水的软化。常用的水的软化方法有石灰纯碱法和离子交换树脂净化水法。

永久硬水可以加入纯碱软化。纯碱与钙、镁的硫酸盐和氯化物反应，生成难溶性的盐，使永久硬水硬度降低。工业上往往将石灰和纯碱各一半混合用于水的软化，称为石灰纯碱法。反应方程式如下：

$$MgCl_2+Ca(OH)_2 = Mg(OH)_2\downarrow+CaCl_2$$

$$CaCl_2+Na_2CO_3 = CaCO_3\downarrow+2NaCl$$

然后加入沉降剂（如明矾），经澄清后过滤得到软水。石灰纯碱法操作比较复杂，软化效果较差，但成本低，适合处理大量的且硬度较大的水。例如，发电厂、热电站等一般采用该法作为水软化的初步处理方法。

三、水的纯化

（一）蒸馏水

将液态水加热变成气态水，然后冷凝得到的液态水称为蒸馏水。这种水能满足一般实验要求，用来配制定性用的化学试剂等。

（二）去离子水

经过阴、阳离子交换树脂处理得到的水，即为去离子水（也称离子交换水）。

阳离子交换树脂中的 H^+ 与水中的 Ca^{2+}、Mg^{2+} 进行交换，阴离子交换树脂中的 OH^- 可与水中的 Cl^-、HCO_3^- 等进行交换，水中的杂质离子被树脂吸附，得到纯水。如果要高纯水，可选用多组交换树脂处理或选用新的反渗透方法制取。

（三）电导水

普通蒸馏水中加入少量 $KMnO_4$ 和 $Ba(OH)_2$ 再进行蒸馏，即可除去水中微量有机酸和挥发性的酸性氧化物，如 CO_2，得到的水的纯度比普通蒸馏水高，其纯度不能用一般化学方法检验，要用电导仪测量其电导率来衡量，故叫电导水。

能力检测

能力检测答案

岗位知识拓展：水质的检测——电导率法

一、单项选择题（12×2=24 分）

1. NaH 属于以下哪种？（　　）

A. 分子型氢化物　　B. 盐型氢化物　　C. 金属型氢化物　　D. 原子晶体

2. 碱金属氢化物可作为（　　）。

A. 氧化剂　　B. 还原剂　　C. 沉淀剂　　D. 助熔剂

3. 自然界中，碱金属元素的主要存在形式是（　　）。

A. 单质　　B. 氢氧化物　　C. 盐　　D. 氧化物

4. 钾、铷、铯在空气中燃烧的主要产物是（　　）。

A. 正常氧化物　　B. 过氧化物　　C. 超氧化物　　D. 臭氧化物

5. 碱金属与碱土金属中性质相似的是（　　）。

A. Li 和 Be　　B. Li 和 Mg　　C. Na 和 Mg　　D. K 和 Ca

6. 不属于过氧化物的是（　　）。

A. BaO_2　　B. KO_2　　C. Na_2O_2　　D. CaO_2

7. 发生焰色反应时，下列哪种元素形成的可挥发性盐的火焰呈黄色？（　　）

A. Rb　　B. Na　　C. Be　　D. Mg

8. 下列物质不是离子化合物的是（　　）。

A. $BeCl_2$　　B. RbCl　　C. CsBr　　D. SrO

9. Na_2O_2 可用作潜水密闭舱中的供氧剂，主要是利用（　　）。

A. Na_2O_2 与水反应生成 H_2O_2，H_2O_2 再分解生成 O_2

B. Na_2O_2 与 CO_2 反应生成 O_2

C. Na_2O_2 不稳定，分解产生 O_2

D. Na_2O_2 与 H_2O 反应直接生成 O_2，不可能生成 H_2O

10. 下列氢氧化物中，具有两性的是(　　)。

A. $Mg(OH)_2$　　B. $Be(OH)_2$　　C. $Ca(OH)_2$　　D. $Ba(OH)_2$

11. 能共存于溶液中的一对离子是(　　)。

A. Fe^{3+} 和 I^-　　B. Pb^{2+} 和 Sn^{2+}　　C. Ag^+ 和 PO_4^{3-}　　D. Fe^{3+} 和 SCN^-

12. 金属钠应保存在(　　)。

A. 乙醇中　　B. 液氨中　　C. 煤油中　　D. 空气中

二、多项选择题(5×4=20 分)

1. 下列叙述中正确的是(　　)。

A. 铯的氧化物是离子晶体　　B. 加热时硝酸铯分解为亚硝酸铯和氧气

C. 铯与冷水反应剧烈　　D. 碳酸铯是有色化合物

2. 下列叙述中正确的是(　　)。

A. s 区元素的单质都具有很强的还原性

B. 在 s 区元素中，除铍、镁表面因形成致密氧化物保护膜对水稳定外，其他元素在常温下都能与水反应生成氢气

C. 因为 s 区元素电负性小，所以形成的化合物都是典型的离子化合物

D. 除 Be 和 Mg 外，其他 s 区元素的硝酸盐或氯化物都可以产生有色火焰

3. 下列有关物质性质的说法正确的是(　　)。

A. 热稳定性：HCl>HI　　B. 原子半径：Na>Mg

C. 酸性：$H_2SO_3>H_2SO_4$　　D. 结合质子能力：$S^{2-}>Cl^-$

4. 下列性质中，碱金属和碱土金属都具有的是(　　)。

A. 与水剧烈反应　　B. 与酸反应　　C. 与碱反应　　D. 与强还原剂反应

5. 下列关于锂和镁性质上的相似性的说法正确的是(　　)。

A. 锂和镁的氢氧化物受热时，可分解为相应的氧化物

B. 锂和镁的氟化物、碳酸盐和磷酸盐都难溶于水

C. 锂和镁的氯化物能溶于有机溶剂

D. 锂和镁的固体密度都小于 1 g/cm^3，熔点都很低

三、判断题(10×2=20 分)

1. s 区元素形成的化合物大多是离子化合物。(　　)

2. 金属钠必须保存在煤油中。(　　)

3. 碱金属熔点的高低顺序为 Li>Na>K>Rb>Cs。(　　)

4. 碱金属氯化物都具有 NaCl 型晶体结构。(　　)

5. 治疗胃酸过多的 $NaHCO_3$ 俗称苏打。(　　)

6. 碱金属的盐类都是可溶性的。(　　)

7. 碱金属的氢氧化物都具有强碱性。(　　)

8. 碱金属氢氧化物碱性强弱的顺序为 LiOH<NaOH<KOH<RbOH<CsOH。(　　)

9. 碱土金属氢氧化物碱性强弱的顺序为 $Be(OH)_2<Mg(OH)_2<Ca(OH)_2<Sr(OH)_2<Ba(OH)_2$。(　　)

10. 锂是最轻的金属单质，所以它的熔点和沸点在所有金属单质中最低。(　　)

四、简答题(12×3=36 分)

1. 在人造卫星和宇宙飞船上，常用超氧化钾和臭氧化钾作为空气再生剂，而不用过氧化钠，其原

因是什么？

2. 市售的氢氧化钠中为什么常含有碳酸钠？请写出反应方程式。

3. 在急救器中常用 KO_2（超氧化钾），而不用其他碱金属的超氧化物，为什么？

参考文献

[1] 冯务群. 无机化学[M]. 4版. 北京：人民卫生出版社，2018.
[2] 付煜荣，罗孟君，卢庆祥. 无机化学[M]. 武汉：华中科技出版社，2016.

（钟胜佳）

第十一章

p 区主要元素及其重要化合物

学习目标

知识目标

1. 掌握:p 区重要化合物的性质。
2. 熟悉:卤素、氧族元素、氮族元素、碳族元素的通性。
3. 了解:p 区重要化合物在医药领域及生活、生产中的应用。

能力目标

能够正确使用和储存与 p 区重要化合物相关的药物。

素质目标

养成严谨的科学思维和工作习惯。

学习引导

碘伏是单质碘与聚乙烯吡咯烷酮的不定型结合物,医疗上用于皮肤、黏膜的杀菌消毒。请思考:碘伏能用于杀菌消毒的原理是什么?

迄今已发现的 118 种元素中,非金属元素共有 24 种。非金属元素主要在 p 区,在日常生活、工业生产、环境保护和医药卫生等方面具有重要的意义。

第一节 卤　　素

PPT

一、概述

卤族元素简称卤素,是指元素周期表中第ⅦA 族元素,属于很活泼的非金属元素,包括氟(F)、氯(Cl)、溴(Br)、碘(I)、砹(At)、鿬(Ts)六种元素。卤素的价层电子构型为 ns^2np^5,在各周期中原子半径最小,电负性最大,是所在周期中最活泼的非金属元素,其中氟是元素周期表中非金属性最强的元素。卤素的含义是"成盐的元素",因为它们极易与金属元素直接化合成典型的盐,如氯化钠、碘化钾等。

卤素是存在于人体内的重要元素,在人体生命活动中起着重要作用。氟存在于牙齿和骨骼中,能防止儿童龋齿,是维持骨骼正常发育,增进牙齿和骨骼强度的元素。氯在胃液中以盐酸的形式存在,溴以化合物形式存在于脑垂体的内分泌腺中,碘是甲状腺的主要成分,甲状腺所有的生物学作用都与碘有关,体内缺碘,可导致甲状腺肿、克汀病或智力低下等。氟和碘是人体必需的微量元素。

在原子结构上,卤素原子的最外层都有 7 个电子,但随着核电荷数的递增,电子层数依次增加,原子半径依次增大。从价层电子构型可知,卤素原子容易得到 1 个电子成为 X^-。除氟外,其他元素还能形成氧化数为+1、+3、+5、+7 的共价化合物。氧化性是卤素的主要特性。

二、卤素单质

卤素在自然界一般以化合物的形式存在,卤素的单质都是双原子分子。

（一）物理性质

卤素单质的物理性质有较大的差异，但呈现规律性的变化。如在常温下，氟、氯是气体，溴是液体，碘是固体。颜色也由浅逐渐变深，由氟的淡黄绿色到碘的紫黑色。沸点和熔点逐渐升高，主要是因为卤素单质为非极性双原子分子，分子间以色散力结合，随着原子序数的增加，相对分子质量依次增大，色散力依次增强。在水中的溶解度逐渐减小。

此外，卤素单质均有刺激性气味，有毒性，其毒性从氟至碘逐渐减小，吸入它们的气体均会引起咽喉和鼻腔黏膜的炎症。

卤素单质除了具有相似的性质外，不同的卤素单质在物理性质上也有各自的特性。如溴和碘虽能溶于水，但在水中的溶解度较小，而易溶于乙醇、汽油、氯仿、四氯化碳等有机溶剂。医药上消毒用的碘酒就是碘的乙醇溶液。碘具有升华的性质，利用碘的这一特性，可以精制碘。碘与淀粉反应呈蓝色，利用碘的这个特性，可以检测碘或淀粉的存在与否。

（二）化学性质

氟、氯、溴、碘的最外电子层都是 7 个电子，在化学反应中极易得到 1 个电子，而成为 8 个电子的稳定结构，因此，卤素单质是强氧化剂，化学性质活泼。卤素单质的氧化性强弱顺序为 $F_2>Cl_2>Br_2>I_2$。卤素单质在化学反应中得到电子后被还原为卤素离子，卤素离子的还原性强弱顺序为 $I^->Br^->Cl^->F^-$。卤素单质可与金属、非金属、氢气、水和碱发生反应，卤素之间能发生置换反应。实验室配制 I_2 溶液时，常加入适量的 KI，使 I_2 与 I^- 反应形成 I_3^-，增加 I_2 在水中的溶解度。

$$I_2+I^- \rightleftharpoons I_3^-$$

1. 卤素与金属的反应

氟、氯、溴、碘都能与金属发生化学反应，卤素得到 1 个电子，金属失去 1 个电子，生成金属卤化物。氟、氯能与绝大多数金属直接化合，溴、碘与金属反应的速度稍慢。自然界中存在着许多金属卤化物，如氟化钙、氯化钠、溴化钾、碘化钾等。

2. 卤素与氢气的反应

氟、氯、溴、碘都能与氢气直接化合，生成卤化氢。反应的剧烈程度按氟、氯、溴、碘的顺序依次减弱。卤化氢的稳定性按照氟化氢、氯化氢、溴化氢和碘化氢的顺序依次减弱。

氟气的性质最活泼，与氢气在黑暗处即能剧烈化合并发生爆炸。在常温下，氯气与氢气能较缓慢地化合；但在光的照射下或加热时，会迅速化合而发生爆炸，反应可瞬间完成，生成氯化氢气体。溴与氢气的反应需加热到 500 ℃时才能较明显地进行，碘与氢气的反应必须在不断加热的条件下才能缓慢地进行，而且生成的碘化氢不稳定，可同时发生分解。

$$H_2+F_2 = 2HF$$

$$H_2+Cl_2 = 2HCl$$

$$H_2+Br_2 = 2HBr$$

$$H_2+I_2 = 2HI$$

3. 卤素与水的反应

氟、氯、溴、碘都能与水反应，但反应的剧烈程度不同。氟气与水发生剧烈反应，生成氟化氢和氧气。氯气溶于水成为氯水，氯水中溶解的部分氯气与水反应，生成氯化氢和次氯酸。溴与水的反应比氯气与水的反应更弱。碘与水只有极微弱的反应。

$$2F_2+2H_2O = 4HF+O_2\uparrow$$

$$Cl_2+H_2O = HCl+HClO$$

4. 卤素单质间的置换反应

氯气能够把溴或碘从它们的卤化物中置换出来，溴能够把碘从碘化物中置换出来。

$$2NaBr+Cl_2 = 2NaCl+Br_2$$

$$2KI+Cl_2 = 2KCl+I_2$$

$$2KI+Br_2 = 2KBr+I_2$$

从卤素的化学性质可知，氟、氯、溴、碘在性质上既相似，又有差别，呈现一种规律性的变化。

三、卤化氢和卤化物

（一）卤化氢和氢卤酸

氟化氢（HF）、氯化氢（HCl）、溴化氢（HBr）和碘化氢（HI）都是无色、具有强烈刺激性气味、有毒的气体。其中氟化氢的毒性最大，有强烈的腐蚀性。它们在潮湿的空气中能雾化。

卤化氢的性质一般都是按氟化氢、氯化氢、溴化氢、碘化氢的顺序有规律地变化，其熔点、沸点依次升高（氟化氢反常，是因为氟化氢分子间存在氢键）。卤化氢易溶于水，其水溶液为氢卤酸，分别称为氢氟酸、氢氯酸、氢溴酸、氢碘酸，其中氢氯酸就是我们常说的盐酸。

除氢氟酸外，其他均为强酸，且酸性强弱顺序为氢氟酸（中强酸）＜氢氯酸（强酸）＜氢溴酸（强酸）＜氢碘酸（无氧酸中的最强酸）。

市售浓盐酸含 HCl 的质量分数为 37%，密度为 1.19 kg/L，物质的量浓度约为 12 mol/L。人体胃液中含有一定浓度的盐酸，可促进食物的消化。

氢卤酸能与某些金属离子反应，生成难溶于水的金属卤化物沉淀。

$$X^- + Ag^+ = AgX\downarrow$$

氢卤酸具有还原性，其还原性顺序为氢氟酸＜氢氯酸＜氢溴酸＜氢碘酸。

（二）卤化物

大多数金属卤化物是白色的晶体，易溶于水。但卤化银难溶于水，且不溶于稀硝酸，可根据这一特性来检验卤离子的存在。金属卤化物与卤素单质发生加合反应，生成的含有多个卤原子的化合物称为多卤化物，如 KI_3、$KICl_2$ 等。

对混合离子（Cl^-、Br^-、I^-）进行分离鉴定，是根据离子的性质采用不同的方法进行的。

1. 氯离子

氯离子、溴离子、碘离子都可与银离子反应生成沉淀，可以排除其他阴离子的干扰。

$$Ag^+ + X^- = AgX$$

将银离子加入含有卤离子的溶液中，根据沉淀的颜色[AgCl（白）、AgBr（淡黄）、AgI（黄）]，判断卤离子种类。如果不能区别，通过控制氨水的浓度（用碳酸铵水解代替氨水）使氯化银溶解，而溴化银不溶解（AgCl 形成配离子而溶解，AgBr 微溶于氨水，AgI 几乎不溶于氨水）。

$$AgCl+2NH_3 = [Ag(NH_3)_2]^+ + Cl^-$$

氯化银沉淀用氨水溶解后，加入稀硝酸后沉淀再出现，表明有 Cl^- 存在。

$$[Ag(NH_3)_2]^+ + Cl^- + 2H^+ = AgCl\downarrow + 2NH_4^+$$

2. 溴离子、碘离子

卤离子的还原性按照氯离子、溴离子、碘离子的顺序依次递增，氯水可以将溴离子、碘离子氧化，利用它们之间的还原性差异可鉴别它们。搅拌下向含有少量 CCl_4 的溴离子、碘离子的混合溶液中滴加氨水，CCl_4 层显紫色表示有碘，随后变为无色，又变为黄色表示有溴存在。

$$2AgBr+Zn = 2Ag\downarrow + Zn^{2+} + 2Br^-$$

$$Cl_2 + 2I^- = 2Cl^- + I_2\text{（紫色）}$$

$$5Cl_2 + I_2 + 6H_2O = 10HCl + 2HIO_3\text{（无色）}$$

$$Cl_2 + 2Br^- = 2Cl^- + Br_2\text{（黄色）}$$

3. 氰离子

氰离子易与 Fe^{2+} 形成配合物，再加入 $FeCl_3$，即可生成普鲁士蓝沉淀，此法用来检验药品中的氰离子。

$$Fe^{2+} + 6CN^- \longrightarrow [Fe(CN)_6]^{4-}$$

$$K^+ + [Fe(CN)_6]^{4-} + Fe^{3+} \longrightarrow KFe[Fe(CN)_6]\downarrow \text{（蓝色沉淀）}$$

四、氯的含氧酸及其盐

除氟外，氯、溴、碘都能形成氧化数为+1、+3、+5和+7的含氧酸及其盐。

1. 次氯酸及其盐

次氯酸是强氧化剂，能杀死水中的细菌，所以常用氯气对饮用水进行杀菌消毒（1 L水中通入0.002 g氯气）。次氯酸还能使染料和有色物质氧化而褪色，故可用作漂白剂。次氯酸不稳定，容易分解而放出氧气。当氯水受日光照射时，次氯酸的分解速度加快。因此，新制的氯水有杀菌、消毒和漂白作用，而久置的氯水会失去这种作用。

$$Cl_2 + H_2O \longrightarrow HCl + HClO$$

$$2HClO \longrightarrow 2HCl + O_2\uparrow$$

工业上常用氯气与消石灰反应来制备漂白粉（含氯石灰）。漂白粉是次氯酸钙和氯化钙的混合物，有效成分是次氯酸钙，次氯酸钙氧化作用极强，在光照或受热时易分解。漂白粉放入水中，其在空气中二氧化碳参与下能分解产生少量的次氯酸，因而具有漂白作用。若在漂白粉溶液中加入少量的酸，则会产生大量的次氯酸，使漂白作用大大增强。漂白粉不仅可以用来漂白棉、麻、纸浆，还可用来消毒饮用水、游泳池和厕所等。

$$2Cl_2 + 2Ca(OH)_2 \longrightarrow Ca(ClO)_2 + CaCl_2 + 2H_2O$$

$$Ca(ClO)_2 + CO_2 + H_2O \longrightarrow 2HClO + CaCO_3$$

$$Ca(ClO)_2 + 2HCl \longrightarrow CaCl_2 + 2HClO$$

2. 氯酸及其盐

氯酸仅存在于溶液中，其含量提高到40%则发生分解，含量更高时，会迅速分解并发生爆炸。氯酸为强酸，其酸度接近于盐酸和硝酸。氯酸是强氧化剂，能将碘氧化。

$$3HClO_3 \longrightarrow 2O_2\uparrow + Cl_2\uparrow + HClO_4 + H_2O$$

$$2HClO_3 + I_2 \longrightarrow 2HIO_3 + Cl_2$$

氯酸钾（$KClO_3$）是重要的氯酸盐，在催化剂二氧化锰作用下，473 K时可分解为氯化钾和氧气。固体氯酸钾是强氧化剂，与易燃物质（如硫、磷、碳等）混合后，经摩擦或撞击就会发生爆炸，因此可用来制造炸药、火柴及烟火等。

3. 高氯酸及其盐

高氯酸是最强的无机酸，无水高氯酸为无色、黏稠的液体。浓高氯酸具有强氧化性，但稀高氯酸没有明显的氧化性。

$$KClO_4 + H_2SO_4 \longrightarrow KHSO_4 + HClO_4$$

高氯酸盐较稳定，一般可溶于水，但K^+、Rb^+、Cs^+、NH_4^+的高氯酸盐溶解度很小。有些高氯酸盐具有较显著的水合作用。例如，高氯酸镁为优良的干燥剂，吸湿后的高氯酸镁加热脱水后又能重复使用。

五、拟卤素

有一些多原子分子（原子团）和卤素单质的性质相似，它们的阴离子又与卤离子性质相似，我们把这些多原子分子（原子团）称为拟卤素，又称类卤素。重要的拟卤素有氰[$(CN)_2$]、硫氰[$(SCN)_2$]、氧氰[$(OCN)_2$]及相应的阴离子，如氰离子（CN^-）和硫氰根（SCN^-）。拟卤素也可形成酸（如HCN、HSCN）和盐（如KCN、KSCN）。

拟卤素在游离状态下通常为二聚体，具有挥发性。拟卤素氢化物水溶液具有酸性，除氢氰酸为弱酸外，其余均为中强酸。拟卤素具有配位性，可形成配合物，例如$K_3[Fe(CN)_6]$、$K_2[Hg(SCN)_4]$。拟卤素能发生歧化反应。拟卤素离子具有还原性，如在碱性条件下氯气可以氧化污水中的氰化物：

$$2CN^- + 8OH^- + 5Cl_2 \longrightarrow 2CO_2 + N_2 + 10Cl^- + 4H_2O$$

氰[$(CN)_2$]是无色可燃性气体，有剧毒，有苦杏仁味。在标准状态下，氰化氢(HCN)是一种挥发性的无色透明液体(沸点 298.6 K)，有剧毒，与水互溶，其水溶液为氢氰酸。氢氰酸是一种弱酸，稀溶液有苦杏仁味，有剧毒。氢氰酸的盐又称为氰化物，重金属的氰化物除 $Hg(CN)_2$ 外，多数不溶于水，但能溶于过量的氰离子溶液，生成可溶性配合物。

氰、氰化氢、氢氰酸、氰化物均为剧毒品，几毫克即可致人死亡，含氰离子的废液，必须经过化学处理才能排放到环境中，通常可以加入 NaClO 或 H_2O_2，将其转为无毒的 NaCNO，或加 $FeSO_4$，使其转化为无毒的 $Na_4[Fe(CN)_6]$。现在工业上主要采用在污水中加入 $FeSO_4$ 和消石灰的方法除去氰化物，使之生成稳定而且无毒的配合物$[Fe(CN)_6]^{4-}$。铁氰化钾($K_3[Fe(CN)_6]$)和亚铁氰化钾($K_4[Fe(CN)_6]$)是 Fe^{2+} 和 Fe^{3+}、Cu^{2+} 的鉴定试剂，在药物分析中，用于亚铁盐、铁盐、铜盐的鉴别。

硫氰[$(SCN)_2$]为黄色液体，不稳定，其氧化能力与溴相似。

硫氰化物又称硫氰酸盐，大多易溶于水。其中硫氰化钾(KSCN)、硫氰化铵(NH_4SCN)是常用的化学试剂，硫氰根能与许多过渡金属离子形成配合物。如硫氰根可用于铁盐的鉴别试验和杂质(Fe^{3+})的检验，与 Fe^{3+} 形成血红色配合物：

$$Fe^{3+} + 6SCN^- = [Fe(SCN)_6]^{3-}$$

第二节 氧族元素

PPT

一、氧族元素的通性

氧族元素位于元素周期表中第ⅥA 族，包括氧(O)、硫(S)、硒(Se)、碲(Te)、钋(Po)、鉝(Lv)六种元素，钋和鉝是放射性元素。

氧、硫、硒是重要的生命元素。氧是人体内水和有机物的主要组成元素，硫是蛋白质的组成元素，硒是人体内必需的微量元素。体内缺硒可导致克山病和大骨节病，适量硒可以防癌和防衰老，但过量会发生硒中毒。

氧族元素的原子最外电子层有 6 个价电子，价层电子构型为 ns^2np^4，它们的原子都能结合 2 个电子形成氧化数为－2 的阴离子。从氧到钋，原子半径逐渐增大，电负性依次降低，元素的非金属性逐渐减弱，而金属性逐渐增强。

形成氧化数为－2 的化合物是第ⅥA 族元素的重要成键特征。硫、硒、碲的氧化数除－2 外，还有＋2、＋4、＋6，其中氧化数为＋2、＋4、＋6 时，稳定性依次增强。与同周期卤素相比，氧族元素的非金属性减弱。

二、氧、臭氧和过氧化氢

(一) 氧和臭氧

氧是自然界最重要的元素，也是分布最广和含量最多的元素。自然界中的氧有三种稳定的同位素，即 ^{16}O、^{17}O、^{18}O，有两种同素异形体，即 O_2 和 O_3(臭氧)。

氧是无色、无臭的气体。在标准状态下，密度为 1.429 kg/L，熔点(54.21 K)和沸点(90.02 K)都较低，液态氧和固态氧都呈淡蓝色，氧在水中的溶解度很小，通常 1 mL 水仅能溶解 0.0308 mL 氧。

氧的主要化学性质是氧化性。除稀有气体和少数金属外，氧几乎能与所有元素直接或间接化合，生成类型不同、数量众多的化合物。

臭氧(O_3)在地面附近的大气层中含量极少，仅为 0.001 μL/L，因有特殊的气味而得名，臭氧分子键角为 116.8°，为"V"形几何构型，是单质中唯一的极性分子。

常温下，臭氧是浅蓝色的气体，冷凝后为深蓝色液体，臭氧比氧易溶于水(通常 1 mL 水中能溶解 0.49 mL 臭氧)。在高空中，臭氧含量可达 0.2 μL/L，臭氧可以吸收太阳辐射的大部分紫外线(波长 250～350 nm)，使地球避免了紫外线的照射，保护了地球上的生物，但随着大气污染物中还原性工业废气含量的增加，臭氧层正在不断遭到破坏，臭氧层中臭氧含量降低。

臭氧的氧化性强于氧，常温下，臭氧能与许多还原剂直接作用。例如：

$$PbS+4O_3 \xlongequal{} PbSO_4+4O_2$$

$$2I^-+H_2O+O_3 \xlongequal{} 2OH^-+I_2+O_2$$（此反应可用于检验 O_3 的存在）

臭氧是常用的漂白剂和消毒剂，用它来处理污染物，不仅作用强、速度快，而且没有二次污染。

（二）过氧化氢

纯的过氧化氢（H_2O_2）是一种淡蓝色的黏稠液体，可与水以任意比例互溶。由于过氧化氢分子间具有较强的氢键，故在液态和固态中存在缔合分子，使它具有较高的沸点(423 K)和熔点(272 K)。过氧化氢分子是非线形结构的极性分子，它的几何构型可以形象地看作一本半敞开的书，过氧链在书本的夹缝上，两个氢原子在两页纸平面上。

过氧化氢的化学性质主要是不稳定性、弱酸性和氧化还原性。

1. 不稳定性

过氧化氢的热稳定性差，容易分解，在较低温度下即可分解释放出 O_2，高温下 H_2O_2 剧烈分解甚至爆炸。光照、碱性介质和少量重金属离子（如 Mn^{2+}、Cu^{2+}、Cr^{3+}、Fe^{2+} 等）的存在，都将大大加快其分解速度。过氧化氢应避光、低温、密闭保存。在实验室中常把过氧化氢避光、密封保存在阴凉条件下的棕色塑料容器中。

$$2H_2O_2 \xlongequal{} 2H_2O+O_2\uparrow$$

2. 弱酸性

过氧化氢分子中含有两个氢原子，为二元弱酸，可以分别解离。298.15 K 时，$K_{a1}=2.4\times10^{-12}$，其解离方程式为

$$H_2O_2 \xlongequal{} H^++HO_2^-$$

它能与碱作用生成盐，所生成的盐称为过氧化物。

$$H_2O_2+Ba(OH)_2 \xlongequal{} BaO_2+2H_2O$$

3. 氧化还原性

过氧化氢中氧的氧化数为 −1，因此它既有氧化性又有还原性。氧化还原能力与介质的酸碱性有关，过氧化氢在碱性介质中是中等强度氧化剂，在酸性溶液中是一种强氧化剂。当遇到强氧化剂时，过氧化氢表现出还原性。过氧化氢用作氧化剂或还原剂的优点是不引入其他杂质，例如：

$$Cl_2+H_2O_2 \xlongequal{} 2HCl+O_2$$

$$H_2O_2+2I^-+2H^+ \xlongequal{} I_2+2H_2O$$

$$PbS+4H_2O_2 \xlongequal{} PbSO_4+4H_2O$$

含 3% 过氧化氢的水溶液又称双氧水，常作消毒防腐剂，用于清洗创口。耳鼻喉科用它含漱或洗涤有炎症的部位。过氧化氢还可用作漂白剂、消毒剂、防毒面具中的氧源、燃料电池中的燃料和火箭推进剂。

三、单质硫、硫化氢和金属硫化物

（一）单质硫

单质硫(S)俗称硫磺，为淡黄色晶体。单质硫具有多种同素异形体，在一定条件下它们可以相互转化。常见的晶体硫呈淡黄色，有微臭味，不溶于水，易溶于二硫化碳（CS_2）和四氯化碳（CCl_4）等非极性溶剂。单质硫是制备攻毒、杀虫、止痒类药物的原料。硫的化学性质比较活泼，能与金属、非金属、酸和碱反应。

(1) 与金属、氢、碳等还原性较强的物质作用时，呈现氧化性。

$$H_2+S \xlongequal{\triangle} H_2S$$

$$C+2S \xlongequal{\triangle} CS_2$$

$$Hg+S \longrightarrow HgS$$

(2) 与具有氧化性的酸反应，呈现还原性。

$$S+2HNO_3 \xrightarrow{\triangle} H_2SO_4+2NO\uparrow$$

$$S+2H_2SO_4(浓) \xrightarrow{\triangle} 3SO_2\uparrow+2H_2O$$

(3) 在碱性条件下，硫容易发生歧化反应。

$$3S+6NaOH \longrightarrow 2Na_2S+Na_2SO_3+3H_2O$$

（二）硫化氢

硫化氢(H_2S)为无色、有毒气体，具有臭鸡蛋气味，空气中硫化氢含量超过 0.1%时，就能导致人头痛眩晕，人吸入大量硫化氢会出现昏迷甚至死亡。故制备或使用硫化氢时必须在通风橱中进行。硫化氢气体能溶于水，293 K 时，1 体积水能溶解 2.6 体积硫化氢气体，溶液浓度约为 0.1 mol/L，其水溶液称为氢硫酸。硫化氢的主要化学性质如下。

1. 弱酸性

硫化氢是一种二元弱酸。在水溶液中存在如下解离平衡：

$$H_2S \rightleftharpoons H^+ + HS^- \quad K_a=8.90\times10^{-8}$$

$$HS^- \rightleftharpoons H^+ + S^{2-} \quad K_a=1.26\times10^{-14}$$

2. 还原性

在酸性溶液中，硫化氢具有较强的还原性，能被空气中的氧气氧化成单质硫，与强氧化剂反应时可被氧化为硫酸。

$$2H_2S+O_2 \longrightarrow 2H_2O+2S\downarrow$$

$$4Cl_2+H_2S+4H_2O \longrightarrow H_2SO_4+8HCl$$

（三）金属硫化物

金属硫化物可由硫与金属化合生成，也可由硫化氢与金属氧化物或氢氧化物作用生成。

1. 水解性

因为 S^{2-} 是弱酸根，生成的盐类都具有一定的水解性，故溶液显碱性。碱金属硫化物的水解趋势很大，铝和铬的硫化物完全水解。

$$Al_2S_3+6H_2O \longrightarrow 2Al(OH)_3\downarrow+3H_2S\uparrow$$

2. 溶解性

金属硫化物在水中的溶解度相差很大，除了碱金属、铵盐和部分碱土金属（钙、锶、钡）的硫化物可以溶解外，大多数硫化物难溶于水，并且它们在盐酸、硝酸、王水、氢氧化钠等试剂中的溶解度也是不相同的。

多数金属硫化物具有特征颜色。如硫化亚铁、硫化铅、硫化银、硫化铜、硫化汞等为黑色，硫化锰为肉红色。利用这些性质可以初步分离和鉴别各种金属离子。

$$Pb^{2+}+S^{2-} \longrightarrow PbS\downarrow(黑色)$$

（四）硫的重要含氧酸及其盐

硫的含氧酸种类较多，主要具有以下几个特点：正酸比亚酸的酸性强；除硫酸、过硫酸和焦硫酸外，其余均不稳定，仅以盐的形式存在。

1. 亚硫酸及其盐

二氧化硫易溶于水形成亚硫酸(H_2SO_3)，其水溶液为亚硫酸溶液。亚硫酸是二元弱酸($K_{a1}=1.54\times10^{-2}$，$K_{a2}=1.02\times10^{-7}$)。亚硫酸盐中除碱金属和铵盐易溶于水外，其余均难溶或微溶于水。亚硫酸及其盐中的硫元素氧化数居中，因此既具有氧化性又具有还原性（以还原性为主）。亚硫酸不稳定，室温下遇酸易分解产生二氧化硫。

$$Cr_2O_7^{2-}+3SO_3^{2-}+8H^+ \longrightarrow 2Cr^{3+}+3SO_4^{2-}+4H_2O$$

$$SO_3^{2-} + 2H^+ \longrightarrow SO_2\uparrow + H_2O$$

2. 硫酸及其盐

硫酸(H_2SO_4)是无色油状液体，市售浓硫酸的密度为 1.84 kg/L，质量分数为 98%，物质的量浓度约为 18.4 mol/L。浓硫酸具有吸水性、脱水性、强酸性和强氧化性。硫酸盐有酸式盐和正盐两类，酸式盐均易溶于水。正盐中 $BaSO_4$、$PbSO_4$、$SrSO_4$ 难溶，Ag_2SO_4、Hg_2SO_4、$CaSO_4$ 微溶，其余全部易溶于水。有些硫酸盐从水中析出时为含有结晶水的晶体，通常称为矾，成矾是硫酸盐的重要特征。例如：$CuSO_4 \cdot 5H_2O$(胆矾)、$FeSO_4 \cdot 7H_2O$(绿矾)、$ZnSO_4 \cdot 7H_2O$(皓矾)、$KAl(SO_4)_2 \cdot 12H_2O$(明矾)等。

3. 硫代硫酸钠

硫代硫酸钠($Na_2S_2O_3$)又名海波或大苏打，为无色透明晶体，易溶于水。硫代硫酸钠的主要化学性质有还原性、配位性、遇酸分解。其稳定存在于中性和碱性溶液中，遇酸迅速分解，析出单质硫，并放出二氧化硫气体。

$$Na_2S_2O_3 + 2HCl \longrightarrow 2NaCl + S\downarrow + SO_2\uparrow + H_2O$$

该反应常用于硫代硫酸根($S_2O_3^{2-}$)的鉴定。

硫代硫酸钠是中等强度的还原剂，其水溶液久置易出现浑浊。原因是硫代硫酸钠被空气中的氧气氧化生成单质硫。硫代硫酸钠还用作药物制剂中的抗氧化剂，硫代硫酸钠与单质碘发生反应能定量生成连四硫酸钠($Na_2S_4O_6$)，可用该反应定量测定碘。

$$2Na_2S_2O_3 + I_2 \longrightarrow Na_2S_4O_6 + 2NaI$$

$S_2O_3^{2-}$具有较强的配位能力，能与许多重金属离子形成稳定的配合物，可作为单齿配体或双齿配体与金属离子形成稳定的配合物，并能将氰离子(CN^-)转化为硫氰根(SCN^-)。所以医药上，硫代硫酸钠可作为卤素、氰化物及重金属中毒的解毒剂。

$$2S_2O_3^{2-} + AgBr \longrightarrow [Ag(S_2O_3)_2]^{3-} + Br^-$$

$$2S_2O_3^{2-} + AgX \longrightarrow [Ag(S_2O_3)_2]^{3-} + X^-$$

$$S_2O_3^{2-} + CN^- \longrightarrow SO_3^{2-} + SCN^-$$

$S_2O_3^{2-}$的鉴别方法：

(1) 加入稀盐酸，加热，产生淡黄色沉淀和有刺激性气味的气体，该气体可使湿润的 $Hg_2(NO_3)_2$ 试纸变黑。

$$S_2O_3^{2-} + 2H^+ \longrightarrow SO_2\uparrow + S\downarrow + H_2O$$

$$Hg_2^{2+} + SO_2 + 2H_2O \longrightarrow 2Hg\downarrow + SO_4^{2-} + 4H^+$$

(2) 加入 $AgNO_3$ 溶液，生成白色沉淀，放置后沉淀颜色变化为白色→黄色→棕色→黑色。

$$2Ag^+ + S_2O_3^{2-} \longrightarrow Ag_2S_2O_3\downarrow$$

$$Ag_2S_2O_3 + H_2O \longrightarrow Ag_2S\downarrow + H_2SO_4$$

第三节 氮族元素

PPT

一、氮族元素的通性

元素周期表第ⅤA 族包括氮(N)、磷(P)、砷(As)、锑(Sb)、铋(Bi)、镆(Mc)六种元素，这六种元素称为氮族元素。氮族元素的价层电子构型为 ns^2np^3，主要形成氧化数为+3、+5 的化合物。自然界中绝大部分的氮以单质状态存在于空气中，磷则以化合态存在于自然界中。

二、氨和铵盐

(一) 氨

氨(NH_3)是氮的氢化物，常温下是一种有刺激性臭味的无色气体，极易溶于水。氨在常温下很容易液化，液氨常用作制冷剂。氨的水溶液叫作氨水。一般市售浓氨水的密度是 0.91 kg/L，含氨约 28%，物质的量浓度约为 15 mol/L。

氨的化学性质比较活泼，主要化学性质如下。

1. 弱碱性

氨极易溶于水形成一水合氨($NH_3 \cdot H_2O$)，其中很小一部分发生解离，生成 NH_4^+ 和 OH^-，所以氨的水溶液显弱碱性。

$$NH_3 \cdot H_2O \rightleftharpoons NH_4^+ + OH^- \quad K_b = 1.79 \times 10^{-5}$$

2. 还原性

氨能与部分氧化剂反应，生成氮气。

$$4NH_3 + 3O_2 = 6H_2O + 2N_2$$

3. 易形成配合物

氨分子中的孤对电子倾向于与别的分子或离子形成配位键，生成各种形式的配合物。例如：$[Ag(NH_3)_2]^+$、$[Cu(NH_3)_4]^{2+}$ 等都是以 NH_3 为配体的配合物。许多金属难溶盐可溶解在氨水中，就是基于配位反应原理。

药用稀氨水的浓度为 95～105 g/L，为刺激性药。给昏厥患者吸入氨气，可反射性地引起中枢神经兴奋。外用可治疗某些昆虫叮咬伤和化学试剂(如氢氟酸)造成的皮肤伤害。

（二）铵盐

氨与酸反应得到相应的铵盐。铵盐通常为无色晶体，易溶于水，其水溶液一般比较稳定。铵盐可发生水解反应，与碱发生复分解反应，受热发生分解反应等。

1. 水解反应

强酸类铵盐水溶液显弱酸性。因铵离子水解，溶液显弱酸性。

$$NH_4^+ + H_2O = NH_3 + H_3O^+$$

2. 遇强碱分解放出氨气

在加热的条件下，任何铵盐固体或铵盐溶液与强碱作用都将分解放出氨气，这是鉴定铵盐的特征反应。

$$NH_4^+ + OH^- \xlongequal{\triangle} NH_3\uparrow + H_2O$$

3. 固态铵盐受热发生分解反应

铵盐的热稳定性差，受热时极易分解。分解产物通常与组成酸有关。例如：

$$NH_4Cl \xlongequal{\triangle} NH_3\uparrow + HCl\uparrow$$

$$(NH_4)_2SO_4 \xlongequal{\triangle} NH_3\uparrow + NH_4HSO_4$$

$$(NH_4)_2Cr_2O_7 \xlongequal{\triangle} N_2\uparrow + Cr_2O_3 + 4H_2O$$

$$2NH_4NO_3 \xlongequal{\triangle} 2N_2\uparrow + O_2 + 4H_2O$$

三、氮的含氧酸及其盐

1. 亚硝酸及其盐

亚硝酸(HNO_2)是不稳定的一元弱酸($K_a = 5.62 \times 10^{-4}$)，酸性略强于醋酸。亚硝酸不稳定，微热时即分解。

$$3HNO_2 = HNO_3 + H_2O + 2NO\uparrow$$

在酸性介质中，亚硝酸是一种有效的氧化剂。下述反应可用于测定亚硝酸及其盐的含量：

$$2NO_2^- + 2I^- + 4H^+ = I_2 + 2NO\uparrow + 2H_2O$$

当亚硝酸与强氧化剂作用时，NO_2^- 为还原剂，被氧化为 NO_2。如：

$$5NO_2^- + MnO_4^- + 8H^+ = Mn^{2+} + 5NO_2\uparrow + 4H_2O$$

NO_2^- 是很好的配体，易生成配合物，如$[Co(NO_2)_6]^{3-}$。$[Co(NO_2)_6]^{3-}$ 与 K^+ 生成黄色沉淀，此

反应可用于鉴定 K^+。反应如下：

$$3K^+ + [Co(NO_2)_6]^{3-} = K_3[Co(NO_2)_6]\downarrow \text{（黄色）}$$

亚硝酸盐要比亚硝酸稳定得多，均易溶于水，仅 $AgNO_2$ 微溶。亚硝酸盐固体对热稳定，尤其是碱金属和碱土金属的亚硝酸盐热稳定性很高。所有的亚硝酸盐均有毒，误食会引起严重的中毒反应，此外亚硝酸盐还有致癌作用。

NO_2^- 的鉴别：在 HAc 介质中，加入新鲜配制的 $FeSO_4$ 溶液，溶液变棕色则说明溶液中存在 NO_2^-。

$$NO_2^- + Fe^{2+} + 2HAc = NO\uparrow + Fe^{3+} + 2Ac^- + H_2O$$

$$Fe^{2+} + NO = [Fe(NO)]^{2+} \text{（棕色）}$$

10 g/L $NaNO_2$ 注射液主要用于治疗氰化物中毒。亚硝酸钠在药物分析中常用来测定芳伯胺类药物的含量。

2. 硝酸及其盐

硝酸（HNO_3）是三大无机强酸之一，是极其重要的化工原料和化学试剂。纯硝酸为无色、易挥发、有刺激性气味的液体，能与水以任意比例混溶。实验室常用的浓硝酸密度为 1.4 kg/L，含 HNO_3 68%～70%，物质的量浓度约为 16 mol/L。硝酸是一种强酸，除具有酸的通性外，还有其自身特性。硝酸的主要化学性质如下。

(1) 不稳定性：浓硝酸受热或见光会发生分解，产生的二氧化氮溶于浓硝酸使溶液逐渐变黄，故硝酸应储存于棕色试剂瓶中。

$$4HNO_3 = 4NO_2\uparrow + O_2\uparrow + 2H_2O$$

(2) 强氧化性：硝酸分子中的氮具有最高氧化数（+5），具有强氧化性，可以氧化金属和非金属。浓硝酸与除氟、氧以外的非金属反应的产物是一氧化氮。与除金、铂等一些稀有金属外的所有金属反应，产物主要取决于酸的浓度、金属的活泼性和反应的温度。与不活泼金属反应时，浓硝酸多被还原为二氧化氮，稀硝酸多被还原为一氧化氮；与活泼金属反应时，稀硝酸主要被还原为一氧化二氮（N_2O）或铵盐。铝、铬、铁、钙等金属与冷的浓硝酸接触时会被钝化，所以现在一般用铝质容器来盛装浓硝酸。

$$2HNO_3\text{（浓）} + S = H_2SO_4 + 2NO\uparrow$$

$$5HNO_3 + 3P + 2H_2O = 3H_3PO_4 + 5NO\uparrow$$

$$4HNO_3\text{（浓）} + Cu = Cu(NO_3)_2 + 2NO_2\uparrow + 2H_2O$$

$$8HNO_3\text{（稀）} + 3Cu = 3Cu(NO_3)_2 + 2NO\uparrow + 4H_2O$$

$$10HNO_3\text{（稀）} + 4Zn = 4Zn(NO_3)_2 + NH_4NO_3 + 3H_2O$$

一般来说，浓硝酸的氧化性强于稀硝酸，还原产物也与硝酸浓度有关。

王水是由 3 份浓盐酸和 1 份浓硝酸（体积比）所组成的混合溶液，具有比硝酸更强的氧化性，能使一些不溶于硝酸的金属（如金、铂等）溶解。

$$Au + HNO_3 + 4HCl = H[AuCl_4] + NO\uparrow + 2H_2O$$

硝酸盐的主要性质：几乎所有的硝酸盐都溶于水，水溶液都无氧化性。固体硝酸盐低温时较稳定，高温时显氧化性，受热易分解，分解产物与硝酸盐中相应的金属阳离子的性质有关。

碱金属、碱土金属硝酸盐加热分解反应如下：

$$2NaNO_3 \xlongequal{\triangle} 2NaNO_2 + O_2\uparrow$$

金属活动性顺序表中位于 Mg～Cu 之间的金属的硝酸盐加热分解反应如下（以 Pb 为例）：

$$2Pb(NO_3)_2 \xlongequal{\triangle} 4NO_2\uparrow + O_2\uparrow + 2PbO$$

金属活动性顺序表中位于 Cu 以后的金属的硝酸盐的分解反应如下（以 Ag 为例）：

$$2AgNO_3 = 2NO_2\uparrow + O_2\uparrow + 2Ag$$

四、磷及其化合物

磷是生命元素，它存在于细胞、蛋白质、骨骼和牙齿中，是细胞核的重要成分。磷酸与糖结合形成的核苷酸是基因的基本组成单位。磷在自然界中以磷酸盐的形式出现，磷的矿物有磷酸钙和磷灰石，它们是制造磷肥的原料。磷在脑细胞中含量丰富，脑磷脂供给大脑活动所需的巨大能量。磷存在多种同素异形体，常见的有白磷、红磷和黑磷。

磷的含氧酸主要有磷酸(H_3PO_4)、亚磷酸(H_3PO_3)和次磷酸(H_3PO_2)。

磷酸为三元酸，属于中等强度的酸，无挥发性，能与水以任何比例混溶。常温下，纯磷酸为无色晶体，熔点为 315.3 K，市售磷酸是含 H_3PO_4 约 82% 的黏稠状的溶液，由于加热时磷酸会逐渐脱水，因此无法测定其沸点。不论在酸性溶液还是碱性溶液中，磷酸几乎没有氧化性。PO_4^{3-} 具有很强的配合能力，能与许多金属离子生成可溶性的配合物。

磷酸可以形成三种类型的盐，即磷酸盐(如 Na_3PO_4)、磷酸氢盐(如 Na_2HPO_4)、磷酸二氢盐(如 NaH_2PO_4)。其中，磷酸二氢盐均溶于水，另外两类盐除 K^+、Na^+、NH_4^+ 的盐外，一般都不溶于水。可溶性磷酸盐在水溶液中都能发生不同程度的水解，使溶液呈现不同的酸碱性。以钠盐为例，Na_3PO_4 溶液呈较强的碱性，Na_2HPO_4 溶液呈弱碱性，而 NaH_2PO_4 溶液呈弱酸性。

实验室和制剂室常用 NaH_2PO_4 和 Na_2HPO_4 配制缓冲溶液。

五、砷、锑、铋及其重要化合物

1. 砷、锑、铋的单质

砷、锑、铋在地壳中含量不高，在自然界主要以硫化物形式存在。如雄黄(As_4S_4)、雌黄(As_2S_3)、辉锑矿(Sb_2S_3)、辉铋矿(Bi_2S_3)等，我国锑的蕴藏量居世界第一位。

砷、锑是典型的半金属，它们与第ⅢA 族和第ⅥA 族的金属形成的合金是优良的半导体材料，具有工业意义的锑合金有 200 多种。铋是典型的金属元素，它与铅、锡的合金用于制作保险丝，它的熔点(544 K)和沸点(1743 K)相差一千多开，可用作原子能反应堆冷却剂。

砷、锑、铋的化学性质不太活泼，但与卤素能直接作用。在常见无机酸中只有硝酸与它们有显著的化学反应。

2. 砷、锑、铋的化合物

(1) 砷、锑、铋的氧化物和氢氧化物的酸碱性。

砷、锑、铋都有氧化数为+3 和+5 的两个系列氧化物。其中砷(Ⅲ)和锑(Ⅲ)的氧化物和氢氧化物都是两性物质，而铋(Ⅲ)的氧化物和氢氧化物只表现出碱性，它们只溶于酸而不与碱作用。砷(Ⅴ)、锑(Ⅴ)、铋(Ⅴ)的氧化物和氢氧化物都是两性偏酸的化合物。

(2) 硫化物的难溶性和酸碱性。

向氧化数为+3、+5 的砷、锑、铋[铋(Ⅴ)除外]的盐或含氧酸盐的酸性溶液中通入 H_2S，可以生成有色的 M_2S_3 和 M_2S_5 沉淀[铋(Ⅴ)不能生成 Bi_2S_5]，它们均难溶于 6 mol/L HCl 溶液中。

3. 砷的化合物

(1) 三氧化二砷(As_2O_3)：As_2O_3 俗称砒霜，为白色粉末，微溶于水，有剧毒(对人的致死量为 0.1～0.2 g)。除用作防腐剂、农药外，也用作玻璃、陶瓷工业的去氧剂和脱色剂。

As_2O_3 具有两性和还原性。两性表现为 As_2O_3 既可与酸作用，也可与碱作用：

$$As_2O_3 + 6HCl \xlongequal{} 2AsCl_3 + 3H_2O$$

$$As_2O_3 + 6NaOH \xlongequal{} 2Na_3AsO_3 + 3H_2O$$

(3) 亚砷酸钠(Na_3AsO_3)：Na_3AsO_3 为白色粉末，易溶于水，溶液呈碱性。为警惕其毒性，工业品常染上蓝色，曾被用作除草剂、皮革防腐剂、有机合成的催化剂等。

4. 锑的化合物

$SbCl_3$ 为白色固体，熔点为 352 K，烧蚀性极强，沾在皮肤上立即起疱，有毒，用作有机合成的催化剂、织物阻燃剂、媒染剂等。

$SbCl_5$ 为无色液体，熔点为 276.5 K，在空气中发烟，主要用作有机合成的氯化催化剂。

5. 铋的化合物

铋酸钠($NaBiO_3$)亦称偏铋酸钠，是黄色或褐色无定形粉末，难溶于水，为强氧化剂。$NaBiO_3$ 在酸性介质中表现出强氧化性，它能氧化 HCl 放出 Cl_2，氧化 H_2O_2 放出 O_2，甚至能把 Mn^{2+} 氧化成 MnO_4^-：

$$5NaBiO_3(s)+2Mn^{2+}+14H^+ \xlongequal{} 2MnO_4^-+5Na^++5Bi^{3+}+7H_2O$$

此反应常用来检验 Mn^{2+} 的存在与否。

第四节　碳族和硼族元素

PPT

一、碳族元素

元素周期表中第ⅣA 族包括碳(C)、硅(Si)、锗(Ge)、锡(Sn)、铅(Pb)、𫓧(Fl)六种元素，这六种元素称为碳族元素。碳族元素价层电子构型为 ns^2np^2，价电子数与价电子轨道数相等，因此称它们为等电子原子，能形成氧化数为+2、+4 的化合物。所有的有机化合物都含碳元素，其数量已超过百万种。

(一)活性炭的吸附作用

吸附是各种气体、蒸气以及溶液中的溶质被吸在固态物质表面的现象。起吸附作用的物质称为吸附剂，被吸附的物质称为吸附质。吸附能力通常用吸附量来衡量。吸附量是指 1 g 吸附剂所吸附的吸咐质物质的量(用毫摩尔或毫克表示)。因为吸附为表面作用，所以吸附剂的总表面积越大，其吸附量也越大。一定质量物体表面积的大小取决于其粒子的粗细或其孔隙的多少。粒子细，外表面积大，孔隙多，内表面积大。

将木材干馏得到的木炭，经活化处理后，具有高的吸附能力，称为活性炭。除活性炭外，硅胶、活性氧化铝、硅藻土等都是常用的吸附剂。

(二)碳的氧化物及其盐

碳有多种氧化物，其中常见的是一氧化碳和二氧化碳。

知识拓展 11-1：吸附剂

1. 一氧化碳

一氧化碳(CO)是无色、无臭、有毒的气体，沸点为 181 K，熔点为 68 K，在水中溶解度较小，易溶于乙醇等有机溶剂。CO 具有还原性，能燃烧生成 CO_2，在高温下，CO 可以从许多金属氧化物中夺取氧，使金属还原。

CO 是电子对给予体(配体)，能与某些具有空轨道的金属离子(或原子)形成配位键而生成配合物，是一种重要的配体，能与许多过渡金属加合生成金属羰基化合物。例如$[Fe(CO)_5]$、$[Ni(CO)_4]$和$[Cr(CO)_6]$等。

CO 的毒性与它能和血液中的血红蛋白生成稳定的配合物有关。CO 与血红蛋白的结合力约为 O_2 的 230～270 倍。一旦 CO 与血红蛋白结合，血红蛋白就失去输送 O_2 的能力，致使人缺氧。当空气中 CO 浓度达 0.1%时，就会引起人体中毒。一旦发生 CO 中毒，可注射亚甲蓝($C_{16}H_{18}N_3ClS$)，它可从血红蛋白与 CO 的配合物中夺取 CO，使血红蛋白恢复功能。

2. 二氧化碳

二氧化碳(CO_2)是无色、无臭、无毒、不能燃烧的气体，密度是空气的 1.53 倍，高压(5.65 MPa)下液化，属于酸性氧化物，能与碱反应。工业上，纯碱(Na_2CO_3)、碳酸氢铵(NH_4HCO_3)、铅白$[Pb(OH)_2\cdot 2PbCO_3]$、啤酒、饮料、干冰等生产中都要使用大量的 CO_2。CO_2 被用作制冷剂、灭火剂。空气中 CO_2 的平均含量约为 0.03%，温室效应就是由大气中 CO_2 含量增高所致。

一般情况下，CO_2 不助燃，空气中 CO_2 含量达到 2.5%时，火焰就会熄灭。CO_2 化学性质不活泼，但在高温下，能与碳或活泼金属镁、铝等作用。

$$CO_2+2Mg \xlongequal{点燃} 2MgO+C$$

CO_2 虽然无毒，但如果在空气中的含量过高，也会使人因为缺氧而发生窒息。

3. 碳酸及其盐

CO_2 能溶于水生成碳酸(H_2CO_3),碳酸为弱酸,仅存在于水溶液中,其水溶液 pH 约为 4。

碳酸盐有两种:正盐和酸式盐。除 NH_4^+、碱金属(除锂)的碳酸盐易溶于水外,其余均难溶;酸式碳酸盐都能溶于水。酸式盐的溶解度一般大于正盐。

碱金属碳酸盐和碳酸氢盐、碳酸铵和碳酸氢铵在水溶液中均会水解而显强弱不同的碱性。热不稳定性是碳酸盐的一个重要性质,一般来说,碳酸及其盐的热稳定性顺序如下:碳酸盐>碳酸氢盐>碳酸。

碳酸钠(Na_2CO_3)俗称纯碱,在水溶液中,因 CO_3^{2-} 的水解很明显,故其水溶液显强碱性。用 Na_2CO_3 溶液沉淀金属阳离子时,有些阳离子生成碳酸盐,如 Ca^{2+}、Sr^{2+}、Ba^{2+} 等;有些离子则生成碱式碳酸盐,如 Cu^{2+}、Mg^{2+}、Zn^{2+}、Co^{2+}、Ni^{2+} 等;还有些阳离子生成氢氧化物,如 Cr^{2+}、Al^{3+}、Fe^{3+}。这主要由阳离子的碳酸盐和氢氧化物的溶解度大小决定。

碳酸氢钠($NaHCO_3$)又名小苏打或重碳酸钠,水溶液显碱性。

(三)硅的含氧化合物及其盐

1. 硅

硅在自然界中分布极广,地壳中约含 27.6%,硅主要以化合物的形式存在,硅在地壳中的含量仅次于氧元素(49.4%)。无定形硅具有明显的金属光泽,呈灰色。晶体硅呈暗黑蓝色,很脆,是典型的半导体,具有金刚石的晶体结构。

硅非常稳定,在常温下,除氟化氢以外,很难与其他物质发生反应。

2. 二氧化硅(SiO_2)

天然 SiO_2 叫作硅石,有晶态和无定形两种类型,石英是晶态 SiO_2 的一种,硅藻土则属于无定形 SiO_2。晶态 SiO_2 是原子晶体,且 Si—O 的键能很高,所以石英的硬度大,熔点高。晶态 SiO_2 主要存在于石英矿中,纯的石英晶体叫水晶,紫水晶、玛瑙和碧玉都是含杂质的有色石英晶体,砂子也是混有杂质的石英颗粒。硅藻土和蛋白石则是无定形 SiO_2 矿石,它们均为含不同数量结晶水的 SiO_2,结构式为 $SiO_2 \cdot nH_2O$。

SiO_2 是酸性氧化物,化学性质很不活泼,除 F_2、HF 和强碱外,常温下一般不与其他物质发生反应。

$$SiO_2 + 4HF = SiF_4\uparrow + 2H_2O$$

$$SiO_2 + 2NaOH = Na_2SiO_3 + H_2O$$

$$SiO_2 + Na_2CO_3 = Na_2SiO_3 + CO_2\uparrow$$

生成的 Na_2SiO_3 能溶于水。因此,含有 SiO_2 的玻璃能被强碱所腐蚀。

石英耐高温,能透过紫外光。石英常用于制造耐高温仪器和医学、光学仪器。由于玻璃的主要成分 SiO_2 能被碱腐蚀,配制的碱溶液通常不能用玻璃瓶保存。水晶又叫白石英,主要成分是 SiO_2,具有温肺肾、安心神、利小便的功效,用于治疗肺寒咳喘、阳痿、消渴等疾病。

3. 硅酸及其盐

(1) 硅酸:硅酸为组成复杂的白色固体,是无定形 SiO_2 的水合物,常用通式 $xSiO_2 \cdot yH_2O$ 来表示。简单的硅酸是正硅酸(H_4SiO_4),习惯上用 H_2SiO_3 表示(后者为偏硅酸)。

硅酸为二元弱酸,其水溶液呈微弱的酸性。虽然 SiO_2 为硅酸的酸酐,但由于它不溶于水,所以只能用可溶性硅酸盐与酸作用得到硅酸,反应式如下:

$$Na_2SiO_3 + 2HCl = H_2SiO_3 + 2NaCl$$

硅酸在水中的溶解度很小,并不立即沉淀,而是以单分子形式存在于溶液中。当放置一段时间后,发生絮凝作用,逐渐缩合形成多硅酸的胶体溶液,即硅酸溶胶。向溶胶中加入酸或电解质,便可沉淀出白色透明、软而有弹性的固体,即硅酸凝胶。将硅酸凝胶烘干,便可制得硅胶。硅胶具有多孔性,有较强的吸附作用，常用于气体回收、石油精炼和制备催化剂，实验室中常用其作干燥剂。若把硅胶用 $CoCl_2$ 溶液浸泡，则可制得变色硅胶。因为无水 $CoCl_2$ 为蓝色，$CoCl_2 \cdot 2H_2O$ 为粉红色，根据变色硅胶的颜色可以判断硅胶的吸水程度。

(2) 硅酸盐：除钾、钠的硅酸盐易溶于水外，其余的硅酸盐均难溶。可溶性 Na_2SiO_3 俗称水玻璃（工业上称泡花碱）。水玻璃是很好的黏合剂，可用作肥皂、洗涤剂的填充剂，木材和织物浸过水玻璃，可以防腐、阻燃。

天然沸石是铝的硅酸盐，是具有多孔结构的物质，其中有许多笼状空穴，加热真空脱水制成的干燥剂，可用于干燥气体及有机溶剂。

三硅酸镁（$Mg_2Si_3O_8$）内服中和胃酸时能生成胶状的 SiO_2，对胃及十二指肠溃疡面有保护作用。

（四）锡及其化合物

锡呈银白色，密度为 7.28 g/cm^3，熔点为 505 K，沸点为 2533 K，溶于稀酸和强酸。

1. 锡的物理性质

在常压下，锡有 3 种同素异形体。以灰锡（α 锡）、白锡（β 锡）或脆锡的状态存在。白锡很软，锡条弯曲时，由于晶体间的摩擦，发出“唧唧”的响声，称为“锡鸣”，它没有延性，不能拉成细丝，但富有展性，可压成极薄的锡箔。锡制品长期处于低温而毁坏成粉末，这种现象称为“锡疫”。可以通过在锡中加入铋或锑来有效地抑制锡的退化。

2. 锡的化学性质

常温下，锡表面形成保护膜，所以锡在空气中和水中是最稳定的。在铁皮的表面镀上锡，也就是我们常见的马口铁，可以起到防腐的作用。锡比铁活泼，能与酸或碱反应。

3. 锡的化合物

(1) 锡的卤化物：$SnCl_2$ 是一种具有油状光泽的白色晶体，$SnCl_2$ 的水溶液具有还原性及水解性，它能吸收空气中的氧气生成氯氢氧化锡[Sn(OH)Cl]及四氯化锡（$SnCl_4$）；干燥的 $SnCl_2$ 在空气中也会因发生水解而变质，在水溶液中会水解为 Sn(OH)Cl。

(2) 锡的硫化物：锡的硫化物中较重要的是 SnS（暗棕色）和 SnS_2（黄色）。锡的硫化物都难溶于水。低价态的硫化物通常偏碱性，高价态显酸性或两性偏酸。

SnS_2 溶于 Na_2S 及 $(NH_4)_2S$ 溶液，形成相应的硫代锡酸盐。

（五）铅及其化合物

1. 铅

铅的原子量为 207.2，密度为 11.3 g/cm^3，熔点为 600 K，当加热至 673～773 K 时，即有铅蒸气逸出，并在空气中迅速氧化和凝集，形成氧化铅逸散。铅及其化合物在工业生产中应用十分广泛，主要用于冶金、印刷、陶瓷、玻璃、医药、农药、染料、塑料、油漆、石油化工、蓄电池等领域。

2. 铅的化合物

一氧化铅（PbO）俗称黄丹、密陀僧，有黄色及红色两种变体。PbO 用于制造铅白粉、铅皂，在油漆中作催干剂。PbO 具有两性，能与 HNO_3 或 NaOH 作用分别得到 $Pb(NO_3)_2$ 和 Na_2PbO_2。

二氧化铅（PbO_2）是棕黑色固体，加热时逐步分解为低价氧化物（Pb_2O_3、Pb_3O_4、PbO）和氧气。PbO_2 在酸性介质中具有强氧化性，PbO_2 遇有机物易引起燃烧或爆炸；与硫、磷等一起摩擦可以燃烧。它是铅蓄电池的阳极材料，也是火柴制造业的原料。

四氧化三铅（Pb_3O_4）俗称铅丹，是鲜红色固体，它可以看作正铅酸的铅盐[$Pb_2(PbO_4)$]或复合氧化物[$2PbO \cdot PbO_2$]。Pb_3O_4 的化学性质稳定，常用作防锈漆；水暖管工使用的红油也含有 Pb_3O_4。Pb_3O_4 与热的稀 HNO_3 作用，只能溶出总铅量的 2/3：

$$Pb_3O_4 + 4HNO_3 = 2Pb(NO_3)_2 + PbO_2 + 2H_2O$$

铅(Ⅱ)盐：多数难溶于水，广泛用作颜料或涂料。例如：$PbCrO_4$ 是一种常用的黄色颜料（铬黄），

$Pb_2(OH)_2CrO_4$ 为红色颜料，$PbSO_4$ 可制白色油漆。可溶性的铅盐有两种，即 $Pb(NO_3)_2$ 和 $Pb(Ac)_2$，其中 $Pb(NO_3)_2$ 是制备难溶性铅盐的原料。

铅的致毒作用缓慢，但会逐渐在体内积累，一旦出现中毒症状，则较难治疗。它对人体的神经系统、造血系统都有严重危害，典型症状是食欲不振、精神倦怠和头疼。

含铅废水的处理：一般采用沉淀法处理，以石灰或纯碱作为沉淀剂，使废水中的铅生成 $Pb(OH)_2$ 或 $PbCO_3$ 沉淀而除去。铅的有机化合物可用强酸性阳离子交换树脂除去。国家允许废水中铅的最高排放浓度为 1.0 mg/L（以 Pb 计）。

（六）常用的含碳族元素药物

1. 碳酸氢钠

碳酸氢钠又名小苏打，为吸收性抗酸药，内服能中和胃酸及碱化尿液，5%碳酸氢钠注射液用于治疗酸中毒。

2. 铅丹

铅丹又名黄丹，主要成分为 Pb_3O_4，具有直接杀灭细菌、寄生虫和抑制黏液分泌的作用，主要用于配制外用膏药，具有收敛、止疼和生肌的作用。

3. 药用炭

药用炭为植物活性炭、吸附药，内服用于治疗腹泻、胃肠胀气、生物碱中毒和食物中毒。

二、硼族元素的重要化合物

（一）硼酸

硼酸（H_3BO_3）为无色晶体，微溶于冷水，在热水中溶解度增大。H_3BO_3 是一元弱酸，其酸性并不是因为它在溶液中能解离出 H^+，而是由于硼原子存在空的 p 轨道，能接受 OH^- 的孤对电子，使水的解离平衡破坏而释放出 H^+，H^+ 浓度相对升高，溶液显酸性。硼酸是一个典型的路易斯酸。在路易斯碱（如甘露醇或甘油）的存在下，它的酸性可大为增强。

$$H_3BO_3 + H_2O \rightleftharpoons B(OH)_4^- + H^+$$

重要的硼酸盐为四硼酸钠（以硼砂形式存在，$Na_2B_4O_7 \cdot 10H_2O$），它是白色易风化的晶体，常温下在水中的溶解度不大，在沸水中易溶，水溶液呈碱性。在实验室中常用硼砂配制缓冲溶液或作为标定酸标准溶液的基准物质。

（二）铝及其化合物

铝（Al）是第ⅢA 族的金属元素，在化合物中的氧化数为+3，铝在地壳中的含量仅次于氧和硅，居第 3 位。

1. 铝的物理性质和化学性质

铝是银白色轻金属，密度为 2.7 g/cm^3，具有良好的延展性、导电性和导热性，无磁性。在金属中，铝的导电、传热能力仅次于银和铜，延展性仅次于金。铝易制成筒、管、棒或箔，铝箔广泛用于药品片剂、胶囊剂的包装。

铝是较活泼的金属，能与非金属、酸、碱及某些金属氧化物反应。

(1) 与非金属反应：铝与空气接触很快失去光泽，表面生成一层致密而坚固的氧化物薄膜，从而阻止内部的铝被继续氧化，这种现象叫钝化。利用铝的钝化原理，工业上常用铝罐储运发烟硝酸。

(2) 铝的两性：铝是两性金属，既能溶于稀盐酸和稀硫酸，又易溶于强碱溶液。例如：

$$2Al + 6HCl \xlongequal{} 2AlCl_3 + 3H_2\uparrow$$

$$2Al + 2NaOH + 6H_2O \xlongequal{} 2Na[Al(OH)_4] + 3H_2\uparrow$$

(3) 与某些金属氧化物反应：铝能从许多金属氧化物中夺取氧，表现出较强的亲氧性。例如：

$$2Al + Fe_2O_3 \xlongequal{} 2Fe + Al_2O_3$$

该反应放出大量热，达到很高的温度（约 3273 K）。铝粉和金属氧化物的混合物称为铝热剂，可用于钢轨的无缝焊接，还可用于制取难熔的金属，如钒、铬、锰等。

2. 铝的化合物

（1）氧化铝：氧化铝（Al_2O_3）是一种典型的两性氧化物，既能与酸反应，又能与碱反应。例如：

$$Al_2O_3+6HCl═══2AlCl_3+3H_2O$$

$$Al_2O_3+2NaOH+3H_2O═══2Na[Al(OH)_4]$$

（2）氢氧化铝：氢氧化铝[$Al(OH)_3$]为不溶于水的白色胶状物质，但能凝聚水中的悬浮物，并能吸附色素。

氢氧化铝是两性物质，既能溶于强酸，又能溶于强碱。例如：

$$Al(OH)_3+3HCl═══3AlCl_3+3H_2O$$

$$Al(OH)_3+NaOH═══Na[Al(OH)_4]$$

（3）明矾：明矾[$KAl(SO_4)_2\cdot 12H_2O$]为无色晶体，易溶于水，并发生水解反应，溶液呈酸性。

明矾水解生成的氢氧化铝溶胶具有吸附能力，广泛用于水的净化。

（三）常用的含硼族元素药物

1. 硼酸

硼酸具有杀菌作用，1%～4%的硼酸溶液用于冲洗眼睛、膀胱和伤口。4.5%～5.5%的硼酸软膏常用于治疗皮肤溃疡和褥疮。硼酸甘油滴耳剂用于治疗中耳炎。

2. 硼砂

硼砂（$Na_2B_4O_7\cdot 10H_2O$），又名盆砂，外用有清热解毒、消肿、防腐的作用，硼砂也是治疗咽喉炎及口腔炎的冰硼散和复方硼砂含漱剂的主要成分。

3. 氢氧化铝

氢氧化铝[$Al(OH)_3$]用于胃酸过多、胃溃疡、十二指肠溃疡等症，口服可中和胃酸，其产物氯化铝有收敛和局部止血作用，是较好的抗酸药。氢氧化铝常制成氢氧化铝凝胶剂或氢氧化铝片剂（胃舒平），其作用缓慢而持久，氢氧化铝凝胶本身就能保护溃疡面，且具有吸附作用。

4. 明矾

明矾[$KAl(SO_4)_2\cdot 12H_2O$]，中药称白矾，经煅制加工后称苦矾或枯矾、炙白矾。白矾内服有祛痰燥湿、敛肺止血的功效。外用多为枯矾，有收湿止痒和解毒的功效。0.5%～2%的明矾溶液可用于洗眼或含漱。外科用枯矾作为伤口的收敛性止血剂，也可用于治疗皮炎或湿疹。

能力检测

能力检测答案

知识拓展 11-2：铝的危害

一、单项选择题（10×3＝30 分）

1. 甲状腺肿大是边远山区常见的地方病，下列元素对该病有治疗作用的是（　　）。

A. 钠元素　　B. 氯元素　　D. 铁元素　　C. 碘元素

2. 能使淀粉碘化钾溶液变蓝的是（　　）。

A. 氯水　　B. 氯化钠　　C. 溴化钠　　D. 碘化钠

3. 自来水可用氯气消毒，是因为氯气与水反应生成了（　　）。

A. 氯气　　B. 氧气　　C. 盐酸　　D. 次氯酸

4. 下列物质中没有氧化性的是（　　）。

A. Cl_2　　B. NaCl　　C. NaClO　　D. $NaClO_3$

5. 下列酸中能够腐蚀玻璃的是（　　）。

A. 盐酸　　B. 硝酸　　C. 硫酸　　D. 氢氟酸

6. 在实验室中，常用于精密仪器防潮的是(　　)。

A. 活性炭　　B. 硅胶　　C. 氯化钙　　D. 无水硫酸铜

7. 检验 Fe^{3+} 的特效试剂是(　　)。

A. KCN　　B. KSCN　　C. NaOH　　D. HCl

8. 下列各组溶液中不能发生化学反应的是(　　)。

A. 氯水和溴化钠　　B. 氯水和溴化钾　　C. 溴水和氯化钠　　D. 溴水和碘化钾

9. 下列关于氯化氢性质的叙述正确的是(　　)。

A. 只有氧化性　　B. 只有还原性

C. 既有氧化性，又有还原性　　D. 既没有氧化性，又没有还原性

10. 在我国某些地方以及世界一些地区，时有“酸雨”降落，这是由于环境中什么气体污染造成的？(　　)

A. CO_2　　B. CH_4　　C. SO_2　　D. O_3

二、填空题(27×2=54 分)

1. 卤素原子最外电子层有__________个电子，在化学反应中都容易得到__________个电子，最低氧化数为__________。

2. 检验 Cl^-、Br^-、I^- 所用的试剂是__________和__________。

3. 漂白粉的有效成分是__________。

4. 氧族元素包括__________等元素，其价层电子构型为__________，形成氧化数为__________的化合物是本族元素的重要成键特征。

5. 过氧化氢的化学性质主要有__________、__________、__________。

6. 在硫酸亚铁、硫代硫酸钠、碳酸氢钠、过氧化氢、硫酸钡等物质中，能中和胃酸的是__________；能用于肠道造影的是__________；可用作重金属中毒时的解毒剂的是__________；用作氧化剂、漂白剂和消毒剂时，不仅作用强，速度快，而且不会造成二次污染的是__________；在医药上用作补血剂，治疗缺铁性贫血的是__________。

7. 碳酸氢钠($NaHCO_3$)俗称__________，为吸收性抗酸药，内服能中和胃酸及碱化尿液，5% $NaHCO_3$ 注射液用于治疗__________。

8. 四硼酸钠($Na_2B_4O_7$)是常见的硼酸盐，它的水合物($Na_2B_4O_7 \cdot 10H_2O$)俗称__________。

9. 活性炭是药物合成、天然药物有效成分分离提取、药品生产和药物制剂过程中常用的吸附剂。医药上活性炭常用作__________，能吸附各种化学刺激物和胃肠内各种有害物质，服用后可减轻肠内容物对肠壁的刺激，减少蠕动而起到止泻作用。内服可治疗__________、__________、__________和__________。

10. 硫酸钡的悬浊液用于胃肠道造影，它能吸收__________，而且不会被胃肠道吸收，俗称“__________”。

三、简答题(5×3.2=16 分)

1. 怎样用实验的方法鉴别 NaCl、NaBr 和 KI？请写出有关离子反应方程式。

2. 向某溶液中加入硫氰酸钾溶液，出现血红色，该溶液中一定含有哪种离子？为什么？

3. 向某溶液中滴加硝酸银溶液，产生黄色沉淀，该沉淀既不溶于稀硝酸也不溶于氨水，该溶液中含有什么离子？

4. 变色硅胶中含有什么成分？为什么干燥时呈蓝色，吸水后变粉红色？

5. 硫代硫酸钠具有还原性，请写出它与碘作用的化学反应方程式。

参考文献

[1] 毛海立，杨再波. 无机化学[M]. 北京：中国协和医科大学出版社，2019.
[2] 牛秀明，林珍. 无机化学[M]. 3版. 北京：人民卫生出版社，2018.
[3] 王志江. 无机化学[M]. 北京：中国出版集团有限公司，2020.

（李江兵）

第十二章

过渡元素及其重要化合物

学习目标

知识目标

1. 掌握：$Cr_2O_7^{2-}$ 和 CrO_4^{2-} 之间的转化，$KMnO_4$、$CuSO_4$、$AgNO_3$ 等重要化合物的性质。
2. 熟悉：$KMnO_4$、$CuSO_4$、$AgNO_3$ 等重要化合物的应用。
3. 了解：过渡元素电子层结构特点与其性质变化规律的关系。

能力目标

能根据物质的性质正确储存和使用相关的药物和试剂。

素质目标

提高科学使用药物和试剂的工作意识。

学习引导

过渡元素都是金属元素，性质介于活泼金属与活泼非金属之间，故又称为过渡金属元素或过渡金属，它们的性质在一定程度上具有相似性，有哪些相似性？常见过渡金属有哪些？它们有什么应用？

本章主要介绍常见的铁、锰、铬、铜、银、汞、锌等单质及其重要化合物的性质。

第一节　过渡元素概述

PPT

一、过渡元素的通性

过渡元素一般是指原子的电子层结构中 d 轨道或 f 轨道仅部分填充的元素。因此过渡元素实际上包括 d 区元素和 f 区元素。本章主要讨论 d 区元素。

d 区元素价层电子构型为$(n-1)d^{1\sim8}ns^{1\sim2}$（Pd 为 $4d^{10}$ 和 Pt 为 $5d^9 6s^1$ 例外），最外两层电子均未填满。因此 d 区元素具有如下通性。

1. 有可变氧化数

因$(n-1)$d 轨道和 ns 轨道的能量相近，d 电子可以全部或部分参与成键，所以除第ⅢB 族元素只有+3 氧化数外，其他各族元素都有可变氧化数。例如，Mn 有+2、+4、+6、+7，Fe 有+2、+3。

2. 容易形成配合物

d 区元素的离子往往有未充满的 d 轨道，易形成配合物，如$[Fe(SCN)_6]^{3-}$、$[Ag(NH_3)_2]^+$、$[Cu(NH_3)_4]^{2+}$。

3. 水合离子大多有颜色

大多数 d 区元素离子在水中，与水形成有颜色的水合离子，如 Fe^{3+}（黄色）、Cu^{2+}（蓝色）、Mn^{2+}（肉红色）。

4. 具有磁性和催化性

在 d 区元素及其化合物中，如果原子的 d 轨道具有未成对电子，则由于自旋而具有顺磁性；如果原子有空的 d 轨道，则由于能接受外来电子而具有催化性。

二、过渡元素的性质

由于金属键的存在，金属具有很多共同的物理性质，包括具有特殊的金属光泽、不透明、具有良好的导电性和导热性、有延展性、密度和硬度较大、熔点较高等。

银是导电性最好的金属，金是延展性最好的金属，锇是密度最大的金属（2248 g/cm³），铬是硬度最大的金属，钨是熔点最高的金属，汞是熔点最低的金属。

金属在化学反应中容易失去电子，形成金属阳离子，因而表现出较强的还原性。所以金属可与非金属反应，也可与酸类、盐类及水反应。

第二节 重要的过渡元素及其化合物

PPT

一、铬、锰及其重要化合物

铬（Cr）、锰（Mn）是过渡元素，在生产及生活中使用较为普遍。

（一）铬及其化合物

铬（Cr）是元素周期表中第四周期ⅥB 族的元素，属于过渡元素。纯铬具有银白色金属光泽，有延展性；它的熔点、沸点较高，抗腐蚀性强，硬度最大。大量的铬用于制造合金，含铬、镍的钢称为不锈钢，不锈钢具有很强的抗腐蚀性和抗氧化性，是制造机械设备的重要原材料。

1. 铬（Ⅲ）的化合物

（1）Cr_2O_3 和 $Cr(OH)_3$ 的两性：Cr_2O_3 是绿色固体，微溶于水，熔点为 2670 K。Cr_2O_3 呈两性，既溶于酸溶液又溶于碱溶液，生成相应的盐。例如：

$$Cr_2O_3+3H_2SO_4 = Cr_2(SO_4)_3+3H_2O$$

$$Cr_2O_3+2NaOH = H_2O+2NaCrO_2$$

铬（Ⅲ）盐溶液与适量的氨水或 NaOH 溶液作用时，生成灰绿色的 $Cr(OH)_3$ 胶状沉淀。$Cr(OH)_3$ 也具有两性，能与酸或碱溶液作用生成相应的盐。此外，$Cr(OH)_3$ 还能溶解在过量氨水中，生成配合物。

$$Cr(OH)_3+6NH_3 = [Cr(NH_3)_6](OH)_3$$

（2）铬（Ⅲ）的还原性：铬（Ⅲ）在碱性介质中的还原性较强；在碱性溶液中，CrO_2^- 能被 H_2O_2、Cl_2 等氧化剂氧化成 CrO_4^{2-}。

$$2CrO_2^-+3H_2O_2+2OH^- = 2CrO_4^{2-}+4H_2O$$

在酸性介质中，铬（Ⅲ）的还原性较弱，只有过硫酸铵或高锰酸钾等少数强氧化剂才能将铬（Ⅲ）氧化为铬（Ⅵ）。例如：

$$10Cr^{3+}+6MnO_4^-+11H_2O = 5Cr_2O_7^{2-}+6Mn^{2+}+22H^+$$

铬（Ⅲ）盐的水解性：可溶性铬（Ⅲ）盐溶于水时，发生水解，使溶液显酸性。

$$Cr^{3+}+3H_2O = Cr(OH)_3+3H^+$$

如果降低溶液的酸度，则生成灰绿色的 $Cr(OH)_3$ 胶状沉淀。

2. 铬（Ⅵ）的化合物

铬（Ⅵ）化合物中最重要的是可溶性含氧酸盐，有重铬酸钾和铬酸钾。

（1）强氧化性：在酸性介质中，重铬酸盐和铬酸盐都是强氧化剂。例如：

$$K_2Cr_2O_7+6KI+14HCl = 2CrCl_3+8KCl+3I_2+7H_2O$$

$$K_2Cr_2O_7+14HCl(浓) = 2CrCl_3+3Cl_2\uparrow+7H_2O+2KCl$$

$K_2Cr_2O_7$ 饱和溶液与浓 H_2SO_4 的混合物称为铬酸洗液，洗液中的深红色沉淀为 CrO_3。

$$K_2Cr_2O_7 + H_2SO_4(浓) = 2CrO_3\downarrow + K_2SO_4 + H_2O$$

CrO_3 是铬酸酐，具有极强的氧化性。铬酸洗液可用于洗涤玻璃器皿上的污物。由于铬(Ⅵ)具有明显的毒性，铬酸洗液已逐渐被其他洗涤剂所代替。

(2) 生成沉淀反应：当向铬酸盐或重铬酸盐溶液中加入 Ba^{2+}、Pb^{2+}、Ag^+ 等离子时，生成铬酸盐沉淀。例如：

$$2Ag^+ + CrO_4^{2-} = Ag_2CrO_4\downarrow$$

$$2Pb^{2+} + Cr_2O_7^{2-} + H_2O = 2H^+ + 2PbCrO_4$$

重铬酸盐都能溶于水。铬酸盐中仅碱金属盐、铵盐、镁盐易溶，钙盐略溶。

铬酸盐沉淀不溶于弱酸，但可溶于强酸。这是因为在铬酸盐和重铬酸盐溶液中有下列平衡：

$$\underset{(黄色)}{2CrO_4^{2-}} + 2H^+ \rightleftharpoons 2HCrO_4^- \rightleftharpoons \underset{(橙红色)}{Cr_2O_7^{2-}} + H_2O$$

由平衡反应方程式可知，加酸平衡向右移动，溶液中的 $Cr_2O_7^{2-}$ 浓度升高，溶液显橙红色；加碱平衡向左移动，溶液中的 CrO_4^{2-} 浓度升高，溶液显黄色。溶液中 $Cr_2O_7^{2-}$ 和 CrO_4^{2-} 的相对浓度取决于溶液的 pH。

在酸性溶液中，重铬酸盐或铬酸盐能与 H_2O_2 作用，生成蓝色的过氧化铬，此反应可用于鉴别 $Cr_2O_7^{2-}$ 和 CrO_4^{2-}。

（二）锰及其重要化合物

1. 锰的单质

锰是第四周期ⅦB 族元素，致密的块状锰是银白色的，粉末状锰为灰色。锰的合金非常重要，如锰钢很坚硬、抗冲击、耐磨损，可制造钢轨、盔甲等。锰常见的氧化数为+2、+4、+6 和+7。锰比铬活泼，在金属活动性顺序表中，位于铝和锌之间，能从热水中置换出氢气，也可溶于稀酸中，在高温下能够直接同卤素、硫、碳和磷等发生反应。

2. 锰的化合物

(1) 锰(Ⅱ)的化合物：常见锰(Ⅱ)的重要化合物有 $MnSO_4$、$MnCl_2$ 和 $Mn(NO_3)_2$，它们是可溶性锰盐。锰(Ⅱ)的化合物在碱性介质中还原性较强，例如：当 Mn^{2+} 与 OH^- 作用时，可生成白色沉淀，该白色沉淀放置片刻即被空气中的 O_2 氧化，生成棕色的水合二氧化锰[$MnO(OH)_2$]。

$$Mn^{2+} + 2OH^- = Mn(OH)_2\downarrow(白色)$$

$$2Mn(OH)_2 + O_2 = 2MnO(OH)_2$$

(2) 锰(Ⅳ)的化合物：MnO_2 在酸性介质中是强氧化剂。例如，MnO_2 与浓 H_2SO_4 作用可生成 O_2，与浓 HCl 作用生成 Cl_2。

$$2MnO_2 + 2H_2SO_4(浓) = 2MnSO_4 + O_2\uparrow + 2H_2O$$

$$MnO_2 + 4HCl(浓) = MnCl_2 + Cl_2\uparrow + 2H_2O$$

MnO_2 在强碱性介质中可显示出还原性。例如：

$$3MnO_2 + 6KOH + KClO_3 \xlongequal{\triangle} 3K_2MnO_4 + KCl + 3H_2O$$

MnO_2 主要作氧化剂，在有机合成、化工生产等许多领域中都具有重要用途。

(3) 锰(Ⅵ)的化合物：MnO_4^{2-} 在强碱性介质中稳定，在中性、酸性介质中发生歧化反应。

$$3MnO_4^{2-} + 4H^+ = 2MnO_4^- + MnO_2\downarrow + 2H_2O$$

(4) 锰(Ⅶ)的重要化合物：锰(Ⅶ)的化合物中最重要的是高锰酸钾($KMnO_4$)，俗称灰锰氧。它是深紫色的晶体，易溶于水，溶液呈紫红色。$KMnO_4$ 的主要化学性质如下。

分解反应：$KMnO_4$ 晶体在常温下较稳定，但加热到 473 K 以上时发生分子内氧化还原反应，分解放出 O_2。这是实验室制备少量氧气的一种简便方法：

$$2KMnO_4 \xlongequal{\triangle} K_2MnO_4 + MnO_2 + O_2\uparrow$$

$KMnO_4$ 水溶液不稳定，常温下缓慢地分解，生成棕褐色的 MnO_2 沉淀，并放出 O_2：

$$4MnO_4^- + 4H^+ \xlongequal{} 4MnO_2\downarrow + 3O_2\uparrow + 2H_2O$$

光线对此分解反应有促进作用，因此，$KMnO_4$ 溶液应保存在棕色瓶中。

强氧化性：$KMnO_4$ 无论是在酸性、碱性还是中性溶液中，都是很强的氧化剂，其还原产物与溶液的酸碱性有关。例如，与 Na_2SO_3 的反应：

在强酸性溶液中，MnO_4^- 被还原为 Mn^{2+}：

$$2MnO_4^- + 5SO_3^{2-} + 6H^+ \xlongequal{} 2Mn^{2+} + 5SO_4^{2-} + 3H_2O$$

在中性溶液中，MnO_4^- 被还原为棕褐色的 MnO_2 沉淀：

$$2MnO_4^- + 3SO_3^{2-} + H_2O \xlongequal{} 2MnO_2\downarrow + 3SO_4^{2-} + 2OH^-$$

在强碱性溶液中，MnO_4^- 被还原为绿色的 MnO_4^{2-}（锰酸根）：

$$2MnO_4^- + SO_3^{2-} + 2OH^- \xlongequal{} 2MnO_4^{2-} + SO_4^{2-} + H_2O$$

在酸性溶液中，$KMnO_4$ 的氧化性很强，能与许多还原性物质反应，因此其在分析化学中用于含量的测定（高锰酸钾法）。

$$MnO_4^- + 5Fe^{2+} + 8H^+ \xlongequal{} Mn^{2+} + 5Fe^{3+} + 4H_2O$$

$$2MnO_4^- + 5C_2O_4^{2-} + 16H^+ \xlongequal{} 2Mn^{2+} + 10CO_2\uparrow + 8H_2O$$

$$2MnO_4^- + 5H_2O_2 + 6H^+ \xlongequal{} 2Mn^{2+} + 5O_2\uparrow + 8H_2O$$

二、铁、钴、镍及其重要化合物

（一）铁系元素概述

铁(Fe)、钴(Co)、镍(Ni)位于元素周期表第四周期第Ⅷ族，其物理性质和化学性质都比较相似，合称铁系元素。

铁系元素单质都是具有金属光泽的白色金属，铁、钴略带灰色，镍为银白色。它们的密度都比较大，熔点也比较高，熔点随原子序数的增加而降低，铁、钴、镍熔点分别为 1808 K、1768 K、1726 K。钴比较硬而脆，铁和镍却有很好的延展性。它们都表现出磁性，其合金是很好的磁性材料。

铁、钴、镍主要用于制造合金。铁有生铁、熟铁之分，生铁含碳 1.7%～4.5%，熟铁含碳在 0.1% 以下，而钢的含碳量介于二者之间。如果在普通钢中加入铬、镍、锰、钛等制成合金钢、不锈钢，则可大大改善普通钢的性质。

钴相对来说是一种不常见的金属，地壳中的含量为 0.0023%，但它分布很广，它还存在于维生素 B_{12}[一种钴(Ⅲ)的配合物]中。

铁的常见氧化数是+2 和+3，与强氧化剂作用，铁可以生成不稳定的氧化数为+6 的高铁酸盐；钴和镍的常见氧化数都是+2，与强氧化剂作用，钴可以生成不稳定的氧化数为+3 的化合物，而镍的+3 氧化数更少见。

(1) 在酸性溶液中，Fe^{2+}、Co^{2+} 和 Ni^{2+} 分别是铁、钴、镍的最稳定状态。空气中的氧能把酸性溶液中的 Fe^{2+} 氧化成 Fe^{3+}，但是不能氧化 Co^{2+} 和 Ni^{2+} 分别成为 Co^{3+} 和 Ni^{3+}。高氧化数的铁(Ⅵ)、钴(Ⅲ)、镍(Ⅳ)在酸性溶液中都是很强的氧化剂。

(2) 在碱性介质中，铁的最稳定氧化数是+3，而钴和镍的最稳定氧化数仍是+2。向 Fe^{2+} 的溶液中加入碱，能生成白色的 $Fe(OH)_2$ 沉淀，但空气中的氧立即把 $Fe(OH)_2$ 氧化成红棕色的 $Fe(OH)_3$；在同样条件下生成的粉红色的 $Co(OH)_2$ 则比较稳定，但在空气中放置，也能缓慢地被空气中的氧氧化成棕褐色的 $Co(OH)_3$；在同样条件下生成的绿色的 $Ni(OH)_2$ 最稳定，不能被空气中的氧所氧化。

由此可见，$Fe(OH)_2$ 的还原性最强，也最不稳定，$Ni(OH)_2$ 的还原性最差，也最稳定。这是由它们在碱性介质中标准电极电势的大小决定的。

(3) 铁系元素易溶于稀酸中，遇到浓硝酸都呈“钝态”。铁能被热的浓碱液侵蚀，而钴和镍在碱溶液中的稳定性比铁高。

(4) 在没有水汽存在时，一般温度下，铁系元素与氧、硫、氯、磷等非金属几乎不起作用，但在高温下却发生猛烈反应。

在过渡元素中，铁的生理作用最重要，植物缺铁会得萎黄病，人体缺铁会患贫血。一个成年人平均含铁量在 4 g 以上，但每天只需吸收约 1 mg 铁就足以补充和维持人体内铁的平衡。人体中的铁约 3/4 在血红素（血红蛋白）中，血红素是体内运载氧的工具，如以 Hem 代表血红素，则动物体内吸氧和供氧过程可用下列平衡表示：

$$Hem+O_2 \rightleftharpoons HemO_2$$

所谓煤气中毒，就是 CO 取代了 O_2 的位置，造成缺氧症状。

长期以来，人们知道食用生肝可治疗人的贫血，后来人们从数以吨计的肝中分离出其中的抗贫血因子，并将它称为维生素 B_{12}。维生素 B_{12} 是一种含钴的配合物，能抗恶性贫血。

1974 年，镍被证实为动物和人必需的微量元素。镍与体内许多酶的活性有关，缺镍可使淀粉酶与肝中脱氢酶的活性降低，适量的镍对发挥正常生理功能是必需而且是有益的。但人体中镍含量超标时，它又可致癌。

（二）铁系元素的氧化物和氢氧化物

1. 铁系元素的氧化物

铁系元素的氧化物有以下几种，颜色各异：

FeO（黑色）　CoO（灰绿色）　NiO（暗绿色）

Fe_2O_3（红色）　Co_2O_3（黑色）　Ni_2O_3（黑色）

铁系（Ⅱ）氧化物显碱性，能溶于酸性溶液中，铁系（Ⅲ）氧化物是难溶于水的两性氧化物，Fe_2O_3 以碱性为主，Co_2O_3、Ni_2O_3 偏碱性。

Fe_2O_3 与酸作用时，生成铁（Ⅲ）盐，与 NaOH、Na_2CO_3 或 Na_2O 这类碱性物质共熔，生成铁（Ⅲ）酸盐。

$$Fe_2O_3+6HCl = 2FeCl_3+3H_2O$$

$$Fe_2O_3+Na_2CO_3 = 2NaFeO_2+CO_2\uparrow$$

铁系（Ⅲ）氧化物具有较强的氧化性，其氧化能力按铁、钴、镍的顺序增强，稳定性依次降低。

$$Co_2O_3+6HCl = 2CoCl_2+Cl_2\uparrow+3H_2O$$

四氧化三铁（Fe_3O_4），又称磁性氧化铁（俗名吸铁石），为铁（Ⅱ）和铁（Ⅲ）混合价态的氧化物（$FeO\cdot Fe_2O_3$）。磁性氧化铁用于医药、冶金、电子和纺织等工业，以及用作催化剂、抛光剂、油漆和陶瓷等的颜料、玻璃着色剂等。

2. 铁系元素的氢氧化物

铁系元素可溶性盐与碱作用可生成氢氧化物：

$$M^{2+}+2OH^- = M(OH)_2\downarrow \ (M=Fe、Co、Ni)$$

白色的 $Fe(OH)_2$ 很容易被空气中的氧氧化成红棕色的 $Fe(OH)_3$，粉红色的 $Co(OH)_2$ 也可被空气中的氧缓慢地氧化成棕褐色的氢氧化高钴[$Co(OH)_3$]：

$$4Fe(OH)_2+O_2+2H_2O = 4Fe(OH)_3\text{（红棕色）}$$

$$4Co(OH)_2+O_2+2H_2O = 4Co(OH)_3\text{（棕褐色）}$$

绿色的 $Ni(OH)_2$ 不被空气中的氧所氧化，欲使其氧化为黑色高价氢氧化物，必须使用强氧化剂。例如：

$$2Ni(OH)_2+Cl_2+2NaOH = 2Ni(OH)_3\text{（黑色）}+2NaCl$$

$$2Ni(OH)_2+NaClO+H_2O = 2Ni(OH)_3\text{（黑色）}+NaCl$$

由于铁系元素的氧化还原性不同，它们与盐酸作用时的产物不同，氢氧化铁和盐酸进行酸碱中和反应时，铁（Ⅲ）不能氧化 Cl^-，而钴（Ⅲ）和镍（Ⅲ）都可氧化 Cl^-：

$$2M(OH)_3+6HCl = 2MCl_2+Cl_2+6H_2O(M=Co、Ni)$$

铁系元素氧化数为 +2 的氢氧化物为碱性，而氧化数为 +3 的氢氧化物为两性偏碱。

三价氢氧化物既可与酸反应又可与碱反应：

$$Fe(OH)_3 + 3HCl = FeCl_3 + 3H_2O$$

$$Fe(OH)_3 + 3NaOH = Na_3[Fe(OH)_6]$$

$$Co(OH)_3 + NaOH = NaCoO_2 + 2H_2O$$

$Co(OH)_3$、$Ni(OH)_3$ 都是强氧化剂：

$$2Co(OH)_3 + 6HCl = 2CoCl_2 + Cl_2\uparrow + 6H_2O$$

$$2Ni(OH)_3 + 6HCl = 2NiCl_2 + Cl_2\uparrow + 6H_2O$$

（三）铁盐

1. 铁(Ⅱ)盐类

铁(Ⅱ)盐中，最重要的是硫酸亚铁($FeSO_4$)，其水合物俗称绿矾($FeSO_4 \cdot 7H_2O$)。

绿矾在空气中可逐渐失去一部分水，并且表面容易氧化为黄褐色碱式硫酸铁(Ⅲ)[$Fe(OH)SO_4$]：

$$4FeSO_4 + 2H_2O + O_2 = 4Fe(OH)SO_4$$

绿矾在酸性溶液中能被强氧化剂氧化，如 $K_2Cr_2O_7$、$KMnO_4$、Cl_2 等，在分析化学实验中经常用作还原剂。

绿矾与鞣酸反应可生成易溶的鞣酸亚铁，由于它在空气中被氧化成黑色的鞣酸铁，故可用于制蓝黑墨水。$FeSO_4$ 还可用作照相显影剂、纺织染色剂、除臭剂、木材防腐剂、农药等。最近日本研究发现，用 $FeSO_4$ 作食物防腐剂、鲜度保持剂有较好的效果。

2. 铁(Ⅲ)盐类

铁(Ⅲ)盐中，最重要的是三氯化铁($FeCl_3$)。无水三氯化铁易溶于有机溶剂，它基本上属共价型化合物，它可以升华，常用升华法提纯。在 673 K 三氯化铁蒸气中，有双聚分子(Fe_2Cl_6)存在，其结构与 Al_2Cl_6 相似，1023 K 以上分解为单分子。无水三氯化铁在空气中易潮解，常见的三氯化铁为棕黄色水合晶体($FeCl_3 \cdot 6H_2O$)，它易潮解、易水解。

铁(Ⅲ)盐有较强的氧化性：

$$2FeCl_3 + H_2S = 2FeCl_2 + S + 2HCl$$

$$2FeCl_3 + Cu = 2FeCl_2 + CuCl_2$$

三氯化铁能腐蚀铜板而被广泛用于印刷制板中。

3. 铁(Ⅲ)的水解

铁(Ⅲ)盐的水溶液为黄色，显酸性，这是由铁(Ⅲ)的水解所造成的。

$$[Fe(H_2O)_6]^{3+} \rightleftharpoons [Fe(OH)(H_2O)_5]^{2+} + H^+$$

（四）钴的化合物

钴能形成+2、+3 两种氧化数的化合物。钴(Ⅱ)盐在某些方面与铁(Ⅱ)盐相似，例如，可溶盐有相同结晶水($CoSO_4 \cdot 7H_2O$、$FeSO_4 \cdot 7H_2O$)，水合离子有颜色，$[Co(H_2O)_6]^{2+}$ 为桃红色，$[Fe(H_2O)_6]^{2+}$ 为浅绿色。然而钴(Ⅱ)水合离子的还原性比铁(Ⅱ)弱，在水溶液中稳定存在，在碱性介质中能被空气氧化。

常见的钴(Ⅱ)盐是 $CoCl_2 \cdot 6H_2O$，由于所含结晶水的数目不同而呈现不同颜色：

$$\underset{\text{粉红色}}{CoCl_2 \cdot 6H_2O} \rightleftharpoons \underset{\text{紫红色}}{CoCl_2 \cdot 2H_2O} \rightleftharpoons \underset{\text{蓝紫色}}{CoCl_2 \cdot H_2O} \rightleftharpoons \underset{\text{蓝色}}{CoCl_2}$$

此性质用于指示硅胶干燥剂吸水情况。当干燥硅胶吸水后，其颜色逐渐由蓝色变为粉红色。在烘箱中受热可再生，失水由粉红色变为蓝色，可重复使用。

Co^{3+} 是强氧化剂：

$$Co^{3+} + e \rightleftharpoons Co^{2+} \quad \varphi^{\ominus} = 1.92\ V$$

Co^{3+} 在水溶液中极不稳定，易转变为 Co^{2+}，所以钴(Ⅲ)只存在于固态物质和配合物中。

（五）铁系元素的配合物

1. 铁的配合物

铁(Ⅱ)、铁(Ⅲ)的价层电子构型($3d^6$、$3d^5$)都有未充满的 d 轨道，因此能与许多离子(如 CN^-、F^-、SCN^-、$C_2O_4^{2-}$)等形成配合物，铁(Ⅲ)不能与氨形成配合物：

$$[Fe(H_2O)_6]^{3+}+3NH_3 = Fe(OH)_3\downarrow+3NH_4^++3H_2O$$

铁(Ⅱ)和铁(Ⅲ)都能形成稳定的铁氰配合物，使亚铁盐与 KCN 溶液反应得 $Fe(CN)_2$ 沉淀，KCN 过量时沉淀溶解：

$$FeSO_4+2KCN = Fe(CN)_2\downarrow+K_2SO_4$$

$$Fe(CN)_2+4KCN = K_4[Fe(CN)_6]$$

从其饱和溶液中析出的黄色晶体 $K_4[Fe(CN)_6]$ 称六氰合铁(Ⅱ)酸钾或亚铁氰化钾，俗称黄血盐。

在黄血盐溶液中通入氯气(或用其他氧化剂)可把 Fe^{2+} 氧化成 Fe^{3+}，得到六氰合铁(Ⅲ)酸钾(或铁氰化钾)($K_3[Fe(CN)_6]$)，其晶体为深红色，俗称赤血盐。

$$2K_4[Fe(CN)_6]+Cl_2 = 2KCl+2K_3[Fe(CN)_6]$$

在中性溶液中，$[Fe(CN)_6]^{3-}$ 可微弱地水解：

$$[Fe(CN)_6]^{3-}+3H_2O = Fe(OH)_3+3CN^-+3HCN$$

$[Fe(CN)_6]^{4-}$ 不易水解，因此赤血盐的毒性比黄血盐大。基于这个原因，在处理含 CN^- 废水时，常用 Fe^{2+} 使之形成相当稳定的 $[Fe(CN)_6]^{4-}$，以达到排放要求。

Fe^{3+} 和 $[Fe(CN)_6]^{4-}$ 生成蓝色沉淀，称普鲁士蓝，Fe^{2+} 和 $[Fe(CN)_6]^{3-}$ 生成滕氏蓝沉淀。普鲁士蓝主要用作颜料，用于油漆和油墨工业，在分析化学实验中用于检定 Fe^{2+}、Fe^{3+}。

在 Fe^{3+} 溶液中，加入 KSCN 或 NH_4SCN，溶液即出现血红色硫氰铁配离子：

$$Fe^{3+}+nSCN^- = [Fe(SCN)_n]^{(3-n)+}\text{(血红色)}$$

$n=1\sim6$，随 SCN^- 的浓度而异。这一反应非常灵敏，常用来检验 Fe^{3+} 的存在和 Fe^{3+} 的含量。该反应需在酸性环境中进行，否则 Fe^{3+} 会发生水解。

Fe^{3+} 与 F^- 有较强的亲和力，易形成配离子，如 $[FeF]^{2+}$、$[FeF_2]^+$、$[FeF_3]$、$[FeF_4]^-$、$[FeF_5]^{2-}$、$[FeF_6]^{3-}$，它们的 $K_{稳}$ 较大。

铁还能与 CO 作用形成羰基化合物，如五羰基合铁($[Fe(CO)_5]$)。

2. 钴的配合物

钴(Ⅱ)的简单盐很稳定，但其配合物却不如钴(Ⅲ)的稳定，很容易被空气中的氧氧化为钴(Ⅲ)。

钴(Ⅱ)能与 SCN^- 反应生成蓝色的 $[Co(SCN)_4]^{2-}$，它在水溶液中易解离：

$$[Co(SCN)_4]^{2-} \rightleftharpoons Co^{2+}+4SCN^-\ (K_{稳}=10^3)$$

$[Co(SCN)_4]^{2-}$ 溶于丙酮或戊醇，在有机溶剂中比较稳定，可用于比色分析。

3. 镍的配合物

镍(Ⅱ)能形成许多配合物，将氰化镍(Ⅱ)$[Ni(CN)_2]$ 溶于过量的氰化钾中，能结晶出橙红色配合物($K_2[Ni(CN)_4]\cdot H_2O$)，把过量浓氨水加入镍(Ⅱ)盐溶液中，得到蓝紫色的八面体形配合物($[Ni(NH_3)_6]^{2+}$)。

当将丁二酮肟加入镍(Ⅱ)溶液中时，生成腥红色螯合物，这一反应在定性分析中用于鉴定 Ni^{2+}。

三、铜、银及其重要化合物

（一）铜(Cu)及其化合物

1. 铜单质

铜在自然界可以游离的单质形式存在，但游离铜矿很少，主要以硫化物矿的形式存在。在常温下，铜在干燥的空气中稳定，只有在加热的条件下才与氧反应生成黑色的氧化铜。

但在潮湿的空气中其表面易生成一层铜绿(碱式碳酸铜)。

$$2Cu+O_2+H_2O+CO_2 = Cu(OH)_2+CuCO_3$$

铜绿可防止金属进一步腐蚀，其组成是可变的。

铜在常温下能和卤素发生反应，但在高温下也不与氢、氮、碳反应。不溶于稀盐酸，但可溶于硝酸和热的浓硫酸。

$$Cu+4HNO_3(浓)=\!=\!=Cu(NO_3)_2+2NO_2\uparrow+2H_2O$$

$$3Cu+8HNO_3(稀)=\!=\!=3Cu(NO_3)_2+2NO\uparrow+4H_2O$$

$$Cu+2H_2SO_4(浓)=\!=\!=CuSO_4+SO_2\uparrow+2H_2O$$

浓盐酸在加热条件下能与铜反应，这是因为 Cl^- 和 Cu^+ 形成 $[CuCl_4]^{3-}$。

$$2Cu+8HCl(浓)=\!=\!=2H_3[CuCl_4]+H_2$$

铜能溶于浓的氰化钠溶液，放出氢气。

$$2Cu+2H_2O+8CN^-=\!=\!=2[Cu(CN)_4]^{3-}+2OH^-+H_2\uparrow$$

人体中有 30 多种蛋白质和酶含有铜。现已知，人血清中的铜蓝蛋白在人体铜的转运和铁的代谢中起重要的作用。人体内缺铜时，易患白癜风、关节炎等病；人体内铜过多时，易患心肌梗死、肝硬化、低蛋白血症、骨癌等。研究发现，癌症患者血清中锌与铜的比值明显低于正常人。

2. 铜的化合物

铜是元素周期表中第四周期ⅠB族元素。铜的化学性质比较稳定，通常有+1 和+2 两种氧化数。从价层电子构型看，Cu^+ 比 Cu^{2+} 稳定，所以在固态时，铜(Ⅰ)的化合物稳定。自然界存在的辉铜矿(Cu_2S)、赤铜矿(Cu_2O)都是铜(Ⅰ)化合物。但 Cu^{2+} 能形成稳定的$[Cu(H_2O)_4]^{2+}$，所以在水溶液中，Cu^{2+} 反而比 Cu^+ 稳定，这一点也可用元素电势图来说明。

$$Cu^{2+}\xrightarrow{+0.153\ V}Cu^+\xrightarrow{+0.521\ V}Cu$$

在溶液中，Cu^+ 易发生歧化反应，所以溶液中 Cu^{2+} 最稳定。因此，制得的亚铜化合物必须迅速从溶液中滤出并立即干燥，密闭包装。

(1) 铜的氧化物。

①氧化亚铜(Cu_2O)：氧化亚铜为砖红色、不溶于水的固体，有毒，对热稳定，但在潮湿空气中被缓慢氧化成氧化铜。自然界中存在的赤铜矿是棕红色的，是制造玻璃和搪瓷的红色颜料。

在溶液中生成的氧化亚铜因晶粒大小的不同，颜色可呈现由黄色、橙黄色到棕红色(俗称砖红色)的变化。临床医学上用碱性酒石酸钾钠的铜(Ⅱ)盐溶液(即菲林试剂)检查尿糖，就是利用尿糖还原 Cu^{2+} 生成氧化亚铜沉淀的量，来判断尿糖的含量。氧化亚铜在农业上可制作杀菌剂。氧化亚铜具有半导体性质，可作整流器材料。

②氧化铜(CuO)：氧化铜为黑色、不溶于水的粉末。氧化铜对热稳定，加热到 1273 K 时开始分解生成氧化亚铜，放出氧气。

氧化铜和氧化亚铜都是碱性氧化物，溶于稀酸。

(2) 氢氧化铜$[Cu(OH)_2]$：氢氧化铜为浅蓝色、不溶于水的粉末，对热不稳定。氢氧化铜微显两性，偏碱性。易溶于酸，只能溶于浓的强碱，生成蓝色四羟基合铜(Ⅱ)配离子。

$$Cu(OH)_2+2OH^-=\!=\!=[Cu(OH)_4]^{2-}$$

氢氧化铜溶于氨水生成碱性的铜氨溶液，显深蓝色。它是纤维素的很好的溶剂，可用于人造丝的生产。

$$Cu(OH)_2+4NH_3=\!=\!=[Cu(NH_3)_4]^{2+}+2OH^-$$

向可溶性铜盐溶液中加入适量的强碱，有浅蓝色的氢氧化铜沉淀生成。

$$CuCl_2+2NaOH=\!=\!=Cu(OH)_2\downarrow+2NaCl$$

但新生成的氢氧化铜极不稳定，稍受热(303 K)就会分解生成氧化铜。

$$Cu(OH)_2\xrightarrow{加热}CuO+H_2O$$

(3) 铜(Ⅱ)盐。

①氯化铜($CuCl_2$)：$CuCl_2\cdot 2H_2O$ 为绿色结晶，在潮湿空气中容易潮解，在干燥空气中容易风化。

无水氯化铜为棕黄色固体，是共价化合物，结构为链状。氯化铜可溶于水。在其溶液中，氯化铜可形成$[CuCl_4]^{2-}$和$[Cu(H_2O)_4]^{2+}$两种配离子，$[CuCl_4]^{2-}$显黄色，$[Cu(H_2O)_4]^{2+}$显蓝色，氯化铜溶液的颜色取决于其浓度，浓度由大到小时，溶液依次显黄绿色、绿色、蓝色。

$$[CuCl_4]^{2-}+4H_2O \xlongequal{} [Cu(H_2O)_4]^{2+}+4Cl^-$$

②硫酸铜($CuSO_4$)：$CuSO_4 \cdot 5H_2O$为蓝色结晶，俗称胆矾或蓝矾，在空气中易风化。加热胆矾，随温度升高胆矾逐步脱水，最后生成白色粉末状无水硫酸铜。无水硫酸铜不溶于乙醇和乙醚，其吸水性很强，吸水后显出特征的蓝色。可利用这一性质来检验乙醇、乙醚等有机溶剂中的微量水分。

无水硫酸铜极易吸水，遇水又会变成蓝色的水合物，据此可检验有机物中的微量水分，也可作干燥剂。

用热的浓硫酸可溶解铜屑，在氧气存在时用热的稀硫酸与铜屑反应可制得$CuSO_4 \cdot 5H_2O$。

$$Cu+2H_2SO_4(浓) \xlongequal{} CuSO_4+SO_2+2H_2O$$

$$2Cu+2H_2SO_4(稀)+O_2 \xlongequal{} 2CuSO_4+2H_2O$$

氧化铜与稀硫酸反应，也可制得$CuSO_4 \cdot 5H_2O$。

硫酸铜溶液有较强的杀菌能力，能抑制藻类生长，控制水体富营养化。硫酸铜与石灰乳混合得到波尔多液，用于杀灭树木上的病虫害，尤其在果园中是最常用的杀菌剂。在医药上可用于治疗沙眼、磷中毒，还可用作催吐剂等。

（二）银(Ag)及其化合物

银是元素周期表中第五周期ⅠB族元素，在自然界主要以硫化物形式存在。

1. 单质银

常温下，银在空气中较稳定，加热条件下可被空气中的氧气氧化。

银与硫的亲和力较强，空气中如含有H_2S气体，与银接触后，银的表面很快生成一层硫化银(Ag_2S)的黑色薄膜而使银失去银色光泽。

$$2Ag+2H_2S+O_2 \xlongequal{} Ag_2S+2H_2O$$

银在常温下能与卤素缓慢反应，能溶于硝酸或热的浓硫酸：

$$2Ag+2H_2SO_4(浓) \xlongequal{} Ag_2SO_4+SO_2\uparrow+2H_2O$$

银能溶于含有氧气的氰化钠溶液中：

$$4Ag+8NaCN+2H_2O+O_2 \xlongequal{} 4Na[Ag(CN)_2]+4NaOH$$

银与铜、金一样都易形成配合物，利用这一性质可用氰化物从银、金的硫化物矿中提取银和金：

$$Ag_2S+4NaCN \xlongequal{} 2Na[Ag(CN)_2]+Na_2S$$

然后用锌置换出银：

$$2Na[Ag(CN)_2]+Zn \xlongequal{} Na_2[Zn(CN)_4]+2Ag$$

银的单质及其可溶性化合物都有杀菌能力。

2. 银的化合物

银通常形成氧化数为+1的化合物。常见银的化合物只有$AgNO_3$、AgF溶于水，其他如Ag_2SO_4、Ag_2CO_3均难溶于水。AgCl、AgBr、AgI在水中的溶解度因离子极化而依次减小。

Ag^+易形成配合物，常见配体有NH_3、Cl^-、Br^-、I^-、CN^-、$S_2O_3^{2-}$等，把难溶银盐转化成配合物是溶解难溶银盐的重要方法。例如：

$$AgCl(s)+Cl \xlongequal{} [AgCl_2]^-$$

$$AgCl(s)+2NH_3(aq) \xlongequal{} [Ag(NH_3)_2]^++Cl^-$$

$$AgBr(s)+2S_2O_3^{2-} \xlongequal{} [Ag(S_2O_3)_2]^{3-}+Br^-$$

$$AgI(s)+2CN^- \xlongequal{} [Ag(CN)_2]^-+I^-$$

银(Ⅰ)化合物的热稳定性差，受热、见光易分解。例如：AgCl和Ag_2SO_4都是白色固体，AgBr、AgI和Ag_2CO_3为黄色固体，见光都分解变成黑色。所以银盐都用棕色瓶包装，有的瓶外还包上黑纸。

银(Ⅰ)化合物一般呈白色或无色。

(1) 硝酸银($AgNO_3$):硝酸银是一种重要试剂,硝酸银为可溶性银盐,见光、受热易分解:

$$2AgNO_3 \xrightarrow{\text{光照/加热}} 2Ag + 2NO_2\uparrow + O_2\uparrow$$

因此,硝酸银应保存在棕色瓶中。硝酸银可用银和硝酸反应制得。

硝酸银溶液与碱溶液反应很难得到白色 AgOH 沉淀,生成的 AgOH 极不稳定,立即脱水变成棕黑色的氧化银(Ag_2O):

$$2Ag^+ + 2OH^- = Ag_2O\downarrow + H_2O$$

硝酸银溶液与氨水作用产生的 AgOH 极不稳定,数秒钟内分解出大量棕黑色的氧化银,继续滴加氨水,直至沉淀恰好全部溶解,即可配得银氨溶液。银氨溶液是有机化学中重要的弱氧化剂,能把醛和含有醛基的糖类氧化,生成单质银,此反应俗称银镜反应。此反应可用来检验甲醛、乙醛、醛糖(如葡萄糖)等分子结构中含醛基(—CHO)化合物的存在。

$$2[Ag(NH_3)_2]^+ + HCHO + 2OH^- = HCOONH_4 + 3NH_3 + 2Ag + H_2O$$

硝酸银具有较强的氧化性,对人体有烧蚀作用,能破坏和腐蚀有机组织,有一定的杀菌能力。10%的硝酸银溶液在医药上用作消毒剂或腐蚀剂。皮肤或工作服沾上硝酸银后会逐渐变成黑色。硝酸银的沉淀反应在分析化学中常用于鉴别多种阴离子,例如 Ag_2CrO_4(砖红色)、Ag_3PO_4(黄色)、AgCl(白色)等。

大量硝酸银用于制造卤化银及制镜、电镀、电子工业。以硝酸银为原料,可制得多种其他银的化合物,它也是一种重要的化学试剂。

(2) 氧化银(Ag_2O):在硝酸银溶液中加入 NaOH,首先析出白色 AgOH 沉淀。常温下 AgOH 极不稳定,立即脱水生成棕黑色氧化银。在 228 K 以下,AgOH 白色沉淀稳定存在。

$$AgNO_3 + NaOH = AgOH\downarrow + NaNO_3$$

$$2AgOH = Ag_2O + H_2O$$

氧化银微溶于水,溶液呈弱碱性。氧化银可溶于氨水中,生成无色溶液。

氧化银加热至 573 K 时分解为 Ag 和 O_2。氧化银有较强的氧化性,能氧化 CO 和 H_2O_2。

$$Ag_2O + CO = 2Ag + CO_2$$

$$Ag_2O + H_2O_2 = 2Ag + O_2\uparrow + H_2O$$

氧化银与 CuO、MnO_2、Co_2O_3 的混合物在室温下,将 CO 迅速氧化成 CO_2,可用在防毒面具中。

3. 含银废水、废渣的处理

银是贵重金属,且对人体有害,所以对含银废水、废渣要处理回收后再排放。

四、锌、镉、汞及其化合物

(一) 锌(Zn)及其化合物

1. 单质锌

锌是一种蓝白色金属,锌的化学性质活泼,在常温下的空气中,锌表面生成一层薄而致密的碱式碳酸锌膜,可阻止锌进一步氧化。当温度达到 498 K 后,锌的氧化反应剧烈。

锌能与多种有色金属制成合金,其中最主要的是锌与铜、锡、铅等组成的黄铜等,锌还可与铝、镁、铜等组成压铸合金。锌主要用于钢铁、冶金、机械、电气、化工、轻工、军事和医药等领域。

2. 锌的化合物

(1) 锌的氧化物:氧化锌(ZnO)为白色粉末状固体,不溶于水。ZnO 是两性氧化物,既能与酸反应,也能与碱反应:

$$ZnO + 2HCl = ZnCl_2 + H_2O$$

$$ZnO + 2NaOH = Na_2ZnO_2 + H_2O$$

或者

$$ZnO + 2NaOH + H_2O = Na_2[Zn(OH)_4]$$

(2) 锌的氢氧化物:氢氧化锌[$Zn(OH)_2$]是难溶于水的白色固体。$Zn(OH)_2$ 具有明显的两性,可溶于酸和过量强碱中：

$$Zn(OH)_2+2H^+ \longrightarrow Zn^{2+}+2H_2O$$

$$Zn(OH)_2+2OH^- \longrightarrow [Zn(OH)_4]^{2-}$$

这是因为在水溶液中，$Zn(OH)_2$ 有两种解离方式[与 $Al(OH)_3$、$Cr(OH)_3$ 相似]：

$$Zn^{2+}+2OH^- \rightleftharpoons Zn(OH)_2 \xrightleftharpoons{2H_2O} 2H^+ +[Zn(OH)_4]^{2-}$$

（碱式解离） （酸式解离）

根据平衡移动原理，在酸性溶液中，平衡向左移动；当溶液酸度足够大时，得到锌盐。在碱性溶液中，平衡向右移动；当碱度足够大时，得到锌酸盐。

$Zn(OH)_2$ 能溶于氨水中，形成配合物：

$$Zn(OH)_2+4NH_3 \longrightarrow [Zn(NH_3)_4]^{2+}+2OH^-$$

(3) 锌的氯化物：卤化锌（ZnX_2，X＝Cl、Br、I）是白色结晶，极易吸潮，可由锌和卤素单质直接合成。

$$Zn+X_2 \longrightarrow ZnX_2$$

$ZnBr_2$、ZnI_2 用于医药和分析试剂。$ZnCl_2$ 因为有很强的吸水性，在有机合成中常用作脱水剂、缩合剂和氧化剂，以及染料工业的媒染剂，也用作石油净化剂和活性炭活化剂。

$ZnCl_2$ 溶于水，由于 Zn^{2+} 水解而呈酸性：

$$Zn^{2+}+2H_2O \longrightarrow Zn(OH)_2+2H^+$$

$ZnCl_2$ 浓溶液中，由于形成配位酸，而有显著的酸性：

$$ZnCl_2+H_2O \longrightarrow H[ZnCl_2(OH)]$$

该配位酸能溶解金属氧化物：

$$2H[ZnCl_2(OH)]+FeO \longrightarrow Fe[ZnCl_2(OH)]_2+H_2O$$

所以 $ZnCl_2$ 能用作焊药，清除金属表面的氧化物，便于焊接。

(4) 锌的硫化物：在可溶性的锌盐溶液中，分别通入 H_2S 时，都会有不溶性硫化物析出。

$$Zn^{2+}+H_2S \longrightarrow ZnS\downarrow(白色)+2H^+$$

由于 ZnS 的溶度积较大（$K^{\ominus}_{sp,ZnS}=1.6\times10^{-24}$），若溶液中 H^+ 浓度超过 0.3 mol/L，ZnS 就能溶解。

(5) 锌的硫酸盐：$ZnSO_4\cdot7H_2O$ 俗称皓矾，是常见的锌盐。其可大量用于制备锌钡白（商品名“立德粉”），即由 $ZnSO_4$ 和 BaS 发生复分解反应而制得。实际上锌钡白是 ZnS 和 $BaSO_4$ 的化合物：

$$Zn^{2+}+SO_4^{2-}+Ba^{2+}+S^{2-} \longrightarrow ZnS\cdot BaSO_4\downarrow$$

锌钡白遮盖力强，无毒，并且在空气中比较稳定，是优良的白色颜料，所以大量用于涂料、油墨和油漆工业。

(6) 锌的配合物：与大多数过渡元素一样，锌可以形成稳定的配合物。除前面介绍过的 $[ZnCl_4]^{2-}$、$[Zn(NH_3)_4]^{2+}$、$[Zn(OH)_4]^{2-}$ 外，常见的还有 $[ZnI_4]^{2-}$、$[Zn(CN)_4]^{2-}$ 等。它们的特征配位数是 4，空间构型是四面体形。另外，Zn^{2+} 还可以与多齿配体形成螯合物。

（二）镉(Cd)及其化合物

1. 镉的单质

镉单质是银白色有光泽的金属，镉在潮湿空气中缓慢氧化并失去金属光泽，加热时表面形成棕色的氧化物层。镉也可与硫直接化合，生成硫化镉。镉可溶于酸，但不溶于碱。镉的氧化数有＋1 和＋2。镉的毒性较大，被镉污染的空气和食物对人体危害较大，日本曾出现因镉中毒产生的“痛痛病”。

镉主要用于钢、铁、铜、黄铜和其他金属的电镀，对碱性物质的抗腐蚀能力强。镉可用于制造体积小和电容量大的电池。镉的化合物还大量用于生产颜料和荧光粉。硫化镉、硒化镉、碲化镉用于制造光电池。镉还是一种吸收中子的优良金属，制成镉棒条可在原子反应炉内减缓核子连锁反应速率，其在锌-镉电池中也颇为有用。

常温下，第ⅡB族元素单质都很稳定。加热条件下，镉可与氧气反应，生成氧化镉(CdO)：

$$2Cd+O_2 \xlongequal{} 2CdO$$

镉能与稀盐酸、稀硫酸反应，放出氢气。

搜一搜：请搜索并观看“痛痛病”及“水俣病”相关视频。

2. 镉的化合物

(1) 镉的氧化物：氧化镉(CdO)为棕黄色粉末状固体，不溶于水。CdO可由金属在空气中燃烧制得，也可由相应的碳酸盐、硝酸盐加热分解而制得。

(2) 镉的氢氧化物：氢氧化镉[$Cd(OH)_2$]是难溶于水的白色固体。$Cd(OH)_2$具有两性，可溶于酸和浓碱液中。

$Cd(OH)_2$呈明显碱性，仅有微弱的酸性，只能稍溶于浓碱液中，生成$[Cd(OH)_4]^{2-}$。

$Cd(OH)_2$能溶于氨水中，形成配合物：

$$Cd(OH)_2+4NH_3 \xlongequal{} [Cd(NH_3)_4]^{2+}+2OH^-$$

(3) 镉的硫化物：在可溶性的镉盐溶液中，通入H_2S时，都会有不溶性硫化物析出：

$$Cd^{2+}+H_2S \xlongequal{} CdS\downarrow(黄色)+2H^+$$

从溶液中析出的CdS呈黄色，常根据这一反应来鉴别溶液中Cd^{2+}的存在。而CdS相比ZnS溶度积小得多，它不溶于稀盐酸，但可溶于较浓的盐酸，如6 mol/L的盐酸。

$$CdS+2H^++4Cl^- \xlongequal{} [CdCl_4]^{2-}+H_2S\uparrow$$

(4) 镉的配合物：与大多数过渡元素一样，镉可以形成稳定的配合物。除前面介绍过的$[CdCl_4]^{2-}$、$[Cd(NH_3)_4]^{2+}$、$[Cd(OH)_4]^{2-}$外，常见的还有$[CdI_4]^{2-}$、$[Cd(CN)_4]^{2-}$等。它们的特征配位数是4，空间构型是四面体形。Cd^{2+}除与NH_3形成配位数为4的配合物以外，还存在配位数为6的配离子，如$[Cd(NH_3)_6]^{2+}$。另外，Cd^{2+}还可以与多齿配体形成螯合物。

(三) 汞(Hg)及其化合物

汞是第ⅡB族元素，常见氧化数为+1和+2。

当硝酸汞溶液与汞作用时，绝大部分Hg^{2+}能转变成Hg_2^{2+}。

$$Hg^{2+}+Hg \xlongequal{} Hg_2^{2+}$$

氯化汞与氨水反应，生成氯化氨基汞白色沉淀；氯化亚汞与氨水反应，生成灰黑色的氯化氨基汞和汞混合物。

$$HgCl_2+2NH_3 \xlongequal{} NH_4Cl+HgNH_2Cl\downarrow$$

$$Hg_2Cl_2+2NH_3 \xlongequal{} NH_4Cl+Hg\downarrow+HgNH_2Cl\downarrow$$

上述反应可用于鉴定和区分Hg_2^{2+}和Hg^{2+}，还可以用OH^-、I^-、H_2S等试剂鉴定和区分Hg_2^{2+}和Hg^{2+}。

(1) 硫化汞(HgS)：天然硫化汞矿物叫辰砂或朱砂，呈暗红色或鲜红色，有光泽，易碎，无臭，无味，难溶于水，也难溶于盐酸或硝酸，溶于王水。朱砂有镇静、催眠作用，外用能杀死皮肤细菌和寄生虫。

(2) 氯化汞($HgCl_2$)：能升华，俗称升汞，为白色晶体，微溶于水，有剧毒，内服0.2～0.4 g可致死。在医药上可用作手术器械的消毒剂，也可用作防腐剂。中药称白降丹，用于治疗疔毒。

(3) 氯化氨基汞($HgNH_2Cl$)：又称白降汞，在医药上可制成软膏，用于治疗疥、癣等皮肤病。

(4) 氯化亚汞(Hg_2Cl_2)：俗称甘汞，难溶于水，小剂量时无毒，内服可作轻泻剂，外用治疗慢性溃疡及皮肤病。

五、环境中对人体有害的过渡元素

d区和ds区有毒元素主要包括铬(Cr)、镉(Cd)、汞(Hg)等。

(一) 铬

铬(Cr)是24号元素，价层电子构型为$3d^54s^1$。铬在天然食品中含量较低，均以三价的形式存在。人们从食物中获取的铬很少且对人体无害，并且铬是人体必需的微量元素，但铬(Ⅵ)的化合物是公认的致癌物。

口服重铬酸钾，会对胃肠黏膜产生刺激作用，临床表现为口腔黏膜变黄、呕吐黄色或绿色物质、吞咽困难、上腹部烧灼痛、腹泻、排血水样便，严重者出现休克、皮肤青紫、呼吸困难。重铬酸钾对肝、肾都有毒性，中毒者尿中出现蛋白质，严重者出现急性肾功能衰竭。

工业上接触的铬及其化合物，主要是铬矿石和铬冶炼时产生的粉尘和烟雾，电镀时产生的铬酸雾，以及在生产过程中产生的铬(Ⅵ)化合物。铬对皮肤的损害主要表现为皮肤出现红斑、水肿、水疱、溃疡。铬对呼吸系统的损害主要表现为鼻中隔穿孔、鼻黏膜溃疡、咽炎、肺炎、咳嗽、头痛、气短、胸闷、发热、皮肤青紫，还有可能引起肺癌。

（二）镉

镉(Cd)是48号元素，价层电子构型为$4d^{10}5s^2$。镉是一种半衰期很长(达10～35年)的多器官、多系统毒物，其危害仅次于汞、铅。随着工农业生产发展，受污染环境中镉含量逐年上升。

镉主要通过呼吸道和消化道侵入人体。它不是人体必需微量元素，新生儿体内并不含镉，但随着年龄的增长，即使无职业接触，50岁左右的人体内含镉量也可达到20～30 μg/kg。通常情况下，一般人每日从食物中摄入镉100～300 mg，每日从饮水中摄入镉0～20 μg，从大气中可吸入镉0～1.5 μg。

镉进入人体后，可分布到全身各个器官，主要与富含半胱氨酸的胞质蛋白结合，形成金属硫蛋白而存在于体内，这种金属硫蛋白对镉在体内的分布、代谢起着重要的作用。金属硫蛋白主要在肝脏内合成。镉摄取量增加时，金属硫蛋白的合成量也增加，合成后经血液转移至肾，在肾小管被吸收而蓄积在肾中。正常人体内含镉量为30～40 mg，其中33%在肾，14%在肝内，2%在肺部，0.13%在胰腺内。当镉的浓度在各器官中超过该限度时，就会发生镉中毒。

急性镉中毒可引起肺水肿、肺气肿。慢性镉中毒则主要表现为肾脏、骨骼、心血管、免疫系统以及生殖系统产生不同程度的毒性反应。

（三）汞

汞(Hg)是80号元素，价层电子构型为$5d^{10}6s^2$。汞在自然界中主要以元素汞、无机汞和有机汞(甲基汞等)三种形式存在，其中有机汞(甲基汞)毒性最强，无机汞毒性相对较弱。单质汞在常温下即可挥发，通过呼吸道侵入人体后可被肺泡吸收，并经血液循环到达全身。人皮肤也会吸收一定量的汞，尤其是皮肤在破损或溃烂时吸收量较大。单质汞慢性中毒主要临床表现为神经性症状，如头痛、头晕、乏力、运动失调等；吸入过量汞蒸气会出现急性中毒，主要表现为肝炎、肾炎、尿血和尿毒症等。短期内服用大量汞盐、升汞等无机汞致使高浓度汞离子在体内蓄积时，会对人体肾、肝、心脏、甲状腺、脑等器官造成损伤，甚至导致神经系统紊乱和慢性汞中毒。无机汞中毒主要表现为轻度易兴奋症、汞毒性震颤、中毒性脑病和严重肝肾损害等。

在微生物作用下单质汞和无机汞会直接或间接地转化为有机汞，在有机体内，无机汞也会转化为有机汞，主要为丙基汞、二甲基汞等。与单质汞和无机汞相比，有机汞消化吸收率最高，易被消化道吸收，可在鱼类和贝类中经生物富集进一步浓缩蓄积。甲基汞主要在神经、肾、心血管、生殖以及免疫系统等方面对人体产生毒害作用，尤以神经毒性最为严重，主要表现为精神和行为障碍，如视觉和听觉障碍、感觉异常、四肢乏力等。

能力检测

能力检测答案

知识拓展：汞泄漏的处理

一、选择题(10×5=50分)

1. 属于微量元素，又是血红蛋白必需元素的是(　　)。

A. N　　B. Fe　　C. Ca　　D. Zn

2. $K_2Cr_2O_7$可用于监测司机酒后开车，是因为(　　)。

A. 生成乙醇　　B. 乙醇将$K_2Cr_2O_7$分解

C. 乙醇将 $K_2Cr_2O_7$ 还原　　D. 变成黄色的 K_2CrO_4

3. 下列离子中加入过量氨水不生成配离子的是(　　)。

A. Fe^{3+}　　B. Cu^{2+}　　C. Zn^{2+}　　D. Cr^{3+}

4. 最难熔的金属是(　　)。

A. Cr　　B. W　　C. Os　　D. Ti

5. 过渡金属与许多非金属的共同点是(　　)。

A. 有高的电负性　　B. 许多化合物有颜色

C. 有多种氧化数　　D. 有低的电负性

6. 已知某黄色固体是一种简单化合物,它不溶于水而溶于热的稀盐酸,生成一种橙红色溶液,当这一溶液冷却时,有一种白色沉淀析出。溶液加热时,白色沉淀又溶解,这种化合物是(　　)。

A. $Fe(OH)_3$　　B. Ag_2CrO_4　　C. $CuSO_4$　　D. $PbCrO_4$

7. 检验 Fe^{3+} 的特效试剂是(　　)。

A. KCN　　B. KSCN　　C. NH_3　　D. $AgNO_3$

8. 下列离子能与 I^- 发生氧化还原反应的是(　　)。

A. Cu^{2+}　　B. Zn^{2+}　　C. Ag^+　　D. Hg^{2+}

9. 下列溶液可与二氧化锰作用的是(　　)。

A. 稀盐酸　　B. 浓盐酸　　C. 浓氢氧化钠溶液　　D. 稀硫酸

10. 下列物质中,可作催化剂的是(　　)。

A. $CaCO_3$　　B. $CaSO_4$　　C. $Mg(OH)_2$　　D. MnO_2

二、填空题(8×4=32 分)

1. 写出下列物质的分子式:蓝矾＿＿＿＿＿,甘汞＿＿＿＿＿。

2. $KMnO_4$ 溶液的颜色是＿＿＿＿＿,其中 Mn 的氧化数是＿＿＿＿＿,其在酸性条件下可被还原成＿＿＿＿＿,在碱性条件下可被还原成＿＿＿＿＿色锰酸根。

3. 在 CrO_4^{2-} 的碱性溶液中加入酸后,溶液会由＿＿＿＿＿色变为＿＿＿＿＿色。

三、简答题(18 分)

为什么铁制品可以盛装冷的浓硫酸或冷的浓硝酸?

参考文献

[1]　毛海立,杨再波. 无机化学[M]. 北京:中国协和医科大学出版社,2019.

[2]　牛秀明,林珍. 无机化学[M]. 北京:人民卫生出版社,2019.

[3]　王志江. 无机化学[M]. 北京:中国轻工业出版社,2017.

(李江兵)

无机化学实训指导

第一部分　无机化学实训基础知识

无机化学实训是无机化学教学中不可或缺的重要环节。根据专业人才培养目标和职业岗位能力的要求，学生必须掌握一定的无机化学实训基础知识和技能，因此无机化学实验室的存在非常重要。实验室既是巩固基础理论知识、熟练基本操作、培养动手能力的场所，也是养成良好实验习惯、培养个人素养的重要现场。

一、实验室规则

(1) 实训前，学生需认真预习实训内容，明确实训目的、要求，掌握实训基本原理、步骤和操作方法。熟悉实训中所需的药品、仪器和装置，了解实训中的注意事项。

(2) 学生进入实验室，应穿好实验服，不穿短裤、短裙、拖鞋、凉鞋，女生若留有长发，需将头发扎起；个人物品要存放在指定位置，饮料、食品不得带入实验室食用。

(3) 实验前，先清点所用仪器，如发现破损，立即报告教师申请补领。如在实验过程中损坏仪器，应立即向教师报告，并填写仪器破损报告单，经指导教师确认后交实验室工作人员处理。

(4) 实训时自觉遵守实验室纪律，保持室内安静，不大声说笑和喧哗，不得在实验室打闹嬉戏。

(5) 实训过程中要听从教师指导，认真按照实训步骤和操作规程进行实验。若想尝试新的实训方法，必须取得教师的同意方可实施。实训时仔细观察现象，实事求是地记录实训数据和现象。

(6) 实训时严格遵守操作规程，实验台、称量台、水池以及各种实训仪器内外都必须保持清洁整齐，药品称完后，立即盖好瓶盖，严禁瓶盖及药勺混杂，切勿使药品洒落在天平和实验台面上，若固体粉末不小心撒在天平里面，及时用毛刷清理，毛刷用后需立即挂好，各种用过的器皿不得随意丢弃在水池旁，应及时清洗和归位。

(7) 实训过程中产生的废液、废纸、玻璃碎片等杂物不能随便丢弃，废纸应倒入垃圾桶，碎玻璃要放入专门的碎玻璃回收处，废液应倒入废液缸内，切勿倒入水槽，以防止下水道堵塞、锈蚀及造成环境污染。

(8) 公用仪器和药品应在指定地点使用，用完后及时放回原处，并保持其整洁；节约药品，药品要按需取用，不小心取多的药品不能倒回原瓶，避免造成污染。

(9) 对于精密仪器，必须严格按操作规程进行操作，使用时做到细心谨慎，避免损坏仪器。若发现仪器出现异常或故障，应立即暂停使用，并尽快报告教师，未经许可不得自己随意检修。使用后要填写使用记录本。

(10) 实训完成后及时整理实训现象和数据，按照教师的要求认真书写实训报告，按时上交给教师批阅。

(11) 实训结束后，应将个人实验台面打扫干净，及时洗净并放好各种玻璃仪器，保持实验台面和实验柜内的整洁。实训后由班长或其他班委安排轮流值日，负责打扫和整理实验室的公共区域，做到仪器、桌面、地面、水槽“四净”，离开实验室前应检查水、电、门窗是否关闭。值日生打扫干净后报告指导教师，经检查合格后方可离开。

二、实验室安全及事故处理

（一）实验室安全规则

（1）学生在实训前要熟悉实验室环境，了解水阀、电闸和安全通道的位置，急救箱和消防器材的位置和使用方法，还有紧急淋洗器、洗眼装置、通风橱的位置、开关和安全使用方法。

（2）实训期间必须穿实验服，留长发的必须扎起，不准穿拖鞋，如有必要需佩戴护目镜和手套。

（3）实训时严禁将地面炙热的物品直接放置在实验台面上，以免烫坏实验台面或引起其他事故。

（4）小心取用化学试剂，在使用腐蚀性、有毒、易燃、易爆试剂之前，必须事先了解试剂的理化性质和使用注意事项，不得直接用手接触药品。

（5）对于涉及有毒、有刺激性试剂（如 H_2S、HF、Cl_2、CO、SO_2、NO_2）的实验，必须在通风橱中进行；对于涉及易挥发和易燃物质的实验，必须在远离火源的地方进行，以免发生爆炸。

（6）加热试管时，不得将管口对着自己和他人，避免液体飞溅。

（7）倾倒腐蚀性液体或加热腐蚀性液体时，液体容易溅出，切勿俯视容器。

（8）不要俯身直接去闻试剂的气味，闻试剂气味时应使面部与容器保持一定距离，用手把逸出容器的气味慢慢扇向自己的鼻孔。

（9）稀释浓硫酸时，应将浓硫酸缓缓倒入水中，并不断搅拌。如果不慎将水倒入浓硫酸中，会由于局部过热使硫酸溅出，引起灼伤，导致事故的发生。

（10）使用电器时谨防触电。不要用湿手、湿布接触电器设备，使用完立即关闭电器开关。

（11）实验室内禁止饮食，实验完毕后应洗净双手；实验室内所有药品和仪器禁止私自带走，离开实验室前，应关好水阀、电闸和门窗。

（二）实验室意外事故的处理

在化学实验室中意外事故随时都有可能发生，常见的事故有外伤、中毒、触电、火灾、爆炸等。因此在化学实验室工作、学习的人员都必须有较高的安全意识、严格的防范措施和一定的防护救治知识，一旦发生意外能及时处理，以防事故进一步扩大。

为了对意外事故进行紧急处理，每个实验室应准备一个急救药箱，主要准备下列药品和工具：创可贴、纱布、医用棉签、绷带、镊子、剪刀、碘酒（3%）、乙醇（95%）、鱼肝油、烫伤膏、硼酸溶液（1%）、醋酸溶液（2%）、双氧水（3%）、碳酸氢钠溶液（1%～5%）、稀氨水、硫代硫酸钠溶液（20%）。

1．外伤

1）眼睛灼伤　一旦眼睛溅入化学药品，应立即使用洗眼装置，用大量水冲洗，不可用稀酸溶液或稀碱溶液冲洗。若有玻璃碎片进入眼内，必须小心谨慎，不能随意处置也不可转动眼球，应及时送往医院进行治疗。若有木屑、尘粒等异物进入眼内，可翻开眼睑，用消毒棉签轻轻取出或任其流泪，将异物排出后再滴入鱼肝油。

2）皮肤灼伤

（1）酸灼伤：先用大量水冲洗，再用稀氨水或稀碳酸氢钠溶液浸洗，最后再用水洗。

（2）碱灼伤：先用大量水冲洗，再用2%醋酸溶液或1%硼酸溶液浸洗，最后再用水洗。

（3）溴灼伤：应立即用20%硫代硫酸钠溶液或乙醇（95%）冲洗伤口，再用大量水冲洗，并敷上甘油，用纱布包扎后送医。

3）烫伤　使用火焰、蒸汽、红热的玻璃和金属时易发生烫伤。若为轻度烫伤，应立即用大量水冲洗和浸泡，并在伤处涂抹鱼肝油和烫伤膏等，或涂抹高锰酸钾饱和溶液或撒碳酸氢钠药粉；如果烫伤情况严重，可用乙醇（95%）消毒，也可涂抹烫伤膏，最后用消毒纱布轻轻包扎，并立即送医。

4）割伤　先用消毒棉签蘸乙醇（95%）把伤口清理干净，再用3%碘酒涂在伤口四周，在伤口处撒上止血消炎粉，最后用消毒纱布包扎或贴上创可贴。如果有碎玻璃扎入，则先用镊子将玻璃碎片取出，再进行处置。

2. 中毒

若吸入有毒气体，如 Cl_2、HCl 气体，可吸入少量乙醇和乙醚的混合物蒸气进行解毒。若吸入 H_2S、CO 气体，立即转移至室外呼吸新鲜空气。注意：Cl_2、Br_2 中毒不可进行人工呼吸。如果毒物进入口中，应用 3%～5%碳酸氢钠溶液或稀硫酸铜溶液洗胃，洗胃时边喝边吐，反复多次洗胃，至洗出物中基本无毒物为止，再服牛奶、鸡蛋清，并送医院治疗。若是砷和汞中毒，应立即送医院急救。

3. 触电

化学实验室的仪器多为功率较大的设备，有些仪器需持续工作，使用时间较长。每位实验人员都必须学会安全用电，避免发生一切用电事故。

(1) 防止触电：①不能用湿手接触电器；②电源、电线裸露的部分都应绝缘；③损坏的插头、接头、插座应及时更换；④仪器使用前要先检查外壳是否带电；⑤如遇有人触电，不得直接去拉人，要先切断电源再救人。

(2) 防止电器着火：①保险丝、电源线、插座都要与使用的额定电流相匹配；②生锈的电器、接触不良的导线接头要及时处理；③电炉、烘箱等电热设备不可过夜使用；④仪器长时间不用要拔下插头，并及时关闸；⑤电器着火不能用泡沫灭火器灭火。

4. 火灾

化学实验室中很多常用的有机溶剂非常容易挥发，如甲醇、乙醇、乙醚、丙酮等，实验室也经常使用电炉、酒精灯等火源，因此极易发生火灾事故。常用有机溶剂的易燃性见实训表 1。

实训表 1　常见有机溶剂的易燃性

名　　称	沸点/℃	闪点*/℃	自燃点**/℃
乙醚	34.5	−40	180
丙酮	56	−17	538
甲醇	64.7	8	436
乙醇(95%)	78	12	400

注：* 闪点：液体表面蒸气和空气的混合物在遇明火或火花时着火的最低温度。

** 自燃点：液体蒸气在空气中自燃时的温度。

由表可知，乙醚、丙酮、甲醇、乙醇的闪点都很低，因此不得与会产生电火花的电器靠近。低闪点物质的蒸气只需接触炙热物体表面便会着火。

1) 预防火灾的方法

(1) 严禁在开口容器和密闭体系中用明火加热有机溶剂，应使用加热套或水浴加热。

(2) 废有机溶剂不得倒入废物桶，可倒入回收瓶，再集中处理。量少时用水稀释后即可排入下水道。

(3) 不得在烘箱内干燥、烘烤有机物。

(4) 不允许在靠近明火的区域倾倒有机溶剂。

2) 灭火方法　实验室中一旦发生火灾要保持镇静，根据具体情况正确地进行灭火或立即拨打 119。

(1) 容器中的易燃物着火时，用灭火毯盖灭。灭火毯是由玻璃纤维材料经特殊处理后编制的织物。

(2) 乙醇、丙酮等可溶于水的有机溶剂着火时可以用水扑灭。汽油、乙醚、甲苯等有机溶剂着火时不能用水扑灭，只能用灭火毯和沙土盖灭。

(3) 导线、电器和仪器着火时不能用水和二氧化碳灭火器灭火，应先切断电源，然后用四氯化碳灭火器灭火。

(4) 若由某些化学药品(如金属钠)和水反应引起火灾，则用沙土扑灭。

(5) 个人衣服着火时，切勿慌张奔跑，以免风助火势，应迅速把衣服脱下，用水龙头浇灭火苗，火势过大时可就地卧倒打滚压灭火焰。

实验室常用灭火器及其适用范围见实训表2。

实训表2　实验室常用灭火器及其适用范围

灭火器类型	主要成分	适用范围
泡沫灭火器	$Al_2(SO_4)_3$ 和 $NaHCO_3$	适用于油类起火
二氧化碳灭火器	液态 CO_2	适用于扑灭电器设备和小范围油类、忌水化学物品引起的火灾
四氯化碳灭火器	液态 CCl_4	适用于扑灭电器设备和小范围汽油、丙酮等失火，不能用于金属钾、钠，电石，CS_2 的失火
干粉灭火器	碳酸氢钠等盐类物质和适量的润滑剂、防潮剂	适用于油类、可燃性气体、电器设备、精密仪器、图书和遇水易燃物品等引起的火灾

5. 爆炸

化学实验室防止爆炸事故发生意义重大，因为一旦发生爆炸，破坏力极大。

常见的引起爆炸事故的原因如下。

(1) 随意将化学药品混合，同时受热、受摩擦和撞击，非常容易引起爆炸。加热后会发生爆炸的混合物有浓硫酸-高锰酸钾、有机化合物-氧化铜、三氯甲烷-丙酮等。

(2) 易燃气体气瓶的减压阀摔坏或失灵。

(3) 在加压或减压实验中使用了不耐压的玻璃仪器。

(4) 在密闭体系中进行蒸馏、回流等加热操作。

易燃物质蒸气在空气中的爆炸极限见实训表3。

实训表3　易燃物质蒸气在空气中的爆炸极限

名　　称	爆炸极限/(%)	名　　称	爆炸极限/(%)
乙醚	1.9～36.5	丙酮	2.6～13.0
甲醇	6.7～36.5	乙醇	3.3～19.0
氢气	4.1～74.2	乙炔	3.0～82.0

（三）实验室三废的处理

化学实验室中经常会产生各种有毒气体、液体和固体，对空气、水源和环境造成污染，因此对废液、废气、废渣(三废)要经过一定的处理后才能排放。三废中也有一些有用成分，可回收利用，变废为宝。

对于产生少量有毒气体的实验，需在通风橱内进行，通过排风设备将有毒气体排到室外，以免污染室内空气。对于产生有毒气体量大的实验，必须装有处理装置。如 NO_2、SO_2、Cl_2、H_2S、HF 等气体可用碱液吸收，CO 可直接点燃转化为 CO_2，也可用固体吸附剂(如活性炭、硅胶、分子筛、活性氧化铝等)来吸附废气。

实验室废渣应收集起来统一处理，对于有价值的废渣可回收利用，无回收价值的有毒废渣应集中处理。化学实验中产生的废液分为有机废液、酸性废液、碱性废液、有毒废液，废液要分类倒入对应的回收桶，统一集中处理。

三、无机化学实验室常用仪器简介

（一）无机化学实验室常用仪器

1. 烧杯(实训图1)

常用的烧杯有低型烧杯、高型烧杯和三角烧杯3种，主要用于配制溶液，也可进行化学反应。烧杯可在火焰上直接加热或隔着石棉网加热，也可使用水浴、油浴或砂浴等方式加热。

2. 锥形瓶(实训图 1)

锥形瓶不能直接用火加热,需在热源与锥形瓶之间隔着石棉网。滴定操作中常用锥形瓶作容器,滴定时右手握住瓶颈,边滴边摇动,使瓶内液体混合均匀。

3. 试管(实训图 1)

试管是用于盛装少量液体的容器,也可作为少量试剂的反应容器,一般试管内液体不得超过试管体积的 1/2,若需加热则不得超过试管体积的 1/3。加热前试管外壁要保持干燥,加热时要用试管夹夹住固定。使用试管夹时,将试管夹从试管底部套入,夹在试管的中上部。加热时,应手握长柄,勿将试管口对着人。

(a) 烧杯　(b) 锥形瓶　(c) 试管

实训图 1　常用玻璃仪器(一)

4. 量筒和量杯(实训图 2)

量筒和量杯是实验室常用的量器具,不能受热,不得作为反应容器,不得在量筒中配制溶液,也不能量取热溶液,不得长期储存液体,用完之后应立即清洗干净并晾干,不得烘干。读数时,用手提起量筒或量杯上端无刻度处,视线与液体凹液面最低点相切。

5. 分液漏斗(实训图 2)

分液漏斗用于萃取和分离两种互不相溶的液体。具体操作步骤:将分液漏斗挂在铁架台的铁圈上,关闭旋塞,将两种液体分别从上口倒入,盖紧上口塞子,取下分液漏斗,左手虎口握住活塞,右手握住漏斗上部,手指顶住上口塞子,手掌托住漏斗玻璃球体,漏斗下口比上口高,倾斜约 30°,来回旋转振摇使两种液体充分混合,左手不时打开活塞放气。充分振摇后,将分液漏斗重新挂到铁圈上静置,待两相液体分界清晰后,打开旋塞,下层液体由下口放出,上层液体由上口倒出。

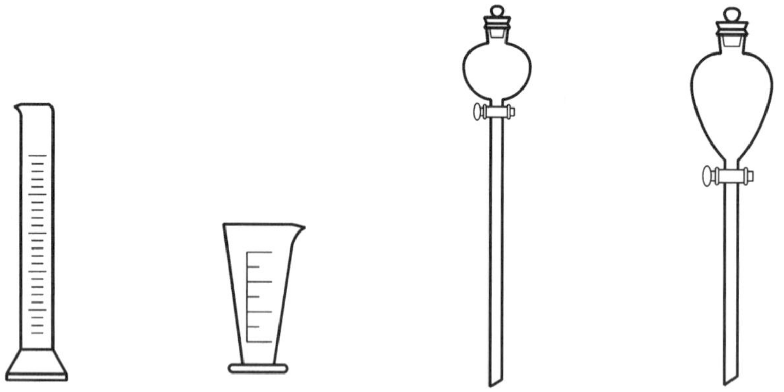

(a) 量筒　(b) 量杯　(c) 球形分液漏斗　(d) 梨形分液漏斗

实训图 2　常用玻璃仪器(二)

6. 温度计

实验室常用的温度计是水银温度计或红水温度计,一般用于测定液体温度。温度计的使用方法如下。

(1) 要根据被测物的温度选择恰当量程的温度计,注意被测物的温度不能超过温度计的最大刻度。

(2) 测定时,温度计下端的液泡要浸入被测液体中,但是液泡不能触碰到容器的侧壁和底部。读数时,温度计不能离开被测液体。

(3) 不得将温度计当作玻璃棒使用。

7. 研钵

研钵用于研磨固体,把较大的固体颗粒研磨成均匀的固体粉末,以增大固体的比表面积,可使固体物质在溶解和反应时加快速度。使用前,将研钵清洗干净并晾干,待研磨的固体如果有潮气,要先干燥再冷却。研磨时,将固体放入研钵中,左手扶着研钵,右手握住研磨棒,先用研磨棒把较大固体压碎,再稍用力压着研磨棒在研钵内转动,慢慢把固体研磨成粉末,研磨棒和研钵壁上粘着的固体刮下后继续研磨直至完全研细,最后用药匙把研磨后的粉末刮出。

8. 容量瓶(实训图 3)

容量瓶是细颈、梨形、平底的容量器,瓶口带有磨口玻璃塞或者聚四氟乙烯塞。容量瓶上标有体积和温度,颈上有标线,表示在该温度下液体凹液面与容量瓶颈部的标线相切时,溶液体积就是标注的体积。容量瓶使用方法具体如下。

(1) 检漏:向容量瓶内加水至标线附近,盖好瓶塞后用滤纸擦干瓶口。左手食指按住瓶塞,其余手指拿住标线以上部分,右手拖住瓶底。将瓶子倒立 2 min 后,用滤纸检查是否有水渗出。再将瓶直立,转动瓶塞 180°,再倒立 2 min,检查是否漏水。经检查不漏水的容量瓶方可使用。

(2) 洗涤:容量瓶内壁不能用毛刷刷洗,一般用自来水、纯化水冲洗,至滴定管内壁不挂水珠为止。

(3) 转移溶液:使用容量瓶配制溶液时,如果是固体试剂,要先放在烧杯中加水完全溶解后,右手将玻璃棒悬空伸入容量瓶口下 1~2 cm 处,玻璃棒的下端靠着瓶颈内壁,但不能触碰瓶口,左手握住烧杯,使烧杯嘴紧靠玻璃棒,使溶液沿玻璃棒和内壁流入容量瓶中。烧杯中溶液流完后,将烧杯沿玻璃棒稍微向上提起,使烧杯直立,待竖直后移开。将玻璃棒放回烧杯中,不可放于烧杯尖嘴处。然后用洗瓶中的水吹洗玻璃棒和烧杯内壁,再将溶液转入容量瓶中,吹洗 5 次以上。

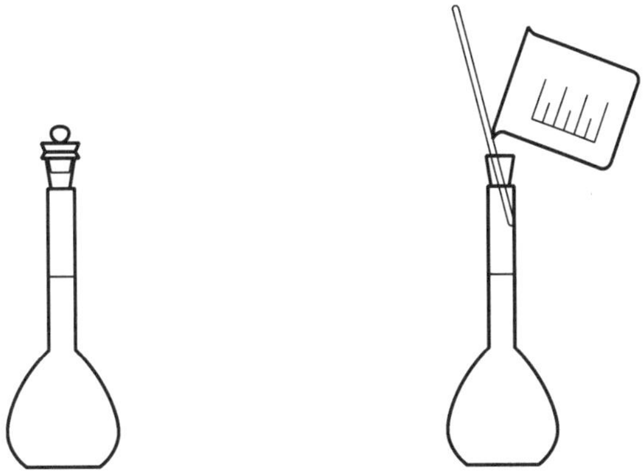

实训图 3 容量瓶的使用

(4) 定容:继续加入纯化水直至容量瓶体积的 2/3 处,用右手食指和中指夹住瓶塞,右手将容量瓶拎起,平行摇动容量瓶,按瓶中溶液顺着同一方向转动,继续加水至距标线 1 cm 处,等 1~2 min 使附着在瓶颈内壁的溶液流下,改用滴管加水至凹液面下缘与标线相切。盖上瓶塞,左手食指按住瓶塞,其余手指拿住瓶颈上部,右手托住瓶底,将容量瓶倒立,使气泡上升到顶,旋摇几周,再将容量瓶直立,如此反复翻转摇匀 10 次以上。

9. 移液管和吸量管

移液管是用来准确移取一定体积液体的计量仪器,移液管只用来测量它所放出溶液的体积。移液管是一根两端细长,中间有一膨大部分的玻璃管,其下端为尖嘴状,上端管颈处刻有一标线,标注着所取液体的准确体积。

吸量管又称刻度移液管,用于移取非固定量的溶液,其准确度不如移液管。吸量管是一根直线形的细长玻璃管，下端有尖嘴，管身带有很多刻度线，标示着溶液的体积。

移液管和吸量管的使用方法类似，具体如下。

(1) 洗涤和润洗：移液管和吸量管的内管很细，不能用毛刷刷洗，一般用自来水、纯化水冲洗干净后再润洗。润洗的具体步骤：先用滤纸把管尖内外的水吸尽，将试剂倒入干燥小烧杯中，左手拿洗耳球，将食指或拇指放在洗耳球的上方，其余手指自然握住洗耳球，右手拇指和中指捏住移液管标线以上部分，无名指和小指辅助拿住移液管。管尖伸入小烧杯吸取溶液，吸至球部 1/4～1/3 处，立即用右手食指按住管口并移出，将移液管缓慢横持并不断转动，使管内液体与内壁充分接触，并将液体从管口下端尖嘴处放入废液杯，重复润洗 3 次。

(2) 吸液：摇匀试剂并倒入干燥小烧杯中，用滤纸把管尖内外的水吸尽，左手捏住移液管，将移液管插入试剂液面下 1～2 cm 处，右手握住洗耳球吸取试剂。应注意管尖不能伸入太浅，容易导致吸空；管尖也不能伸入太深，会导致移液管外壁附着过多试剂。吸液时要注意液面的位置，使管尖随液面下降往下移动，始终保持此深度。待管内液面上升至标线以上 1～2 cm 处，迅速移去洗耳球，左手食指按住移液管上口，避免液面下降(如果液面下落至标线以下，可重新吸液)，此时吸液完成，将移液管尖提离试剂，用滤纸擦干移液管尖嘴外壁的试剂。

(3) 调刻度：右手另取一干净的小烧杯，烧杯倾斜 30°，移液管垂直，烧杯内壁与移液管尖紧贴，并使视线与移液管标线保持水平，停留 30 s 后，左手食指微微松动，溶液沿着杯壁慢慢流出，当液面下降至标线时，立即按紧管口。将尖嘴紧靠烧杯内壁，向烧杯口轻轻移动，除去挂在尖嘴处的液滴。

(4) 放液：右手拿锥形瓶，将锥形瓶倾斜 30°，移液管垂直，锥形瓶内壁与移液管尖紧贴，左手食指放松，使溶液自然流入锥形瓶中，管内溶液放完后停留 15s，将尖嘴紧靠锥形瓶内壁旋转一周，移开移液管并放在移液管架上。

10. 滴定管

滴定管是化学分析中最基本的测量仪器，实验室常见的滴定管有酸式滴定管、碱式滴定管、酸碱两用滴定管。这三种滴定管基本结构非常相似，不同之处在于下口的结构。酸式滴定管的旋塞为玻璃活塞，一般用来盛装酸性、中性和氧化性溶液；碱式滴定管的下口不是活塞而是一段橡皮管，管内有一颗玻璃珠，通过捏住玻璃珠来控制液体流速，一般只用来盛装碱性溶液；酸碱两用滴定管的活塞由耐酸耐碱、抗腐蚀的有机材料(聚四氟乙烯)做成，既可盛装酸性溶液，也可盛装碱性溶液。实验室一般使用酸碱两用滴定管，使用方法如下。

1) 滴定管的检漏　关闭活塞，从上口装入自来水至滴定管零刻度线附近，用滤纸吸干活塞处和滴定管尖嘴处的水珠，2 min 后检查活塞处和滴定管尖嘴是否有水渗出，如果不漏，将活塞旋转 180°静置 2 min 后，重新检查。如果漏水，需将活塞取下，涂上薄薄的一圈凡士林。

2) 滴定管的洗涤和润洗

(1) 洗涤：滴定管的外壁可用毛刷蘸少量洗涤剂清洗，但是内壁不能用毛刷刷洗，一般用自来水、纯化水冲洗，至滴定管内壁不挂水珠为止。如果滴定管内壁藏污纳垢，难以洗净，则先用铬酸洗液冲洗或浸洗，再用自来水、纯化水冲洗。

(2) 润洗：将试剂瓶中的滴定液摇匀，从滴定管上口加入滴定液，用量是滴定管体积的 1/3 左右，从下口放出少量液体洗涤尖嘴部分，关闭活塞，将滴定管缓慢横持并不断转动，使管内液体与内壁充分接触，并将液体从管口倒入废液杯，重复润洗 3 次。装液时直接从试剂瓶倒入滴定管，不需再经过其他容器。

3) 装液　关闭滴定管活塞，将试剂瓶摇匀，加入滴定液至零刻度线以上 3 mL 左右，将滴定管倾斜约 30°，迅速打开活塞放液排出下口的气泡，并调节液面到零刻度线。

4) 滴定　右手自然握住锥形瓶的瓶颈处，左手握住滴定管的活塞处，大拇指、食指和中指控制活塞，打开活塞，一边滴加一遍摇动锥形瓶，使溶液顺着一个方向运动，同时眼睛观察锥形瓶中溶液颜色的变化。开始滴定时速度可稍快，每秒 3～4 滴，临近终点时，滴一滴摇几下，再滴再摇，眼睛始终观察锥形瓶中溶液颜色的变化。最后要进行半滴操作，靠入锥形瓶内壁，用少量纯化水冲洗，直至滴定终点。

5）读数　将滴定管取下，用右手大拇指和食指拿住滴定管上部无刻度处，使滴定管自然垂直，视线与凹液面齐平，然后读数。对于无色或浅色溶液，读凹液面最低点；对于深色溶液（如 $KMnO_4$），读凹液面两侧最高点。

11. 电子天平（实训图 4）

电子天平即电磁力式天平，其结构分为顶部承载式和底部承载式两种。目前使用的主要是顶部承载式电子天平，其工作原理是利用电子装置完成电磁力补偿的调节，使物体在重力场中实现力的平衡。

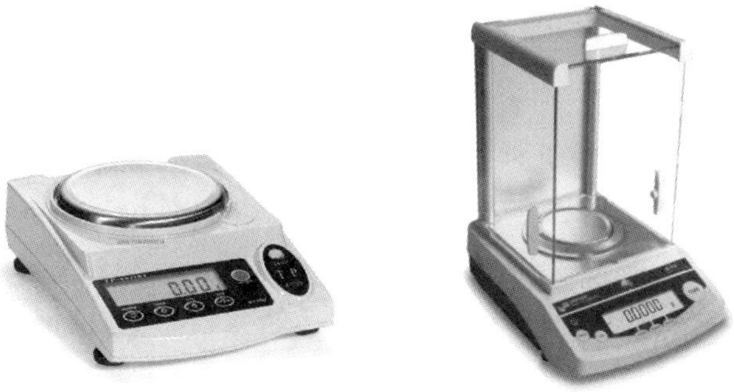

实训图 4　电子天平

电子天平使用过程中不需要砝码，可以直接称量，可以自动调零、自动去皮、自动显示称量结果，具有称量速度快、准确度高的特点。电子天平是化学实验室常用仪器，已完全替代电光天平。

电子天平的型号很多，量程和精密度也有差异，但各种型号的基本结构和称量原理基本一致，使用方法大同小异，具体操作可参照仪器说明书。

电子天平的使用方法如下。

（1）调节水平：观察水平仪的气泡是否在中间位置，必要时可通过调节天平的调节脚使气泡居中。

（2）预热：插上插头，按“电源”键，预热至规定时间。

（3）校准：第一次使用天平前需要进行校准。日常使用中的天平则需要定期校准。具体校准流程可按使用说明书进行。

（4）称量：当显示屏显示 0.0000 g 时，即可开始称量。将待称量物放在秤盘中央，即可读取结果。

（5）去皮称量：先将盛装容器置于秤盘中间，显示盛装容器质量后，按“去皮”键，当显示为零后，向盛装容器中加入待称量物，即显示待称量物的净重。

（6）关机：称量结束后，长按“电源”键直至显示屏出现“OFF”，即可关机。清扫天平后盖上防尘罩。

（二）玻璃仪器的洗涤与干燥

1. 玻璃仪器的洗涤

化学实验操作中使用的各种玻璃仪器要清洗干净后方可使用，如果使用不洁净的仪器，会由于污物和杂质的存在而影响实验现象和数据，得不到正确的结果，因此，玻璃仪器的洗涤是非常重要的。玻璃仪器的洗涤方法很多，可根据污物的性质和污染的程度来选择合适的洗涤方法。

（1）水溶性污物：可以直接用水冲洗，冲洗不掉的物质，可以选用合适的毛刷刷洗，如果毛刷刷不到，可将碎纸捣成糊状放进容器中，然后剧烈摇动使污物脱落下来，再用水冲洗干净。

（2）油性污物：油性污物污染的仪器，可先用水冲洗掉可溶物，再用毛刷蘸取肥皂液或洗洁精刷洗。对于内径很小，不能用刷子刷洗的仪器，可用洗液、稀硝酸或稀硫酸浸洗。常用的洗液是高锰酸钾洗液与铬酸洗液。洗液具有强腐蚀性、强氧化性，对油渍和有机物的去污力很强，如果不慎将洗液洒在衣物、皮肤上，应立即用水冲洗。

若污物为有机物，可选用高锰酸钾洗液；若污物为无机物，则选用铬酸洗液。洗涤仪器前，尽可能倒尽仪器内残留的水分，然后向仪器内加入 1/5 容量的洗液，将仪器倾斜并慢慢转动，使仪器内壁全部被洗液润湿，不断转动仪器，使洗液在仪器内部流动。必要时可用洗液浸泡一段时间或用热的洗液洗涤，效果会更好。洗液用后，应倒回原瓶。洗液可反复多次使用，直至铬酸洗液由黄色变成绿色，或者高锰酸钾洗液由紫红色变成浅红色或无色，此时洗液不具有强氧化性，就不能再使用。废的洗液应倒在废液缸里，不能倒入水槽，以免腐蚀下水道并造成环境污染。

铬酸洗液的配制方法：称取 25 g 重铬酸钾固体，在加热条件下溶于 50 mL 水中，然后向溶液中加入 450 mL 浓硫酸，边加边搅拌。切勿将重铬酸钾溶液倒入浓硫酸中。

碱性高锰酸钾洗液的配制方法：称取 4 g 高锰酸钾溶于 20 mL 水中，加入 10 g 氢氧化钠，加水搅拌使固体完全溶解，再用水稀释至 100 mL。

用上述方法洗过的仪器，还必须用自来水和纯化水冲洗数次后，才能洗净。

2. 洗净的标准

洗净的玻璃仪器，应该是清洁透明的。玻璃内壁被水均匀地润湿，当仪器倒置时，内壁不应挂水珠。凡已洗净的仪器，内壁不能用布或纸擦拭，因为布和纸上的纤维会污染仪器。

3. 玻璃仪器的干燥

实验时使用的玻璃仪器，必须要洁净，有些情况还要求仪器干燥，根据不同情况，可采用以下干燥方法。

(1) 晾干：对于不急用的仪器，可将仪器倒置并挂在仪器架上，使其自然晾干。此法适用于烧杯、锥形瓶、量筒、移液管和容量瓶的干燥。

(2) 吹干：对于急用的仪器，可将仪器倒置沥去水分，并擦干外壁，再用电吹风的热风将仪器内残留水分吹干。对于一些不能受热的量器具，可用冷风，也可用少量易挥发的水溶性有机溶剂(如乙醇、乙醚)润湿后再吹，干得更快。

(3) 烘干：先将洗净的仪器沥去水分，放在电烘箱的隔板上，放置时应平放或者仪器口向上，具塞容器要把塞子打开，温度控制在 105 ℃左右烘干，一般 15 min 即可烘干。取仪器时注意佩戴防烫手套，以免烫伤。热的玻璃仪器要自然冷却，不能接触冷水，以防炸裂。

注意：带有刻度的计量容器不能用加热法干燥，否则会影响仪器的精度，可采用晾干或冷风吹干的方法。

四、无机化学实验基本操作

(一) 试剂的取用

取用试剂时，先看清试剂标签。没有贴标签或者标签字迹不清、无法辨认的试剂不能使用，以免发生事故。取用时，先打开瓶塞，瓶塞反放在实验桌上，如果瓶塞形状不规整，无法反放，可用手指夹住或放在干净的表面皿上。取完试剂后，立即盖紧瓶塞，瓶塞不允许混用。取用过程中，试剂不能吸入或接触皮肤。

1. 固体试剂的取用

固体试剂通常存放在广口瓶中。取用时应注意：①使用洁净、干燥的药匙，每种试剂专用一个药匙，用过的药匙须洗净擦干后才能再用，以免污染试剂；②取试剂时按需取用，一旦取多，也不能再倒回原瓶；③取完试剂，立即把瓶塞盖严，并将试剂瓶放回原处；④试剂从药匙中倒入容器时，如果是大块试剂，应把容器倾斜，让块体沿容器壁滑下，以免击碎容器；如果是粉状试剂，可用药匙将试剂直接送入容器底部，勿让粉末沾在容器壁上；⑤如容器为管状容器，可将称量纸对折，将粉末送进管底。

取用固体试剂一般需要称量，包括直接称量和减量法称量。

(1) 直接称量：称取一定质量的药品可用台称或天平。称取时，在台秤上放一张称量纸，用药匙把固体试剂取出放在称量纸上，称取需要的试剂。具有腐蚀性、易潮解、易吸湿的试剂不能放在纸上称量，而应放在玻璃容器内进行称量。

(2) 减量法称量：对于要求准确称取的固体试剂，可用减量法称量。减量法是一种能连续称取若干份试样的称量方法，称量精确又节省时间。一般使用分析天平，先将样品放于称量瓶中，置于分析天平中称取样品和称量瓶的质量，然后取出所需的试样，再称量剩余样品和称量瓶的质量，两次质量之差，即为所需试样的质量。具体操作步骤：①将试剂装入称量瓶中，用纸条缠住称量瓶放于天平中央，称得称量瓶及试样质量为 m_1（手不要直接接触称量瓶，避免沾上汗渍和水迹）；②用纸条缠住称量瓶，从天平中取出，举于容器上方，瓶口向下稍倾，用纸捏住称量瓶盖，轻敲瓶口上部，使试样慢慢落入容器中，当倾出的试样已接近所需要的质量时，慢慢地将称量瓶竖起，再用称量瓶盖轻敲瓶口下部，使瓶口的试样落回称量瓶中，盖好瓶盖放回到天平中称量，得 m_2；③两次质量的差值（m_1-m_2），就是称取试样的质量。如此继续进行，可称取多份试样。

2. 液体试剂的取用

液体试剂一般用滴管吸取或用量筒、移液管（吸量管）量取。它们的操作方法如下。

（1）滴管：先用手指捏紧滴管上部的胶头，赶走滴管内空气，然后将滴管插入试液中，放松手指将试液吸入。取出后，滴管悬于容器上方，轻轻挤压胶头使试液滴入容器中。操作时应注意滴管不能与容器的内壁接触，滴管的管口也不能向上倾斜，以免液体流入胶帽中，腐蚀胶帽，污染试剂。若从滴瓶中吸取液体试剂，要用滴瓶中的滴管，滴管切不可混用。

（2）量筒：可根据实际需要选用不同规格的量筒。取液时，先取下试剂瓶塞，并倒置在桌上，一手拿量筒，另一手拿试剂瓶，标签对着掌心，试剂瓶口紧贴在量筒口上，然后倒出试剂，最后将瓶口在量筒上靠一下，再使试剂瓶竖直，以免瓶口的液滴流到瓶的外壁，倒出的试液不允许再倒回试剂瓶。接着将量筒提起，使视线与量筒内液体凹液面的最低处保持水平，读取液体的体积，可用滴管将液面调节至需要的刻度处。

（3）移液管和吸量管：要求准确地移取一定体积的液体时，可用移液管和吸量管。移液管和吸量管的使用需要借助洗耳球。具体操作可参照前面常用仪器简介部分。

（二）加热

1. 液体的加热

液体的加热方式取决于液体的性质和盛放该液体的器皿。一般高温下不分解的液体可用明火或电炉直接加热；受热易分解或者需要严格控制温度的液体，可在热浴上间接加热。

1）直接加热　适用于高温下不分解、对温度无准确要求，需要快速升温的液体。把装有液体的容器放在石棉网上，用酒精灯、电炉和电热套等直接加热。

试管中的液体一般可直接放在火焰上加热，但需注意以下几点。

（1）试管装液时不得超过试管高度的 1/2。

（2）不能直接用手拿住试管加热，要用试管夹夹住试管的中上部，避免烫伤。

（3）试管应稍微倾斜，管口向上，且试管口不能对着人，以免发生意外。

（4）应使试管各部分受热均匀，先加热液体中上部，再慢慢往下挪动，不时地上下移动，不能长时间加热一处，避免发生暴沸。

2）间接加热　间接加热是将热源作用于中间载热体，然后中间载热体将热能传到物料，适合受热易分解或者需要严格控制温度的液体，具体加热方式有水浴、油浴、蒸汽浴、砂浴，间接加热可以避免直接加热造成的受热不均匀。

常用的间接加热是水浴加热。使用水浴加热应注意如下事项：

（1）水浴锅内存水量应保持在总体积的 2/3 左右。

（2）受热玻璃器皿不能触及锅壁或锅底。

（3）水浴锅不能用于油浴或砂浴。

2. 固体的加热

（1）在试管中加热：对于块状或粒状固体试剂，要先研细并将其在管内铺平，盛装量不超过试管高度的 1/3。试管可用试管夹夹住，也可把试管固定在铁架台上，试管口稍微向下倾斜，以免凝结在管口的水珠流至灼热的管底，使试管炸裂。加热时，先来回将整个试管预热，然后集中加热。

(2) 在蒸发皿中加热：对于大量固体的加热，可在蒸发皿中进行，但要不断搅拌，使固体受热均匀。

(三) 固液分离

固液分离的方法有倾析法、过滤法等。

1. 倾析法

如果液体中的固体颗粒较大，静置后容易沉降至容器底部，则可用倾析法进行分离或洗涤。具体操作：将容器轻轻端起，倾斜，使上层清液沿着玻璃棒流入另一溶液中，实现固液分离。如果固体沉淀需要进一步洗涤，可向固体沉淀中加入少量水或其他洗涤液，充分搅拌后静置、沉淀，再用上述方法将上层清液倾出。

2. 过滤法

过滤法是固液分离最常用的方法，一般有常压过滤和减压过滤。

1) 常压过滤　常压过滤一般使用普通三角漏斗和滤纸即可，先取一张合适大小的滤纸，对折再对折，打开滤纸，一边为三层，另一边为一层，滤纸呈圆锥形放入漏斗中，使滤纸和漏斗贴合。如果滤纸上边缘与漏斗不贴合，可稍微调整滤纸的折叠程度，直到滤纸与漏斗贴合。为了使漏斗与滤纸贴紧，可将三层滤纸处的外两层撕掉一小角，然后用少量蒸馏水润湿滤纸，并排出气泡。过滤时，将漏斗放在铁架台的铁圈上，调整高度将漏斗下端伸入烧杯中，并使漏斗下端的尖嘴紧靠烧杯内壁。再将玻璃棒靠在三层滤纸上，端起装有待过滤液体的烧杯，烧杯口靠在玻璃棒上，慢慢将烧杯中的液体和固体引流到漏斗中。最后加入少量水冲淋烧杯和玻璃棒，将洗涤液也倒入漏斗中，反复淋洗几次，至沉淀洗净为止。为避免液体从滤纸和漏斗的缝隙流出，漏斗内液面应低于滤纸边缘至少 1 cm。

2) 减压过滤　减压过滤又称抽滤。为了加速过滤，可采用减压抽滤。减压抽滤过滤速度很快，也可使沉淀抽得较干，但不宜过滤颗粒太大的沉淀和胶体沉淀。减压抽滤的装置由抽滤瓶、布氏漏斗、安全瓶和真空泵组成。工作原理是利用真空泵把抽滤瓶中的空气抽出，使瓶内的压力减小，抽滤瓶和布氏漏斗的液面之间就形成压力差，从而可大大加快过滤速度。布氏漏斗是由陶瓷制作的，中间有很多小孔。安全瓶的作用是防止真空泵中的水倒吸入抽滤瓶。

减压抽滤的具体步骤如下：

(1) 先安装好抽滤装置，注意布氏漏斗的下端管口斜面应与抽滤瓶的支管相对，方便抽滤；

(2) 选择合适的滤纸(滤纸要比布氏漏斗内径稍小一点，以能恰好覆盖布氏漏斗中所有小孔为宜)放入布氏漏斗中，再加入少量蒸馏水，润湿滤纸，抽气后使滤纸紧贴在布氏漏斗的瓷板上；

(3) 用玻璃棒将液体引流到布氏漏斗中(漏斗中的液体量不宜超过总容积的 2/3)，布氏漏斗中的固体和液体很快分开；

(4) 如需要洗涤沉淀，应停止抽滤，加入少量洗涤剂缓缓通过沉淀，再进行抽滤；

(5) 在抽滤过程中，不可突然关闭真空泵。停止抽滤时，应先拔下抽滤瓶上的橡皮管，再关掉真空泵；

(6) 沉淀抽干后，可用玻璃棒揭起滤纸边，用镊子轻轻取出滤纸和沉淀。滤液则从抽滤瓶的上口倒出。

五、数据记录及实验报告的书写

1. 实训预习报告

为保证实训的顺利进行，学生在实训之前需做好充分的准备和预习工作。认真做好预习工作，并完成预习报告。预习报告应包括以下内容：①实训名称；②实训目标；③实训原理(包括化学反应式)；④实训仪器和试剂(包括试剂的浓度、用量、仪器规格)；⑤实训步骤与现象(包括装置图)。

2. 实训数据记录和处理

实训现象和数据要求详细、准确、如实记录好。如果实训记录有偏差，可能会使整个实训失败。完整的实训数据包括数据记录、数据处理过程、分析结果。具体应注意以下几点：

(1) 实训中应及时、准确地记录所观察到的现象和测量的数据，条理清楚，字迹端正；

(2) 实训现象包括温度、颜色、体积、有无浑浊、是否产生沉淀;

(3) 记录数据时,应先设计好各种记录格式和表格,以免实验中由于慌乱而遗漏数据,造成不可挽回的损失;

(4) 实训数据记录要注意有效数字,比如滴定操作中的体积记录要记录至小数点后两位,如10.00 mL;实训过程中尽可能重复观测两次以上,不管测的数据是否与预测的相同,都要如实记录,不得涂改;

(5) 实训条件要详细记录,如使用仪器的型号、编号、生产厂家等;试剂的规格、化学式、相对分子质量、浓度等,都要记录清楚。

实训数据记录和实训结果报告实例见实训表 4 和实训表 5。

实训表 4　实训数据记录

项　目		1	2	3
基准物 KHP 称量	m(倾样前)/g			
	m(倾样后)/g			
	m(KHP)/g			
滴定消耗 NaOH 溶液体积/mL				
NaOH 溶液浓度/(mol/L)				
NaOH 溶液浓度平均值/(mol/L)				
相对极差/(%)				

实训表 5　实训结果报告

样 品 名 称		样 品 性 状	
平行测定次数			
NaOH 溶液浓度			
相对极差/(%)			

3. 实训报告的书写要求

实训过程中要总结经验和出现的问题,学会处理各种实训数据的方法,提高判断问题、分析问题、解决问题的能力,同时也能加深对相应学科的理解。实训报告是学生完成实训的重要步骤和标志,是实训的总结和汇报。实训报告的内容包括实训名称、实训目的、实训原理、仪器和试剂、实训步骤、实训现象、数据记录与处理、结果讨论。每个实训报告都应按照上述要求来书写,实训报告的写作水平也是衡量学生实训成绩的一个重要方面。实训报告必须独立完成,严禁抄袭。

实训报告模板见实训表 6。

实训表 6　实训报告模板

实 训 报 告

学科:______________________　班级:______________________

姓名:______________　学号:______________　同组人:______________

指导老师:______________　日期:______________　评分:______________

项目名称	
实训目的	
实训原理	

续表

仪器	
试剂	
实训步骤：	
实训现象、数据记录及处理：	
结果讨论：	
确保独立完成本实训报告。 本人签名：	
指导教师评语： 指导教师签名：	

参考文献

[1] 何永科，吕美横，刘威，等．无机化学实验[M]．2 版．北京：化学工业出版社，2017.

[2] 陈任宏，董会钰．药用基础化学：上册[M]．2 版．北京：化学工业出版社，2019.

（何　萍）

第二部分　实训内容

实训一　粗食盐的提纯

一、实训目的

（1）学会提纯粗食盐的方法。

（2）掌握称量、研磨、溶解、过滤、蒸发等基本的实验操作技能。

(3) 学会定性检验粗食盐中 Ca^{2+}、Mg^{2+}、SO_4^{2-} 的方法。

(4) 养成规范操作的职业素养。

二、实训原理

粗食盐的纯度不高,含有大量杂质,其中有泥沙等不溶性杂质,还有钾、钙、镁的卤化物、硫酸盐和碳酸盐等可溶性杂质。不溶性杂质可以用溶解、过滤的方法除去。而 Ca^{2+}、Mg^{2+}、Ba^{2+}、SO_4^{2-}、CO_3^{2-} 等离子则可用合适的沉淀剂使之生成难溶性沉淀,然后过滤除去。比如:加入 $BaCl_2$ 溶液,即可将 SO_4^{2-} 转化为 $BaSO_4$ 沉淀;加入 Na_2CO_3 溶液使 Ca^{2+}、Ba^{2+}、Mg^{2+} 转化为 $CaCO_3$、$BaCO_3$、$MgCO_3$ 沉淀;加入 NaOH 溶液,可使 Mg^{2+} 转化为 $Mg(OH)_2$ 沉淀。

$$Ba^{2+} + SO_4^{2-} = BaSO_4\downarrow$$

$$Ca^{2+} + CO_3^{2-} = CaCO_3\downarrow$$

$$Ba^{2+} + CO_3^{2-} = BaCO_3\downarrow$$

$$Mg^{2+} + CO_3^{2-} = MgCO_3\downarrow$$

$$Mg^{2+} + 2OH^- = Mg(OH)_2\downarrow$$

过量的 Na_2CO_3 和 NaOH 可用盐酸中和。

少量可溶性杂质(如 K^+、I^-、Br^-)因含量小,溶解度又较大,在结晶时可使其残留在母液中而分离除去。

三、仪器和试剂

(1) 仪器:托盘天平、研钵、量筒、烧杯、玻璃棒、药匙、漏斗、铁架台(带铁圈)、蒸发皿、酒精灯、坩埚钳、胶头滴管、滤纸、蒸发皿、布氏漏斗、抽滤瓶、真空泵等。

(2) 试剂:粗食盐、蒸馏水、1 mol/L $BaCl_2$ 溶液、饱和 Na_2CO_3 溶液、2 mol/L NaOH 溶液、2 mol/L HCl 溶液、1 mol/L 氨试液、1 mol/L 草酸铵试液、1 mol/L H_2SO_4 溶液、pH 试纸、镁试剂等。

四、实训内容

(一) 粗食盐的提纯

1. 粗食盐称量、研磨和溶解

称取粗食盐 10 g 于研钵中,研细后倒入烧杯中,加入 50 mL 水,加热搅拌使其溶解。趁热用普通三角漏斗过滤,除去不溶性杂质,保留滤液。

2. 除去 SO_4^{2-}

加热滤液,在接近沸腾温度时,边搅拌边逐滴加入 1 mol/L $BaCl_2$ 溶液 2 mL,停止加热和搅拌,等待 5 min,待沉淀下沉,上层溶液变澄清后,沿烧杯内壁滴入 1~2 滴 $BaCl_2$ 溶液,观察是否还有沉淀生成。若无白色沉淀生成,则表示 SO_4^{2-} 已经沉淀完全。若还有沉淀生成,则继续滴加 $BaCl_2$ 溶液,至上层清液滴入 $BaCl_2$ 溶液后不再产生沉淀为止。最后用普通三角漏斗过滤,收集滤液,滤渣则是生成的 $BaSO_4$ 沉淀。

3. 除去 Ca^{2+}、Mg^{2+}、Ba^{2+}

将滤液加热至沸腾,其间注意补充水分,使溶液体积大体不变,边搅拌边滴加饱和 Na_2CO_3 溶液至沉淀完全为止。待沉淀下沉,上层清液再滴入 1~2 滴 Na_2CO_3 溶液,若无沉淀生成,表示 Ca^{2+}、Mg^{2+}、Ba^{2+} 已经全部转变为沉淀,则继续加热 5 min,再用普通三角漏斗趁热过滤,收集滤液。向滤液中滴加 2 mol/L NaOH 溶液,使 pH 在 10~11 之间。继续加热 2 min,冷却后过滤,收集滤液。

4. 中和、蒸发浓缩

边搅拌边向滤液中滴加 2 mol/L HCl 溶液,使溶液 pH 调至 3 左右。把滤液转移至蒸发皿中,小火加热使溶液中的水分蒸发出来并不停搅拌,加热浓缩至溶液变成糊状稠液,停止加热。冷却后转移入布氏漏斗中,尽量抽干。最后将抽干的食盐转移到干净并已称量的蒸发皿中,小火加热干燥,放冷后称量,并计算提纯率。

$$提纯率=\frac{精盐的质量(g)}{粗盐的质量(g)}\times 100\%$$

（二）质量检验

称取 1 g 提纯后的食盐溶于 10 mL 蒸馏水中，分装入 4 支试管中，通过以下方法来检验精盐的纯度。

1. SO_4^{2-} 的检验

向试管中的溶液滴入 2 滴 1 mol/L $BaCl_2$ 溶液，观察溶液是否变浑浊。

2. Ca^{2+} 的检验

向试管中的溶液加入 1 mol/L 氨试液 1 mL，摇匀，再加入 1 mol/L 草酸铵试液 1 mL，5 min 内观察溶液是否变浑浊。

3. Mg^{2+} 的检验

向试管中的溶液滴入 3 滴 2 mol/L NaOH 溶液使溶液呈碱性，再加入 3 滴镁试剂，观察溶液是否变浑浊和镁试剂的颜色变化。镁试剂在酸性溶液中呈黄色，在碱性溶液中显红色或紫色，被 $Mg(OH)_2$ 沉淀吸附后，显天蓝色，可用于检验 Mg^{2+}。

4. Ba^{2+} 的检验

向试管中的溶液加入 1 mol/L H_2SO_4 溶液 2 mL，静置 15 min，观察溶液是否澄清。

五、注意事项

(1) 为了加快固体物质的溶解速度，可先研细再溶解，溶解时不断搅拌，必要时可加热。

(2) 除去可溶性杂质时，按照 $BaCl_2$ 溶液、Na_2CO_3 溶液、NaOH 溶液和 HCl 溶液的顺序先后加入上述溶液，严格按照实验步骤操作，不可调换顺序。

六、问题与讨论

(1) 如何除去粗食盐中的 Ca^{2+}、Mg^{2+}、Ba^{2+}、SO_4^{2-} 等离子？

(2) 食盐溶液蒸发浓缩时为什么不能直接蒸干？

（何　萍）

实训二　溶液的配制

一、实训目的

(1) 掌握一定物质的量浓度、质量浓度溶液的一般配制方法。

(2) 掌握容量瓶、电子天平、量筒、试剂瓶的使用方法。

(3) 养成规范操作的实验习惯和职业素养。

二、实训原理

配制溶液时，需要根据配制溶液的组成、所用溶质的摩尔质量和所需配制溶液的体积（或质量）等信息，计算所需溶质的质量或浓溶液的体积，然后进行配制。注意如果溶质是含结晶水的物质，计算时应包括结晶水。

（一）所需溶质的质量或浓溶液体积

溶液浓度通常用物质的量浓度、质量浓度、质量分数、体积分数、质量摩尔浓度和物质的量分数等表示。

(1) 已知溶液体积(V)和溶质的物质的量浓度(c_B)，计算所需溶质的质量(m_B)。

$$m_B = c_B \times V \times M_B$$

(2) 已知溶液体积(V)和溶液的质量浓度(ρ_B)，计算所需溶质的质量(m_B)。

$$m_B = \rho_B \times V$$

(3) 已知溶质的质量分数(ω_B)和溶液的总质量(m),计算所需溶质的质量(m_B)。

$$m_B = \omega_B \times m$$

(4) 已知溶质的体积分数(φ_B)和溶液的总体积(V),计算所需溶质的体积(V_B)。

$$V_B = \varphi_B \times V$$

(5) 已知浓溶液的浓度 c_{B_1},稀溶液的浓度 c_{B_2} 和稀溶液的体积(V_2),计算所需浓溶液的体积(V_1)。

$$c_{B_1} \times V_1 = c_{B_2} \times V_2$$

(二) 溶液的配制

一般溶液的配制通常有三种方法。

1. 水溶法

对于易溶于水且不发生水解的固体试剂,例如 NaOH、NaCl、KCl、KNO_3 等,可将称量好的固体直接加适量水溶解并稀释到相应体积即可。

2. 介质法

对于溶于水易水解的固体物质,如 $FeCl_3$、$AgNO_3$、$BiCl_3$ 等,配制溶液时,为抑制其水解,往往在称量好的固体中,先加入适量的酸(或碱)使其溶解,再用去离子水稀释至所需体积。

3. 稀释法

对于本身是液体的试剂,如硫酸、盐酸、醋酸等,在配制溶液时,可根据所配溶液的浓度和体积,先用量筒量取所需体积的浓溶液,再用溶剂(如蒸馏水)稀释至所需体积。

一些见光易分解或容易被氧化的溶液,应储存于棕色试剂瓶中,并且最好现用现配。无论用哪种方法配制溶液,都应遵循"配制前后,溶质的量(物质的量或质量)不变"的原则。

三、仪器和试剂

(1) 仪器:台秤、电子天平(千分之一或万分之一)、量筒(10 mL、50 mL 各 1 个)、容量瓶(100 mL)、烧杯(50 mL、100 mL、250 mL 各 1 个),药匙、玻璃棒等。

(2) 试剂:NaCl(s)、Na_2CO_3(s)、NaOH(s)、95%乙醇、浓盐酸(36.5%)、浓硫酸(98%)等。

四、实训内容

(一) 溶液的配制

1. 配制质量分数为 9 g/L 的 NaCl 溶液 100 mL

(1) 计算:需要称量 NaCl 固体__________ g。

(2) 称量:称取 NaCl 固体__________ g,置于小烧杯中,向小烧杯中加入纯化水 20 mL,用玻璃棒轻轻搅拌使 NaCl 固体溶解。

(3) 转移:用玻璃棒引流,将 NaCl 溶液引入 100 mL 容量瓶中。

(4) 洗涤:向小烧杯中加入少量纯化水洗涤烧杯,将洗涤液引流至容量瓶中,洗涤 2～3 次。

(5) 定容:向容量瓶中加入纯化水至容量瓶体积的 2/3 时,水平摇动容量瓶,使溶液混匀,然后继续向容量瓶中加纯化水,当液面离容量瓶刻度线 2～3 cm 时,改用胶头滴管滴加纯化水至刻度线(注意:眼睛、刻度线与溶液的凹液面最低点相平)。

(6) 摇匀:盖上容量瓶活塞,左手食指按住活塞,右手拖住瓶底,上下摇匀。

(7) 转移、贴标签:将溶液转移至指定的试剂瓶中,贴上标签。

2. 配制一定物质的量浓度的溶液

用无水碳酸钠(Na_2CO_3)配制 100 mL 0.100 mol/L Na_2CO_3 溶液。

(1) 计算:需 Na_2CO_3 固体__________ g。

(2) 用电子天平(或分析天平)称取计算量的 Na_2CO_3 固体于小烧杯中,加水约 20 mL,用玻璃棒搅拌至完全溶解后,转移至 100 mL 容量瓶中,用少量水洗涤小烧杯,洗涤液也一并转入容量瓶中,加水至刻度,摇匀。

（二）溶液的稀释

1. 用体积分数为95%的乙醇配制体积分数为75%的乙醇50 mL

（1）计算：需95%的乙醇__________ mL。

（2）用50 mL量筒量取需要量的95%的乙醇，加水至50 mL。

2. 用浓盐酸（其密度为1.19 g/mL、质量分数为36.5%）配制物质的量浓度约为1 mol/L的HCl溶液100 mL

（1）计算：配制1 mol/L HCl溶液100 mL需用浓盐酸__________ mL。

（2）用量筒量取浓盐酸__________ mL倒入100 mL小烧杯中，加入纯化水至100 mL，用玻璃棒搅匀，然后倒入指定的试剂瓶中，贴上标签。

3.（选做）用浓硫酸（其密度为1.84 g/mL、质量分数为98%）配制2 mol/L的H_2SO_4溶液50 mL

（1）计算：配制2 mol/L H_2SO_4溶液50 mL需用浓硫酸__________ mL。

（2）在100 mL小烧杯内加入约20 mL水，用10 mL量筒量取所需浓硫酸，将浓硫酸沿玻璃棒缓慢加入水中，边加边搅拌。待溶液冷至室温后，加水至50 mL，混匀。

五、注意事项

（1）浓硫酸、浓盐酸具有强腐蚀性，故需小心操作。如不慎沾染，应用大量水冲洗。浓硫酸稀释时，由于要放出大量的热，为避免溶液沸腾溅出而发生危险，应先取适量水，再将浓硫酸缓慢加入水中，边加边搅拌。

（2）氢氧化钠固体有腐蚀性，在空气中易吸潮，称量时要放入小烧杯中，且操作要迅速。

六、问题与讨论

（1）称取氢氧化钠固体时应注意什么？

（2）由浓盐酸配制稀盐酸时应注意什么？

（罗孟君）

实训三　凝固点降低法测定葡萄糖的摩尔质量

一、实训目的

（1）掌握凝固点降低法测定葡萄糖的摩尔质量的方法。

（2）了解稀溶液的依数性。

（3）提高理论与实际相结合的能力。

二、实训原理

凝固点是溶液的蒸气压等于其纯溶剂固相的蒸气压时的温度，即物质的固相与它的液相平衡共存时的温度。纯水和它的固相冰平衡共存时的温度（273 K或0 ℃）就是纯水的凝固点，在此温度下，水和冰的蒸气压相等。向水中加入难挥发溶质后形成的溶液的蒸气压会降低，故为使溶液有冰析出，必然要降低温度，当温度降至T_f，即溶液的蒸气压与冰的蒸气压相等时，溶液开始有冰析出，此温度（T_f）就是溶液的凝固点。故溶液的凝固点比纯溶剂的凝固点更低，此现象称为凝固点降低。溶液凝固点降低的根本原因是溶液的蒸气压降低，因此溶液凝固点的降低值与蒸气压的降低值成正比。稀溶液具有依数性，凝固点降低是依数性的一种表现，它与溶液质量摩尔浓度的关系如下：

$$\Delta T_f = T_f^0 - T_f = K_f \times b_B$$

式中，ΔT_f表示溶液凝固点的降低值，单位为K；T_f^0为纯溶剂的凝固点，单位为K；T_f为溶剂的凝固点，单位为K；K_f为溶剂的质量摩尔凝固点降低常数，单位为K·kg/mol；b_B为质量摩尔浓度，单位为mol/kg。

溶液的凝固点降低值（ΔT_f），溶质的质量（m_B）、摩尔质量（M_B）与溶剂的质量（m_A）之间的关系如下：

$$\Delta T_f = K_f \times b_B = K_f \times \frac{m_B}{M_B \times m_A} \times 1000$$

若已知某溶剂的凝固点降低常数(K_f)，通过实验测定此溶液的凝固点降低值(ΔT_f)，即可计算溶质的摩尔质量(M_B)。

$$M_B = \frac{K_f \times m_B}{m_A \times \Delta T_f} \times 1000$$

常用溶剂的 T_f^0 和 K_f 见实训表 7。

实训表 7　常用溶剂的 T_f^0、K_f

溶　剂	T_f^0/K	K_f/(K·kg/mol)
水	273.15	1.853
苯	278.683	5.12
萘	353.440	6.94
环己烷	279.69	20.0

三、仪器和试剂

(1) 仪器：温度计、玻璃棒、大试管、大烧杯、脱脂棉等。

(2) 试剂：葡萄糖、粗盐、冰等。

四、实训内容

1. 准备冰盐浴

取一大烧杯，装入碎冰和少量水(烧杯体积的 3/4)，再加入适量粗盐。

2. 冰点测定

准确称取 2.3～2.5 g 葡萄糖，倒入干燥的大试管中，沿管壁加入 25 mL 蒸馏水，振摇使葡萄糖溶解，插入温度计，试管用带孔的橡胶塞塞住，并固定好温度计。再将试管放入冰盐浴中，搅动冰盐水，同时轻轻晃动葡萄糖溶液，注意试管内壁不要触碰温度计。注意观察温度计数值的变化，降温过程中会产生过冷现象(即到冰点时并不结冰)，当温度继续下降至某一温度后又迅速上升至某一温度而达到恒定时的温度即为凝固点，及时准确读数。

以上测定需进行两次，取平均值。

五、数据记录和计算(实训表 8)

实训表 8　数据记录和计算

测 定 次 数	凝固点 T_f/K	溶质质量/g	溶剂质量/g	ΔT_f/K
1				
2				

六、思考题

(1) 溶液的冰点由哪些因素决定？

(2) 造成溶液冰点降低的原因是什么？

(何　萍)

实训四　胶体溶液和高分子化合物溶液

一、实训目的

(1) 掌握胶体溶液的主要性质和聚沉。

(2) 熟悉胶体溶液的制备,以及高分子化合物溶液对溶胶的保护作用。

(3) 会进行活性炭的脱色操作。

(4) 提高规范操作的职业素养和实验室安全意识。

二、实训原理

分散系按分散相粒径大小不同可分为三类,分散相粒径在 1~100 nm 的分散系为胶体分散系,包括溶胶和高分子化合物溶液。溶胶稳定的主要因素是胶粒带电荷和水化膜的存在。溶胶的稳定性是相对的,在理化因素的作用下,分散相粒子相互聚集,颗粒变大,胶粒从分散介质中沉淀出来而发生聚沉。

引起溶胶聚沉的因素很多,例如加入少量电解质、加入相反电荷的溶胶或加热等。电解质对溶胶的聚沉能力不仅与电解质的浓度有关,更重要的是取决于与胶粒带相反电荷粒子的电荷数,与胶粒带相反电荷粒子的电荷数越高,聚沉能力越强。

高分子化合物溶液的分散相是单个的大分子,属均相体系。当将足量的高分子化合物溶液加入溶胶时,可在胶粒周围形成高分子保护层,提高溶胶的稳定性,使溶胶不易发生聚沉。

活性炭是一种疏松多孔、表面积大、难溶于水的黑色粉末。吸附能力强,可以用来吸附各种色素、有毒气体,所以常用作吸附剂。

三、仪器和试剂

(1) 仪器:试管及试管架、烧杯、三脚架、石棉网、酒精灯、表面皿、量筒(10 mL、50 mL)等。

(2) 试剂:1 mol/L $FeCl_3$ 溶液、1 mol/L Na_2SO_4 溶液、0.05 mol/L KI 溶液、1 mol/L NaCl 溶液、0.1 mol/L $AgNO_3$ 溶液、0.05 mol/L $AgNO_3$ 溶液、明胶溶液、活性炭、品红溶液、乙醇等。

四、实训内容

(一) 胶体的制备

1. $Fe(OH)_3$ 溶胶的制备

在洁净的烧杯中加入 30 mL 蒸馏水,加热至沸腾,在搅拌下逐滴加入 1 mol/L $FeCl_3$ 溶液 1 mL,继续煮沸,直到生成深红色的 $Fe(OH)_3$ 溶胶。制得的溶胶备用。

2. AgI 溶胶的制备

用量筒量取 0.05 mol/L KI 溶液 20 mL 放入小烧杯中,边振荡边滴 0.05 mol/L $AgNO_3$ 溶液,直到生成微黄色的 AgI 溶胶。

(二) 胶体溶液的聚沉

1. 加入少量电解质

取 2 支试管,各加入自制的 $Fe(OH)_3$ 溶胶 1 mL。在 1 支试管中逐滴加入 1 mol/L 的 Na_2SO_4 溶液,至出现沉淀为止,记录滴加的 Na_2SO_4 溶液滴数。在另 1 支试管里逐滴加入相同滴数的 1 mol/L 的 NaCl 溶液,观察有无沉淀生成,并解释原因。

2. 加热

取 1 支试管,加入 2 mL $Fe(OH)_3$ 溶胶,加热至沸腾,观察其现象。

(三) 高分子化合物溶液对溶胶的保护

(1) 取 2 支试管,在 1 支试管中加入 1 mL 明胶溶液,另 1 支试管中加入 1 mL 蒸馏水,然后在 2 支试管中分别加入 1 mol/L 的 NaCl 溶液 5 滴,振荡。再在 2 支试管中分别滴加 2 滴 0.1 mol/L 的 $AgNO_3$ 溶液,观察 2 支试管中的现象有什么不同,并解释原因。

(2) 取 2 支试管,分别加入 1 mol/L 的 NaCl 溶液 5 滴,再各滴加 2 滴 0.1 mol/L $AgNO_3$ 溶液,振荡。然后,在 1 支试管中加入 1 mL 明胶溶液,在另 1 支试管中加入 1 mL 蒸馏水,观察 2 支试管中的现象,并解释原因。

（四）活性炭对色素的吸附

（1）在 1 支试管中加入 4 mL 品红溶液和一药匙活性炭，用力振荡试管后静置。观察上清液颜色有何变化，并解释原因。

（2）将上一步中试管里的物质用力振摇后过滤，过滤后，在干净的烧杯中，用 4～5 mL 乙醇洗涤滤纸及滤纸上的残留物，观察滤液的颜色，并解释原因。

五、问题与讨论

（1）制备 $Fe(OH)_3$ 溶胶时，如何才能避免生成 $Fe(OH)_3$ 沉淀？

（2）在高分子化合物溶液对溶胶的保护实训中，为什么加入明胶的先后不同会产生不同的现象？

（3）哪些因素可以使溶胶发生聚沉？

（王　琼）

实训五　化学反应速率和化学平衡的移动

一、实训目的

（1）掌握化学反应速率与反应物浓度、温度、催化剂的关系，加深对化学反应速率和化学平衡等概念的理解。

（2）掌握浓度、温度对化学平衡的影响。

（3）练习在水浴中保持恒温的操作。

（4）培养严谨认真的学习、工作作风，发现问题、解决问题的能力和团结协作的精神。

二、实训原理

化学反应速率除取决于反应物的本性外，还与反应物浓度、温度、催化剂有关。增大反应物浓度，化学反应速率加快，对于基元反应，定量关系符合质量作用定律，化学平衡正向移动。温度升高，化学反应速率加快，化学平衡向吸热反应方向移动。正催化剂一般使化学反应速率加快。

本实训用 KIO_3 与 Na_2SO_3 的氧化还原反应说明反应物浓度与温度对化学反应速率的影响，用淀粉变蓝的快慢说明化学反应速率的快慢。

用 $KMnO_4$ 褪色的快慢与 H_2O_2 分解放出 O_2 的快慢说明催化剂对化学反应速率的影响。

以双联二氧化氮平衡仪在冷热水中颜色深浅的变化说明温度对化学平衡移动的影响，反应方程式如下：

$$\underset{\text{红棕色}}{2NO_2} \rightleftharpoons \underset{\text{无色}}{N_2O_4}\ (-58.14\ kJ/mol)$$

以 $CoCl_2$ 溶液中滴加浓盐酸与水后溶液颜色的变化说明浓度对化学平衡移动的影响。

三、仪器与试剂

（1）仪器：量筒（10 mL）、大试管、秒表、玻璃棒、烧杯（200 mL）、温度计（100 ℃）、酒精灯、双联二氧化氮平衡仪一支、培养皿等。

（2）试剂：MnO_2 粉末、0.004 mol/L Na_2SO_3 溶液（每升含淀粉 5 g）、3% H_2O_2 溶液、0.004 mol/L KIO_3 溶液（每升加浓 H_2SO_4 4 mL，使 pH 在 4 左右）、3.0 mol/L H_2SO_4 溶液、0.05 mol/L $H_2C_2O_4$ 溶液、0.1 mol/L $MnSO_4$ 溶液、0.01 mol/L $KMnO_4$ 溶液、饱和 $CoCl_2$ 溶液、浓盐酸等。

四、实训内容

（一）化学反应速率影响因素

1. 浓度对化学反应速率的影响

取 1 支大试管，量取 5 mL 的 0.004 mol/L KIO_3 溶液，加入 1 mL 的 0.004 mol/L Na_2SO_3 溶液并立即按动秒表，同时振荡试管，观察溶液颜色。当溶液变蓝色时，马上停止计时，记下出现蓝色所需的时间。改变 KIO_3 的浓度，方法同上，记下每次溶液变蓝所需要的时间（实训表 9）。

实训表 9　不同浓率下的化学反应速度

序　号	体积/mL			KIO_3 浓度	淀粉变蓝
	$KIO_3(V_1)$	$H_2O(V_2)$	$Na_2SO_3(V_3)$	$[V_1/(V_1+V_2+V_3)]\times 0.004$	所需时间/s
1	5	0	1		
2	3	2	1		
3	2	3	1		

2. 温度对化学反应速率的影响

取 1 支大试管，加入 3 mL 的 0.004 mol/L KIO_3 溶液，再加 2 mL 蒸馏水振荡，在另 1 支试管中加入 1 mL 的 0.004 mol/L Na_2SO_3 溶液，两管同时放入盛热水的烧杯中水浴加热，在其中 1 支试管中插入温度计，待温度升高至比室温高 10 ℃时，将 1 mL 的 Na_2SO_3 溶液迅速倒入盛 KIO_3 的试管中，立即计时，并振荡。观察溶液颜色。记录溶液变蓝所需的时间。固定浓度，在高于室温 20 ℃、30 ℃时，操作方法同上，记录淀粉变蓝所需的时间（实训表 10）。

实训表 10　不同温度下的化学反应速率

序　号	体积/mL			液体温度/℃	淀粉变蓝
	$KIO_3(V_1)$	$H_2O(V_2)$	$Na_2SO_3(V_3)$		所需时间/s
1	3	2	1		
2	3	2	1		
3	3	2	1		

3. 催化剂对化学反应速率的影响

（1）均相催化：取 2 支试管，向第 1 支试管中加入 3.0 mol/L H_2SO_4 溶液 1 mL、0.05 mol/L $H_2C_2O_4$ 溶液 3 mL 和蒸馏水 1 mL。在另 1 支试管中加入同样数量的硫酸和草酸，但另加 1 mL 0.1 mol/L $MnSO_4$ 溶液作为催化剂，然后在 2 支试管中迅速加入 0.01 mol/L $KMnO_4$ 溶液 3 滴，观察实验现象，比较 2 支试管中紫色褪去的快慢。

（2）多相催化：取 2 支小试管，各加入 2 mL 3% H_2O_2 溶液，用湿润的玻璃棒蘸取少量 MnO_2 粉末，作为催化剂，伸进其中 1 支试管内，观察实验现象，比较 2 支试管气泡产生的快慢。

（二）化学平衡影响因素

1. 浓度对化学平衡的影响

在培养皿中倒入少量饱和 $CoCl_2$ 溶液，溶液的量至刚刚盖上皿底即可。然后，用滴管滴加浓盐酸数滴。等溶液颜色改变后，再加水稀释。观察现象。

2. 温度对化学平衡的影响

将双联二氧化氮平衡仪的两个玻璃球分别放入热水和冷水中 2～3 min，比较两球的颜色有什么不同，并解释平衡向哪个方向移动。

仔细观察以上实验现象，并用学过的理论知识解释。

五、注意事项

（1）时间的记录：2 支试管分装两个反应物，当第 2 支试管中溶液快速倒出近一半时开始计时，混合后的试管边振荡边观察溶液颜色，出现蓝色后立即停止计时。

（2）水浴加热：烧杯下应放石棉网，杯内同时放入分装两反应物的试管，并且其中 1 支试管放温度计，待温度升至比原温度高 10 ℃、20 ℃、30 ℃时混合 2 支试管内液体，观察现象，并记录时间。

（3）浓盐酸的使用：因其具有强烈的腐蚀性，使用时要小心。

（4）废液倒入废液缸。

(5) 解释实验中由反应溶液出现蓝色时间的长短来表征化学反应速率的原因。

(6) 从实验结果说明，有哪些因素影响化学平衡？怎样判断化学平衡移动的方向？

(7) 淀粉指示剂应待溶液呈淡黄色时加入。

(8) 实验结束后，因为碘有毒性和腐蚀性，故应回收，其他废液倒入碱性废液桶内。

六、思考题

用 $Na_2S_2O_3$ 溶液滴定碘时，能否在滴定前加入淀粉指示剂？

（左　丽）

实训六　缓冲溶液的配制与 pH 的测定

一、实训目的

(1) 了解缓冲溶液的配制原理及缓冲溶液的性质。

(2) 掌握溶液配制的基本方法，学习 pH 计的使用方法。

(3) 培养认真细致工作作风和观察能力，培养团结协作精神，提高动手能力和解决问题的能力。

二、实训原理

1. 缓冲溶液的概念

能在一定程度上抵抗外加少量酸、碱或稀释，而保持溶液 pH 基本不变的作用称为缓冲作用。具有缓冲作用的溶液称为缓冲溶液。

2. 缓冲溶液的组成

缓冲溶液一般是由弱酸和弱酸盐，或弱碱和弱碱盐组成的，即缓冲溶液由共轭酸碱对组成，例如 HAc-NaAc 缓冲溶液。

3. 缓冲溶液的性质

(1) 抗酸/碱和抗稀释作用：因为缓冲溶液中具有抗酸成分和抗碱成分，所以加入少量强酸或强碱，其 pH 基本上是不变的。稀释缓冲溶液时，酸和碱的浓度比值不改变，适当稀释不影响其 pH。

(2) 缓冲容量：缓冲容量是衡量缓冲溶液缓冲能力大小的尺度。缓冲容量的大小与缓冲组分浓度和缓冲组分的比值有关。缓冲组分浓度越大，缓冲容量越大；缓冲组分比值为 1∶1 时，缓冲容量最大。

三、仪器与试剂

(1) 仪器：pHS-3C 酸度计、试管、量筒（100 mL、10 mL）、烧杯（100 mL、50 mL）、吸量管（10 mL）、广泛 pH 试纸、精密 pH 试纸、吸水纸等。

(2) 试剂。

①酸：HAc 溶液（0.1 mol/L、1 mol/L）、HCl 溶液（0.1 mol/L）、pH＝4 的 HCl 溶液。

②碱：$NH_3 \cdot H_2O$ 溶液（0.1 mol/L）、NaOH 溶液（0.1 mol/L、1 mol/L）、pH＝10 的 NaOH 溶液。

③盐：NaAc 溶液（0.1 mol/L、1 mol/L）、NaH_2PO_4（0.1 mol/L）、Na_2HPO_4（0.1 mol/L）、NH_4Cl 溶液（0.1 mol/L）。

④其他：pH＝4.00 的标准缓冲溶液、pH＝9.18 的标准缓冲溶液、甲基红溶液。

四、实训内容

（一）缓冲溶液的配制与 pH 的测定

按照实训表 11 计算配制三种不同 pH 的缓冲溶液所需各组分体积，然后用精密 pH 试纸和 pH 计分别测定它们的 pH。比较理论计算值与两种测定方法实验值是否相符。

实训表 11 缓冲溶液的配制与 pH 的测定实训数据记录表

实验序号	理论 pH	50 mL 缓冲溶液		pH 测定值	
		组分	体积/mL	精密 pH 试纸	pH 计
1	4.0	0.1 mol/L HAc 溶液			
		0.1 mol/L NaAc 溶液			
2	7.0	0.1 mol/L NaH_2PO_4 溶液			
		0.1 mol/L Na_2HPO_4 溶液			
3	10.0	0.1 mol/L $NH_3 \cdot H_2O$ 溶液			
		0.1 mol/L NH_4Cl 溶液			

（二）缓冲溶液的性质

(1) 取 3 支洁净试管，依次加入蒸馏水、pH=4 的 HCl 溶液、pH=10 的 NaOH 溶液各 3 mL，用精密 pH 试纸测其 pH，然后向各管加入 5 滴 0.1 mol/L HCl 溶液，再测其 pH。用相同的方法，测试 5 滴 0.1 mol/L NaOH 溶液对上述三种溶液 pH 的影响。将结果记录在实训表 12 中。

(2) 取 3 支试管，依次加入实训表 11 中配制的 pH=4.0、pH=7.0、pH=10.0 的缓冲溶液各 3 mL。然后向各管加入 5 滴 0.1 mol/L HCl 溶液，用精密 pH 试纸测其 pH。用相同的方法，测试 5 滴 0.1 mol/L NaOH 溶液对上述三种缓冲溶液 pH 的影响。将结果记录在实训表 12 中。

(3) 取 4 支试管，依次加入实训表 11 配制的 pH=4.0 的缓冲溶液，pH=4 的 HCl 溶液，pH=10 的 NaOH 溶液各 1 mL，用精密 pH 试纸测定各管中溶液的 pH。然后向各管中加入 10 mL 水，混匀后再用精密 pH 试纸测其 pH，将结果记录于实训表 12。

实训表 12 缓冲溶液的性质实训数据记录表

实验序号	溶液类别	pH			
		原始	加 5 滴 0.1 mol/L HCl 溶液	加 5 滴 0.1 mol/L NaOH 溶液	加 10 mL 水
1	蒸馏水				
2	pH=4 的 HCl 溶液				
3	pH=10 的 NaOH 溶液				
4	pH=4.0 的缓冲溶液				
5	pH=7.0 的缓冲溶液				
6	pH=10.0 的缓冲溶液				

请思考：以上实验结果说明缓冲溶液具有什么性质？

（三）缓冲溶液的缓冲容量

1. 缓冲容量与缓冲组分浓度的关系

取 2 支大试管，在 1 支试管中加入 0.1 mol/L HAc 溶液和 0.1 mol/L NaAc 溶液各 3 mL，另 1 支试管中加入 1 mol/L HAc 溶液和 1 mol/L NaAc 溶液各 3 mL，混匀后用精密 pH 试纸测定两试管内溶液的 pH，是否相同？在两试管中分别滴入 2 滴甲基红指示剂，溶液呈什么颜色？（甲基红在 pH<4.2时呈红色，pH>6.3 时呈黄色。）然后在两试管中分别逐滴加入 1 mol/L NaOH 溶液（每加入 1 滴 NaOH 溶液均需摇匀），直至溶液的颜色变成黄色。记录各试管所滴入 NaOH 溶液的滴数，说明哪支试管中缓冲溶液的缓冲容量大。

2. 缓冲容量与缓冲组分比值的关系

取 2 支大试管，用吸量管在 1 支试管中加入 0.1 mol/L NaH_2PO_4 溶液和 Na_2HPO_4 溶液各 10 mL，另 1 支试管中加入 2 mL 0.1 mol/L NaH_2PO_4 和 18 mL 0.1 mol/L Na_2HPO_4，混匀后用精密 pH

试纸分别测量两试管中溶液的 pH。然后在两试管中各加入 1.8 mL 0.1 mol/L NaOH 溶液，混匀后再用精密 pH 试纸分别测量两试管中溶液的 pH。说明哪支试管中缓冲溶液的缓冲容量大。

五、注意事项

(1) 缓冲溶液的配制要注意精确度。

(2) 了解 pH 计的正确使用方法，注意保护电极。

六、思考题

(1) 为什么缓冲溶液具有缓冲作用?

(2) $NaHCO_3$ 溶液是否具有缓冲作用? 为什么?

(3) 用 pH 计测定溶液 pH 时，已经标定的仪器，“定位”调节是否可以改变位置? 为什么?

(左　丽)

实训七　氧化还原反应与电化学

一、实训目的

(1) 了解原电池的电动势和电极电势的测定方法。

(2) 掌握用酸度计测定原电池电动势的方法。

(3) 掌握反应物浓度、介质对氧化还原反应的影响。

(4) 提高科学素养。

二、实训原理

原电池是利用氧化还原反应，将化学能转变为电能的装置。正极得到电子，发生还原反应，而负极给出电子，发生氧化反应。标准电极电势的大小反映了该物质的氧化还原能力的强弱。标准电极电势越大，氧化还原电对中氧化型物质越容易得到电子，氧化性越强；标准电极电势越小，电对中还原型物质越容易失去电子，还原性越强。

任何一个自发进行的氧化还原反应，原则上都可组成原电池。可根据氧化剂和还原剂对应的电极电势计算出电池的电动势($E_{池}$)，从而可判断氧化还原反应进行的方向。

$$E_{池}=\varphi_{ox}-\varphi_{red}$$

式中，φ_{ox}是氧化剂电对的电极电势，φ_{red}是还原剂电对的电极电势。

当 $E_{池}>0$ 时，反应正向自发进行。

当 $E_{池}=0$ 时，处于平衡状态。

当 $E_{池}<0$ 时，反应不能正向自发进行，而可逆向自发进行。

标准电极电势是在标准状态下测定的。实际中的化学反应往往在非标准状态下进行，随着反应的进行，电对离子的浓度也会发生变化，电极电势便随之发生变化。电极电势与反应温度、反应物浓度、溶液的酸度之间的定量关系式，称为能斯特方程。

对于电极反应：

$$a\,\text{氧化态}+ne \rightleftharpoons b\,\text{还原态}$$

当温度为 298.15 K 时，能斯特方程式可改写为

$$\varphi=\varphi^{\ominus}-\frac{0.0592}{n}\lg\frac{[c(\text{还原态})]^{b}}{[c(\text{氧化态})]^{a}}$$

利用能斯特方程可以计算电对在各种浓度下的电极电势，从而计算原电池的电动势：

$$E^{\ominus}_{池}=\varphi^{\ominus}_{+}-\varphi^{\ominus}_{-}$$

在测定各电对的电极电势时，可将待测电极与参比电极组成原电池进行测定，饱和甘汞电极是常用的参比电极。饱和甘汞电极由 Hg、Hg_2Cl_2 及饱和 KCl 溶液组成，$\varphi^{\ominus}(Hg^{+}/Hg)=0.2415$ V。

电解池是将电能转化为化学能的装置，利用电能使非自发的氧化还原反应进行的过程叫作电解。

电解池中与电源正极相连的是阳极，发生氧化反应；与电源负极相连的是阴极，发生还原反应。

三、仪器和试剂

(1) 仪器：饱和甘汞电极、盐桥、酸度计等。

(2) 试剂：2 mol/L 和 6 mol/L 的 H_2SO_4 溶液、2 mol/L HCl 溶液、浓盐酸、0.2 mol/L 和 2 mol/L 的 HNO_3 溶液、6 mol/L HAc 溶液、2 mol/L 和 6 mol/L NaOH 溶液、6 mol/L 氨水、饱和 KCl 溶液、0.01 mol/L $KMnO_4$ 溶液、1 mol/L NaCl 溶液、1 mol/L $ZnSO_4$ 溶液、1 mol/L $CuSO_4$ 溶液、0.1 mol/L $FeSO_4$ 溶液、0.1 mol/L $FeCl_3$ 溶液、0.1 mol/L KI 溶液、0.1 mol/L KBr 溶液、0.1 mol/L Na_2SO_3 溶液、0.1 mol/L $NaAsO_4$ 溶液、溴水、碘水、酚酞溶液、奈斯勒试剂、5%淀粉溶液、CCl_4、MnO_2 粉末等。

(3) 其他材料：导线、砂纸、电极（铜片、锌片）、滤纸等。

四、实训内容

（一）氧化还原反应与电极电势的关系

(1) 向试管中滴入 0.1 mol/L KBr 溶液 5 滴、0.1 mol/L $FeCl_3$ 溶液 2 滴，摇匀，再加入 0.5 mL CCl_4，充分振荡，观察颜色变化。

(2) 向试管中滴入 0.1 mol/L KI 溶液 5 滴、0.1 mol/L $FeCl_3$ 溶液 2 滴，摇匀，再加入 0.5 mL CCl_4，充分振荡，观察颜色变化。

(3) 重新取 2 支试管，均依次加入 0.1 mol/L $FeSO_4$ 溶液 0.5 mL、CCl_4 0.5 mL，然后分别加入溴水、碘水各 2 滴，观察现象。

写出上述 3 个反应的反应方程式，并根据实验结果，推断 Fe^{3+}/Fe^{2+}、I_2/I^-、Br_2/Br^- 电对的电极电势大小顺序，指出最强的氧化剂和最强的还原剂。

（二）酸度对氧化还原反应的影响

1. 酸度对氧化还原反应速率的影响

取 2 支试管，各加入 0.1 mol/L KBr 溶液 1 mL，再分别加入 6 mol/L 的 H_2SO_4 溶液 5 滴和 6 mol/L HAc 溶液 5 滴，最后各滴入 0.01 mol/L $KMnO_4$ 溶液 2 滴，比较 2 支试管中紫红色褪去的速率。

2. 不同介质对 $KMnO_4$ 还原产物的影响

取 3 支试管，各滴入 0.01 mol/L $KMnO_4$ 溶液 2 滴，再分别加入 2 mol/L H_2SO_4 溶液 1 mL、水 1 mL、2 mol/L NaOH 溶液 1 mL，最后各试管均逐滴加入 0.1 mol/L Na_2SO_3 溶液，振荡试管并观察现象。

（三）浓度对氧化还原反应的影响

(1) 取 2 支试管，分别加入 2 mol/L HCl 溶液 1 mL 和浓盐酸 1 mL，再各加入适量 MnO_2 粉末，观察现象，最后用湿润的 KI 淀粉指示剂检验 2 支试管是否生成 Cl_2。

(2) 取 2 支试管，分别加入 0.2 mol/L HNO_3 溶液和 2 mol/L HNO_3 溶液 2 mL，再各加入锌片，观察现象。

（四）测定 Zn^{2+}/Zn 电对的电极电势

在干燥的 50 mL 烧杯中加入 1 mol/L $ZnSO_4$ 溶液 20 mL，插入锌片作为负极，以饱和甘汞电极为正极，用酸度计测定电动势，记录实验温度和数据，计算 Zn^{2+}/Zn 电对的标准电极电势。

（五）测定 Cu-Zn 原电池的电动势

向 2 个 50 mL 烧杯中分别加入 1 mol/L $ZnSO_4$ 溶液 20 mL 和 1 mol/L $CuSO_4$ 溶液 20 mL，$ZnSO_4$ 溶液中插入锌片，$CuSO_4$ 溶液中插入铜片，用盐桥将两个烧杯相连，再用导线将电极与酸度计连接，测定 Cu-Zn 原电池的电动势，最后利用 Zn^{2+}/Zn 电对的电极电势计算 Cu^{2+}/Cu 电对的电极电势。盐桥是由 2 g 琼脂和 30 g 氯化钾溶于 100 mL 水中，一边加热一边搅拌溶解，煮沸后趁热倒入 U 形管，放冷制成。

(六) 电解 NaCl

用 Cu-Zn 原电池作为电源电解 NaCl 溶液，如实训图 5。将滤纸片放在表面皿上，滴加 1 mol/L NaCl 溶液润湿滤纸，再滴入 1 滴酚酞溶液，将原电池的正、负极用铜丝与滤纸接触。一段时间后，观察滤纸上导线接触点附近的颜色变化。

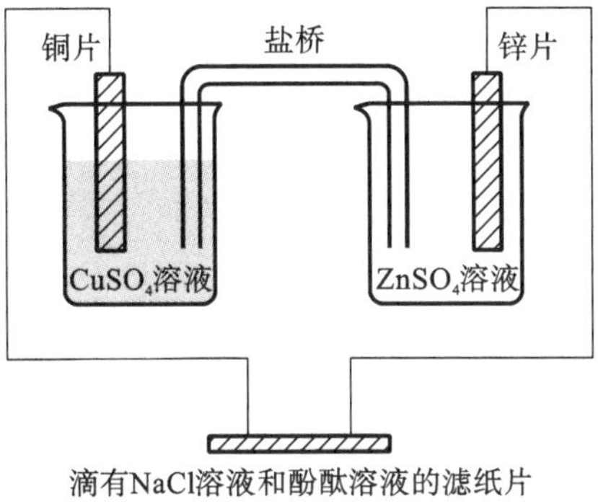

实训图 5　原电池电解 NaCl 的装置

五、思考题

(1) 原电池中盐桥的作用是什么？

(2) 为什么要在 KI 和 $FeCl_3$ 反应溶液中加入 CCl_4？

（何　萍）

实训八　配合物的制备和性质

一、实训目的

(1) 掌握配合物的生成和组成。

(2) 熟悉使配位平衡移动的方法及螯合物的生成和特征。

(3) 培养认真观察实验的能力。

二、实训原理

配合物一般分为内界和外界两个部分。中心原子和配体组成配合物的内界，称为配离子或配位分子，用方括号括起。方括号以外的部分为外界。中心原子和配体之间的化学键是配位键，而内界和外界之间的化学键是离子键。如：

$$K_3[Fe(CN)_6] = 3K^+ + [Fe(CN)_6]^{3-}$$

配离子在水溶液中一般较稳定，在水溶液中仅有极小部分解离为简单离子，稳定常数 $K_{稳}$ 反映了配离子的稳定性。如：

$$Fe^{3+} + 6CN^- \rightleftharpoons [Fe(CN)_6]^{3-}$$

$$K_{稳} = \frac{[Fe(CN)_6^{3-}]}{[Fe^{3+}] \cdot [CN^-]^6}$$

对于同种类型的配合物，$K_{稳}$ 越大，配合物越稳定。

根据平衡移动的原理，改变中心原子(离子)、配体浓度会使配位平衡发生移动。影响配位平衡移动的因素有酸碱平衡、沉淀-溶解平衡、氧化还原平衡。例如，在 $[Ag(NH_3)_2]^+$ 溶液中加入 KBr 溶液，由于生成更稳定的 AgBr 沉淀，Ag^+ 的浓度降低，致使配位平衡向 $[Ag(NH_3)_2]^+$ 解离方向移动，这就是沉淀反应对配位平衡的影响。

$$Ag^+ + 2NH_3 \rightleftharpoons [Ag(NH_3)_2]^+$$

螯合物的特点是稳定性好，具有特征颜色，常作为鉴定离子的特征反应，还能掩蔽反应中的干扰离子，在药物分析、药物制剂和临床治疗等方面都有重要的作用。

在碱性条件下，Ni^{2+} 与丁二肟形成鲜红色且难溶于水的螯合物，此反应可作为鉴别 Ni^{2+} 的特征反应。

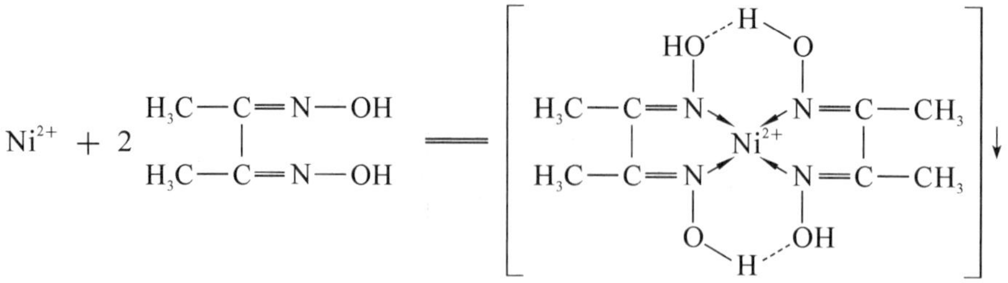

三、仪器和试剂

（1）仪器：试管、滴管、试管架等。

（2）试剂：HNO_3 溶液（2 mol/L）、$CuSO_4$ 溶液（0.1 mol/L）、$BaCl_2$ 溶液（1 mol/L）、NaOH 溶液（2 mol/L）、$NH_3 \cdot H_2O$ 溶液（2 mol/L）、$AgNO_3$ 溶液（0.1 mol/L）、KBr 溶液（0.1 mol/L）、$Na_2S_2O_3$ 溶液（0.1 mol/L）、KI 溶液（0.1 mol/L）、NaCl 溶液（0.1 mol/L）、水、KSCN 溶液（0.1 mol/L）、$FeCl_3$ 溶液（0.1 mol/L）、$SnCl_2$ 溶液（0.1 mol/L）、$CaCl_2$ 溶液（0.1 mol/L）、EDTA 溶液（0.1 mol/L）、Na_2CO_3 溶液（0.1 mol/L）、$NiCl_2$ 溶液（0.1 mol/L）、1%丁二肟溶液等。

四、实训内容

（一）配合物的组成

（1）在 2 支试管中各加入 15 滴 0.1 mol/L $CuSO_4$ 溶液，然后分别加入 3 滴 1 mol/L $BaCl_2$ 溶液、3 滴 2 mol/L NaOH 溶液，观察现象，写出有关的离子反应方程式。

（2）在 2 支试管中各加入 3 滴 0.1 mol/L $CuSO_4$ 溶液，加入过量的 2 mol/L $NH_3 \cdot H_2O$ 溶液，直至溶液变为深蓝色。然后分别加入 3 滴 1 mol/L $BaCl_2$ 溶液、3 滴 2 mol/L NaOH 溶液，观察是否有沉淀生成，写出有关的离子反应方程式。

根据上面实验的结果，说明 $CuSO_4$ 和 NH_3 所形成的配合物的组成。

（二）配位平衡的移动

1. 配位平衡与介质的酸碱性

在 1 支试管中分别加入 3 滴 0.1 mol/L $AgNO_3$ 溶液和 3 滴 0.1 mol/L NaCl 溶液，然后向试管中逐滴加入 2 mol/L $NH_3 \cdot H_2O$ 溶液，观察沉淀溶解的现象。再向试管中加入过量的 2 mol/L HNO_3 溶液，观察现象并解释，写出有关的离子反应方程式。

2. 配位平衡与沉淀-溶解平衡

在试管中加入 3 滴 0.1 mol/L $AgNO_3$ 溶液和 3 滴 0.1 mol/L KBr 溶液，观察沉淀的生成；再加入过量的 0.1 mol/L $Na_2S_2O_3$ 溶液，有何现象？再加入过量 0.1 mol/L KI 溶液，又有何现象？解释现象，写出有关的离子反应方程式。

通过上述实验，定性比较 AgCl、AgBr、AgI 这三种化合物溶解度的大小，比较 $[Ag(NH_3)_2]^+$、$[Ag(S_2O_3)_2]^{3-}$ 这两种配离子稳定性的大小。写出有关离子反应方程式。

3. 配位平衡与氧化还原平衡

（1）在试管中加入 5 滴 0.1 mol/L $FeCl_3$ 溶液，再加入 10 滴 1 mol/L KSCN 溶液，观察现象，再加入 10 滴 0.1 mol/L $SnCl_2$ 溶液，观察颜色的变化，写出有关的离子反应方程式。

（2）在试管中加入 5 滴 0.1 mol/L $FeCl_3$ 溶液，再加入 5 滴 0.1 mol/L KI 溶液和 10 滴 CCl_4，振荡，观察 CCl_4 层颜色，再逐滴加入 NaF 饱和溶液，观察 CCl_4 层颜色，振荡，至 CCl_4 层溶液无色，记录消耗 NaF 饱和溶液的滴数，写出有关离子反应方程式。

（三）螯合物的生成和特征

（1）取 2 支试管，各加入 10 滴 0.1 mol/L $CaCl_2$ 溶液，然后分别加入 0.1 mol/L EDTA 溶液和蒸馏水各 10 滴，再各加入 5 滴 0.1 mol/L Na_2CO_3 溶液，观察现象，写出有关的离子反应方程式，理解螯合物的特殊稳定性。

（2）取 2 支试管，各加入 5 滴 0.1 mol/L $NiCl_2$ 溶液，然后分别加入 5 滴 2 mol/L $NH_3 \cdot H_2O$ 溶液和 5 滴蒸馏水，然后向混合溶液中分别加入 3 滴 1%丁二肟溶液，观察现象，此法是检验 Ni^{2+} 的灵敏方法。

五、问题与讨论

向$[Cu(NH_3)_4]SO_4$溶液中分别加入盐酸、Na_2S 溶液、氨水，判断下列配位平衡移动的方向。

$$[Cu(NH_3)_4]^{2+} \rightleftharpoons Cu^{2+} + 4NH_3$$

（李海霞）

实训九　水的净化

一、实训目的

（1）了解自来水中无机离子的种类及鉴定方法。

（2）理解离子交换法制取纯水的原理和方法。

（3）熟悉电导仪的使用方法。

（4）提高循环利用的环保意识。

二、实训原理

自来水中常有 K^+、Ca^{2+}、Na^+、Mg^{2+}、Fe^{3+}、Cl^-、CO_3^{2-}、HCO_3^-、SO_4^{2-} 等杂质离子。采用离子交换法得到的净化水称为去离子水。离子交换法是液相中的离子和固相中离子间发生可逆化学反应，当液相中的某些离子与离子交换柱中固体相互吸引时，便会被离子交换柱中固体吸附，为保持水溶液的电中性，离子交换柱中固体会释出等价离子回到溶液中。离子交换法中的离子交换固体就是离子交换树脂。离子交换树脂是带有可交换的活性基团且具有网状结构的高分子化合物。制备去离子水需要采用的是阳离子交换树脂(RH)和阴离子交换树脂(ROH)。阳离子交换树脂和阴离子交换树脂的不同点在于：阳离子交换树脂中带有 H^+，可与水中的阳离子进行交换，阴离子交换树脂中带有 OH^-，可与水中的阴离子进行交换，交换出来的 H^+ 和 OH^- 生成水。

阳离子交换树脂上的反应：

$$RH + Na^+ \rightleftharpoons RNa + H^+$$

$$2RH + Ca^{2+} \rightleftharpoons R_2Ca + 2H^+$$

$$2RH + Mg^{2+} \rightleftharpoons R_2Mg + 2H^+$$

阴离子交换树脂上的反应：

$$2ROH + SO_4^{2-} \rightleftharpoons R_2SO_4 + 2OH^-$$

$$2ROH + CO_3^{2-} \rightleftharpoons R_2CO_3 + 2OH^-$$

$$ROH + Cl^- \rightleftharpoons RCl + OH^-$$

用离子交换树脂制去离子水，有复床式、混合床式和联合床式几种，本实验采用混合床式。

去离子水本身的导电性非常弱，但如果水中含有杂质离子，其导电能力将增强，水中的杂质离子越多，导电能力越强；水中杂质离子越少，导电能力越弱。因此，可以通过测定水的导电性来判断水的纯度。采用电导仪检测水的电导率就可以反映水的导电能力。

水的纯度还可以用如下化学法鉴定。

（1）检测 Ca^{2+}：当溶液 pH>12 时，钙指示剂显蓝色，如果样品中有 Ca^{2+}，则会反应生成红色螯合物，而在此溶液中，Mg^{2+} 已生成 $Mg(OH)_2$ 沉淀，因此不干扰 Ca^{2+} 的鉴定。

（2）检测 Mg^{2+}：当溶液 pH 在 8～11 时，铬黑 T 显蓝色，如果样品中有 Mg^{2+}，则铬黑 T 与 Mg^{2+}

反应显红色。

(3) 检测 Cl^-：加入 $AgNO_3$ 溶液，如果样品中有 Cl^-，则会生成可溶于氨水的白色沉淀。

(4) 检测 SO_4^{2-}：加入 $BaCl_2$ 溶液，如果样品中有 SO_4^{2-}，则会生成白色沉淀。

三、仪器与试剂

(1) 仪器：732 型强酸性阳离子交换树脂、717 型强碱性阴离子交换树脂、电导仪、烧杯等。

(2) 试剂：5%盐酸、5% NaOH 溶液、2 mol/L 氨水、0.1 mol/L $AgNO_3$ 溶液、1 mol/L $BaCl_2$ 溶液、2 mol/L HNO_3 溶液、2 mol/L NaOH 溶液、铬黑 T、钙指示剂等。

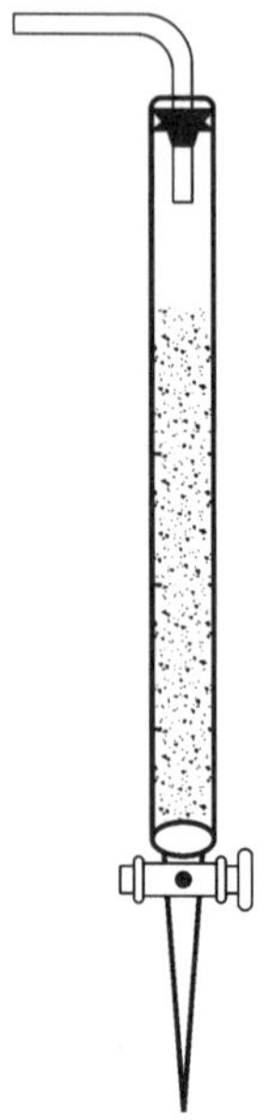

实训图 6　离子交换柱

四、实训内容

（一）离子交换柱（实训图 6）

1. 树脂的预处理

(1) 阳离子交换树脂：称取约 40 g 732 型强酸性阳离子交换树脂于烧杯中，用自来水漂洗干净后，再依次用去离子水和 5%盐酸分别浸泡 4 h。倒出盐酸，最后用去离子水洗至水中检测不到 Cl^-。

(2) 阴离子交换树脂：称取约 80 g 717 型强碱性阴离子交换树脂于烧杯中，用自来水漂洗干净后，再依次用去离子水和 5% NaOH 溶液分别浸泡 4 h。倒出 NaOH 溶液，最后用去离子水洗至 pH 为 8～9。

2. 离子交换柱的制作

取 1 支带旋塞的玻璃管，玻璃管的底部放入一些棉花，加入蒸馏水至玻璃管的 1/3，排出旋塞下端和棉花中的空气。再将处理好的两种树脂混合均匀后装入玻璃管中，打开下端的旋塞，让水缓缓流出，使树脂均匀自然沉降，玻璃管上端留 4～6 cm 不填满。

（二）去离子水的制备

自来水通入离子交换柱后，水的流速要控制在每分钟 50 滴左右，用干净的烧杯分别收集自来水和离子交换柱制备的去离子水。

（三）检测水的纯度

1. 电导率的测定

使用电导仪测定收集到的两种水样，使用电导仪测量之前，依次用去离子水、待测水样淋洗电极，再把电极放入装有待测水样的小烧杯中，注意水要浸没电极。

2. 化学法检测

(1) 检测 Ca^{2+}：取 1 mL 水样于试管中，滴加 2 滴 2 mol/L NaOH 溶液，使溶液 pH>12，加入少量钙指示剂，观察溶液颜色变化。

(2) 检测 Mg^{2+}：取 1 mL 水样于试管中，滴加 1 滴 2 mol/L 氨水，使溶液 pH 在 8～11 之间，再加入少量铬黑 T，观察溶液颜色变化。

(3) 检测 Cl^-：取 1 mL 水样于试管中，滴加 2 滴 2 mol/L HNO_3 溶液，再加入 0.1 mol/L $AgNO_3$ 溶液 2 滴，观察是否有白色沉淀生成。

(4) 检测 SO_4^{2-}：取 1 mL 水样于试管中，滴加 2 滴 1 mol/L $BaCl_2$ 溶液，再加入 0.1 mol/L $AgNO_3$ 溶液 2 滴，观察是否有白色沉淀生成。

五、思考题

(1) 自来水中主要有哪些杂质离子？离子交换法制备去离子水的依据是什么？

(2) 为什么可以通过测定电导率来检验水的纯度？

（何　萍）

实训十　p区元素的性质

一、实训目的

(1) 掌握卤素氧化性和卤素离子还原性强弱的变化规律。

(2) 通过过氧化氢的性质实验，能正确储存过氧化氢。

(3) 通过硫代硫酸钠的性质实验，能说出硫代硫酸盐的性质。

(4) 增强实验室安全和药品安全的意识。

二、实训原理

(一) 卤素单质及其化合物

卤素单质常温下以双原子分子形式存在，都有氧化性，可用作强氧化剂。

其氧化性顺序：$F_2>Cl_2>Br_2>I_2$。卤素离子的还原性顺序：$I^->Br^->Cl^->F^-$。

在酸性介质中，卤素的含氧酸盐有较强的氧化性。

(二) 过氧化物的性质

在酸性溶液中，H_2O_2 与 $Cr_2O_7^{2-}$ 发生反应：

$$4H_2O_2+Cr_2O_7^{2-}+2H^+ \xlongequal{} 2CrO(O_2)_2+5H_2O$$

$CrO(O_2)_2$ 为过氧化铬，深蓝色，很不稳定，但在某些有机溶剂(如乙醚、戊醇)中较稳定。此反应常用来鉴定 H_2O_2 或铬(Ⅵ)。

在水溶液中，H_2O_2 与 $CrO(O_2)_2$ 进一步反应，蓝色消失：

$$2CrO(O_2)_2+7H_2O_2+6H^+ \xlongequal{} 2Cr^{3+}+7O_2\uparrow+10H_2O$$

故在进行鉴定反应时，加入乙醚或戊醇的操作要迅速。

(三) 硫代硫酸盐

硫代硫酸盐遇酸分解，遇到氧化剂被氧化为硫酸根，遇到弱氧化剂被氧化为连四硫酸根，能与银离子反应生成白色硫代硫酸银沉淀，硫代硫酸盐过量则生成配合物。

三、仪器和试剂

(1) 仪器：试管、胶头滴管、试管架等。

(2) 试剂：0.1 mol/L KBr 溶液、CCl_4、0.1 mol/L KI 溶液、NaCl 固体、浓 H_2SO_4、浓 $NH_3 \cdot H_2O$ 溶液、KBr 固体、KI 固体、0.1 mol/L $Pb(NO_3)_2$ 溶液、0.5 mol/L Na_2S 溶液、3% H_2O_2 溶液、0.01 mol/L $KMnO_4$ 溶液、0.1 mol/L $K_2Cr_2O_7$ 溶液、0.1 mol/L $Na_2S_2O_3$ 溶液、0.1 mol/L $AgNO_3$ 溶液、氯水、溴水、碘水。

(3) 其他：醋酸铅试纸、淀粉碘化钾试纸等。

四、实训内容

(一) 卤素氧化性的比较

1. 氯与溴的氧化性比较

取 1 支试管，滴加 1 mL 0.1 mol/L 的 KBr 溶液，逐滴加入氯水，振荡，观察现象。再加入 0.5 mL CCl_4，充分振荡，观察现象并解释。

2. 溴和碘的氧化性比较

取 1 支试管，滴加 1 mL 0.1 mol/L 的 KI 溶液，逐滴加入溴水，振荡，观察现象。加入 0.5 mL CCl_4，充分振荡，观察现象并解释。

思考：根据上述两个实验，比较氯、溴和碘的氧化性。

(二) 卤素的还原性比较

(1) 向盛有少量 NaCl 固体的试管中滴加 1 mL 浓 H_2SO_4，观察反应产物的颜色和现象。用玻璃

棒蘸一些浓 $NH_3 \cdot H_2O$ 溶液，移近试管口以检验气体产物，写出反应方程式并解释。

（2）向盛有少量 KBr 固体的试管中滴加 1 mL 浓 H_2SO_4，观察反应产物的颜色和现象。用湿的淀粉碘化钾试纸移近试管口以检验气体产物，写出反应方程式并解释。

（3）向盛有少量 KI 固体的试管中滴加 1 mL 浓 H_2SO_4，观察反应产物的颜色和现象。用湿的醋酸铅试纸移近试管口以检验气体产物，写出反应方程式并解释。

思考：通过以上三个实验，说明氯、溴和碘离子的还原性强弱的变化规律。

（三）过氧化氢的性质和检验

1. 氧化性

取 1 支试管，滴加 0.1 mol/L 的 $Pb(NO_3)_2$ 溶液约 1 mL，滴加 0.5 mol/L 的 Na_2S 溶液 5 滴，生成黑色沉淀。再滴加 3%的 H_2O_2 溶液，观察现象并解释。

2. 还原性

取 1 支试管，滴加 0.01 mol/L 的 $KMnO_4$ 溶液约 1 mL，用 1 mol/L 的 H_2SO_4 溶液酸化后，逐滴加入 3%的 H_2O_2 溶液（边滴边振摇），至颜色消失为止，写出反应方程式，并解释其现象。

3. 过氧化氢的检验

取 1 支试管，加入 2 mL 蒸馏水、1 mL 乙醚、0.1 mol/L 的 $K_2Cr_2O_7$ 溶液和 1 mol/L 的 H_2SO_4 溶液各 1 滴，再加入 3～5 滴的 3% H_2O_2 溶液，充分振摇，观察现象并解释。

（四）硫代硫酸盐的性质

1. 硫代硫酸钠与 Cl_2 的反应

取 1 支试管，滴加 1 mL 0.1 mol/L 的 $Na_2S_2O_3$ 溶液，滴加 2 mL 氯水，充分振荡，检验溶液中有无 SO_4^{2-} 生成。

2. 硫代硫酸钠与 I_2 的反应

取 1 支试管，滴加 1 mL 0.1 mol/L 的 $Na_2S_2O_3$ 溶液，滴加 2 mL 碘水，充分振荡，检验溶液中有无 SO_4^{2-} 生成。

3. 硫代硫酸钠的配位反应

取 1 支试管，滴加 0.5 mL 0.1 mol/L 的 $AgNO_3$ 溶液，连续滴加 0.1 mol/L 的 $Na_2S_2O_3$ 溶液，边滴边振荡，直至生成的沉淀完全溶解，观察现象并解释。

五、注意事项

（1）酸化亚硫酸钠溶液不一定能立即检验出酸性气体，可适当加热后再检验。

（2）H_2O_2 容易分解，且反应激烈，有大量的气泡产生，较低温度和高纯度时比较稳定，故 H_2O_2 应避光、低温保存。

六、问题与讨论

（1）如何检验硫代硫酸钠与 I_2 的反应液中是否含 SO_4^{2-}？

（2）硫化物溶液和亚硫酸盐溶液不能长久保存的原因是什么？

（钟胜佳）

实训十一　d 区元素的性质与分离鉴定

一、实训目的

（1）通过重要化合物铬、锰、铁的性质实验，掌握 CrO_4^{2-}、$KMnO_4$、Fe^{3+} 的主要性质。

（2）能进行一些金属元素形成的离子的特性反应实验。

（3）提高学以致用的能力。

二、实训原理

（1）铬是元素周期表第ⅥB 族元素，价层电子构型为 $3d^5 4s^1$，常见氧化数有 +3 和 +6。

Cr^{3+}溶液与适量的氨水或 NaOH 溶液作用时，即有 $Cr(OH)_3$ 灰绿色胶状沉淀生成，$Cr(OH)_3$ 具有两性。

Cr^{3+}在碱性溶液中还原性较强，能被 H_2O_2、Cl_2、Br_2 等氧化剂氧化成 CrO_4^{2-}。而在酸性介质中，重铬酸盐和铬酸盐都是强氧化剂。

铬酸盐和重铬酸盐在溶液中存在下列平衡：

$$2CrO_4^{2-}+2H^+ \rightleftharpoons Cr_2O_7^{2-}+H_2O$$

因此，加酸或加碱可使平衡发生移动，使得 CrO_4^{2-} 和 $Cr_2O_7^{2-}$ 相互转化。

(2) 锰是元素周期表第ⅦB 族元素，价层电子构型为 $3d^54s^2$，常见氧化数有+2、+4、+6 和+7，氧化数为+2 时最稳定。

锰(Ⅱ)在碱性介质中还原性较强。例如，当 Mn^{2+} 与 OH^- 作用时，可生成 $Mn(OH)_2$ 白色沉淀，放置片刻即被空气中的 O_2 氧化，生成棕色的水合二氧化锰 $MnO(OH)_2$。锰(Ⅳ)的化合物中，最重要的是 MnO_2，它在酸性介质中是强氧化剂。

$KMnO_4$ 是强氧化剂，其还原产物随着介质的不同而不同，例如 MnO_4^- 在酸性溶液中被还原成 Mn^{2+}，在强碱性溶液中被还原成 MnO_4^{2-}，在中性介质中被还原成 MnO_2。

(3) 铁是元素周期表中第Ⅷ族元素，价层电子构型为 $3d^64s^2$，常见氧化数为+2、+3。铁(Ⅱ)有还原性。过渡金属阳离子大多有相应的特性反应，可用来进行定性鉴别。

鉴定 Fe^{3+} 和 Fe^{2+}：酸性介质中，Fe^{3+} 与 SCN^- 反应用于鉴定 Fe^{3+}。

三、仪器和试剂

(1) 仪器：离心机、试管、胶头滴管、试管架、酒精灯、烧杯等。

(2) 试剂：浓盐酸、2 mol/L H_2SO_4 溶液、1 mol/L $FeSO_4$ 溶液、0.1 mol/L $FeSO_4$ 溶液、3% H_2O_2 溶液、6 mol/L NaOH 溶液、2 mol/L NaOH 溶液、0.1 mol/L $K_3[Fe(CN)_6]$溶液、0.1 mol/L $CrCl_3$ 溶液、0.1 mol/L $K_2Cr_2O_7$ 溶液、0.1 mol/L Na_2SO_4 溶液、0.01 mol/L $KMnO_4$ 溶液、0.1 mol/L $MnSO_4$ 溶液、0.1 mol/L Na_2S 溶液、戊醇、MnO_2(粉末)、Na_2SO_3(固体)、$FeSO_4$(固体)、淀粉碘化钾试纸等。

四、实训内容

(一) 铬的化合物

1. $Cr(OH)_3$ 的生成和性质

取 1 支试管，滴加 10 滴 0.1 mol/L 的 $CrCl_3$ 溶液，逐滴加入 2 mol/L 的 NaOH 溶液，观察生成的沉淀的颜色。将沉淀分成 2 份，一份加入 2 mol/L 的 H_2SO_4 溶液，观察现象；另一份加入 6 mol/L 的 NaOH 溶液，沉淀溶解，写出反应方程式。

2. 铬(Ⅲ)的还原性及 CrO_4^{2-} 与 $Cr_2O_7^{2-}$ 的相互转化

(1) 铬(Ⅲ)的还原性：取 1 支试管，滴加 0.1 mol/L 的 $CrCl_3$ 溶液 1 mL，滴加 5 滴 2 mol/L 的 NaOH 溶液，观察溶液颜色的变化。继续滴加 2 mol/L 的 NaOH 溶液，振荡，观察溶液颜色变化，然后滴加 3 滴 3% H_2O_2 溶液，微热，观察溶液颜色变化。待试管冷却后，滴加 3% H_2O_2 溶液和戊醇各 1 mL，慢慢滴加 6 mol/L 的 HNO_3 溶液，戊醇层呈蓝色，解释其现象。

(2) CrO_4^{2-} 与 $Cr_2O_7^{2-}$ 的相互转化：取 1 支试管，滴加 5 滴 0.1 mol/L 的 K_2CrO_4 溶液，逐滴加入 2 mol/L 的 H_2SO_4 溶液，观察溶液颜色的变化。再逐滴加入 2 mol/L 的 NaOH 溶液，观察溶液颜色的变化。

3. $Cr_2O_7^{2-}$ 的氧化性

取 2 支试管，各加入 5 滴 0.1 mol/L 的 $K_2Cr_2O_7$ 和 5 滴 2 mol/L 的 H_2SO_4 溶液，然后，在 1 支试管中加入一小粒 $FeSO_4$ 晶体，另 1 支试管中加入少量 Na_2SO_3 固体，观察溶液的颜色变化。写出反应方程式。

(二) 锰的化合物

1. MnO_2 的氧化性

取少量 MnO_2 粉末于试管中，加入 10 滴浓盐酸，微热，用湿润的淀粉碘化钾试纸检验有无氯气生成。

2. $KMnO_4$ 的氧化性

取1支试管，滴加10滴0.01 mol/L的$KMnO_4$溶液，滴加2 mol/L的H_2SO_4溶液酸化，再滴加5滴0.1 mol/L的$FeSO_4$溶液，直至颜色褪去，解释现象。另取1支试管，滴加5滴0.1 mol/L的$K_2Cr_2O_7$溶液，逐滴加入2 mol/L的H_2SO_4溶液，再滴加数滴0.1 mol/L的Na_2SO_4溶液，观察溶液颜色的变化。

（三）铁的化合物

1. Fe^{2+}与碱的作用及Fe^{2+}的还原性

向1 mL新配制的1 mol/L的$FeSO_4$溶液中，滴加5滴1 mol/L的NaOH溶液，观察有无白色$Fe(OH)_2$沉淀生成。写出反应方程式。将这些沉淀放置于空气中，观察沉淀的颜色变化并加以解释。

2. Fe^{2+}的鉴定

向5滴0.1 mol/L的$FeSO_4$溶液中，滴加2滴0.1 mol/L的$K_3[Fe(CN)_6]$溶液，观察生成的沉淀的颜色。

五、注意事项

（1）固体试剂的取用，不能用手接触，应用清洁干燥的药匙，根据用量取用指定试剂。

（2）取液后的胶头滴管不得横置或倒置，防止溶液倒流腐蚀橡胶头。

六、问题与讨论

（1）怎样鉴定Fe^{2+}和Fe^{3+}？

（2）用什么方法可以使下列离子相互转化？

$$Cr^{3+} \rightleftharpoons CrO_4^{2-} \rightleftharpoons Cr_2O_7^{2-}$$

（钟胜佳）

实训十二　几种阴离子的分离与鉴定实验设计

一、实训目的

（1）掌握常见阴离子分离与鉴定的原理和基本操作方法。

（2）了解阴离子分离与鉴定的一般原则，能鉴别几种常见的阴离子。

（3）培养认真细致工作作风和观察能力，提高动手能力和解决问题的能力。

二、实训原理

（1）一些阴离子在酸性条件下易分解，如NO_2^-、SO_3^{2-}、$S_2O_3^{2-}$、S^{2-}、CO_3^{2-}。

（2）阴离子有许多特性，如挥发、沉淀、氧化还原反应、特效反应等。

（3）混合离子鉴定时，需利用离子性质的不同进行分组，并进一步分离，根据各离子特性进行分析。

（4）初步实验如实训表13所示。

实训表13　阴离子相关初步实

内　容	操作步骤	现　象	结　论
酸碱性实验	观察溶液颜色，测pH		
挥发性实验	加稀硫酸	无气体产生	不存在CO_3^{2-}、NO_2^-、S^{2-}、SO_3^{2-}、$S_2O_3^{2-}$
氧化性实验	加酸化的KI溶液	无反应	不存在NO_2^-
还原性实验	加酸性$KMnO_4$溶液	紫色褪去	可能含有SO_3^{2-}、$S_2O_3^{2-}$、S^{2-}、Br^-、I^-、NO_2^-等还原性离子
	用稀硫酸酸化，再加碘-淀粉试液	无明显变化	不存在SO_3^{2-}、$S_2O_3^{2-}$、S^{2-}等还原性离子

续表

内容	操作步骤	现象	结论
难溶性实验	酸性溶液中加入 $BaCl_2$ 溶液	无沉淀析出	不存在 SO_4^{2-}
	加入稀硝酸和 $AgNO_3$ 溶液	有黄色沉淀析出	不存在 S^{2-}、$S_2O_3^{2-}$，一定存在 I^-；不一定存在 Br^-、Cl^-

三、仪器和试剂

(1) 仪器：试管、胶头滴管、试管架等。

(2) 试剂：6 mol/L 氨水，2 mol/L 稀硝酸、0.1 mol/L KI 溶液、H_2O_2 溶液、CCl_4、0.1 mol/L 氯水、0.1 mol/L 亚酰基铁氰化钠溶液、0.1 mol/L 氢氧化钠溶液、碳酸镉固体、0.1 mol/L 硝酸银溶液、硫酸锌固体、2 mol/L 稀盐酸、0.1 mol/L $BaCl_2$ 溶液、1 mol/L 硫酸亚铁溶液、0.1 mol/L 钼酸铵溶液、浓硫酸、石灰水。

四、实训内容

(一) 鉴定 Cl^-、Br^-、I^-

(1) 向盛有少量 NaCl 溶液的试管中，逐滴加入 0.1 mol/L 硝酸银溶液，观察现象。再滴加 6 mol/L 的氨水，部分沉淀溶解。离心分离，取出上清液，加入 1 mL 2 mol/L 稀硝酸酸化，观察沉淀的颜色变化。(说明 Cl^- 的存在)

(2) 向盛 1 mL 0.1 mol/L KI 溶液的试管中，滴加 1 mL 酸化的双氧水后，颜色呈黄棕色。再滴加 1 mL 的 CCl_4，观察现象并解释。(说明 I^- 的存在)

(3) 向盛 1 mL 0.1 mol/L KBr 溶液的试管中，滴加 10 滴 CCl_4，逐滴加入 0.1 mol/L 氯水，观察现象。继续滴加 0.1 mol/L 氯水，观察现象并解释。(说明 Br^- 的存在)

(二) 鉴定 S^{2-}、SO_3^{2-}、$S_2O_3^{2-}$

(1) 取混合溶液置于试管中，滴加 1 mL 的 0.1 mol/L 亚酰基铁氰化钠溶液，滴加 5 滴 0.1 mol/L 的氢氧化钠溶液，观察颜色。(说明存在 S^{2-})

(2) 取混合溶液置于试管中，加入约 0.5 g 碳酸镉固体，振荡，沉淀。取上清液，分成两份，其中一份加入 1 mL 的 0.1 mol/L 硝酸银溶液，观察沉淀颜色变化。(说明存在 $S_2O_3^{2-}$)另一份加入约 0.5 g 硫酸锌固体与 1 mL 的 0.1 mol/L 亚酰基铁氰化钠溶液，观察沉淀的颜色。(说明存在 SO_3^{2-})

(三) 鉴定 SO_4^{2-}、NO_3^-、PO_4^{3-}、CO_3^{2-}

(1) 取混合溶液置于试管中，加入 2 mol/L 的稀盐酸酸化，滴加几滴 0.1 mol/L 的 $BaCl_2$ 溶液，观察生成的沉淀的颜色。(说明存在 SO_4^{2-})

(2) 取混合溶液置于试管中，加入 1 mol/L 的硫酸亚铁溶液，再滴加 5 滴浓硫酸，观察现象并解释。(说明存在 NO_3^-)

(3) 取混合溶液置于试管中，加入过量 0.1 mol/L 钼酸铵溶液，再滴加几滴浓硝酸，观察生成的沉淀的颜色。(说明存在 PO_4^{3-})

(4) 取约 10 mL 混合溶液置于试管中，将吸取澄清石灰水的滴管置于液面上方，加入 5 滴浓硫酸，观察现象并解释。(说明存在 CO_3^{2-})

五、注意事项

(1) 固液分离操作使用离心机时应严格遵守操作规程。

(2) 为避免其他杂质影响实验现象，实验时，所用试管、药匙等仪器一定要清洗干净。

(3) 做棕色环实验，加浓硫酸时，要顺试管壁轻轻滑入试管。

六、问题与讨论

自行设计 Cl^-、Br^-、I^- 混合液的分离与鉴定方案。

(钟胜佳)

附录 A

国际单位制的基本单位(SI)

附表 A-1　国际单位制的基本单位(SI)

物理量名称	物理量符号	单位名称	单位符号
长度	l	米(meter)	m
质量	m	千克(公斤)(kilogram)	kg
时间	t	秒(second)	s
电流	I	安(安培)(Ampare)	A
热力学温度	T	开(开尔文)(Kelvin)	K
物质的量	n	摩(摩尔)(mole)	mol
发光强度	I	坎(坎德拉)(candela)	cd

常用酸碱溶液的相对密度、质量分数和物质的量浓度

附表 B-1 常用酸碱溶液的相对密度、质量分数和物质的量浓度

酸碱溶液(20 ℃)	相对密度	质量分数/(%)	物质的量浓度/(mol/L)
浓盐酸	1.19	38.0	12
稀盐酸	—	—	2.8
稀盐酸	1.10	20.0	6
浓硝酸	1.42	69.8	16
稀硝酸	—	—	1.6
稀硝酸	1.2	32.0	6
浓硫酸	1.84	98	18
稀硫酸	—	—	1
稀硫酸	1.18	24.8	3
浓醋酸	1.05	90.5	17
醋酸	1.045	36～37	6
$HClO_4$ 溶液	1.47	74	13
H_3PO_4 溶液	1.698	85	14.6
浓氨水	0.9	25～27(NH_3)	15
稀氨水	—	10(NH_3)	6
稀氨水	—	2.5(NH_3)	1.5
NaOH 溶液	1.109	10	2.8

附录 C

常见弱酸、弱碱在水中的解离常数（298.15 K）

附表 C-1　弱酸的解离常数

名　称	化　学　式	$K_a^\ominus$		$pK_a^\ominus$
砷酸	H_3AsO_4	$K_{a1}^\ominus$	5.50×10^{-3}	2.26
		$K_{a2}^\ominus$	1.74×10^{-7}	6.76
		$K_{a3}^\ominus$	5.13×10^{-12}	11.29
亚砷酸	H_3AsO_3		5.13×10^{-10}	9.29
硼酸	H_3BO_3		5.81×10^{-10}	9.236
焦硼酸	$H_2B_4O_7$	$K_{a1}^\ominus$	1.00×10^{-4}	4.00
		$K_{a2}^\ominus$	1.00×10^{-9}	9.00
碳酸	H_2CO_3	$K_{a1}^\ominus$	4.47×10^{-7}	6.35
		$K_{a2}^\ominus$	4.68×10^{-11}	10.33
铬酸	H_2CrO_4	$K_{a1}^\ominus$	1.80×10^{-1}	0.74
		$K_{a2}^\ominus$	3.20×10^{-7}	6.49
氢氟酸	HF		6.31×10^{-4}	3.20
亚硝酸	HNO_2		5.62×10^{-4}	3.25
过氧化氢	H_2O_2		2.4×10^{-12}	11.62
磷酸	H_3PO_4	$K_{a1}^\ominus$	6.92×10^{-3}	2.16
		$K_{a2}^\ominus$	6.23×10^{-8}	7.21
		$K_{a3}^\ominus$	4.80×10^{-13}	12.32
焦磷酸	$H_4P_2O_7$	$K_{a1}^\ominus$	1.23×10^{-1}	0.91
		$K_{a2}^\ominus$	7.94×10^{-3}	2.10
		$K_{a3}^\ominus$	2.00×10^{-7}	6.70
		$K_{a4}^\ominus$	4.79×10^{-10}	9.32
氢硫酸	H_2S	$K_{a1}^\ominus$	8.90×10^{-8}	7.05
		$K_{a2}^\ominus$	1.26×10^{-14}	13.9
亚硫酸	H_2SO_3	$K_{a1}^\ominus$	1.54×10^{-2}	1.85
		$K_{a2}^\ominus$	1.02×10^{-7}	6.99
硫酸	H_2SO_4	$K_{a2}^\ominus$	1.02×10^{-2}	1.99
偏硅酸	H_2SiO_3	$K_{a1}^\ominus$	1.70×10^{-10}	9.77
		$K_{a2}^\ominus$	1.58×10^{-12}	11.80
甲酸	HCOOH		1.772×10^{-4}	3.75
醋酸	CH_3COOH		1.74×10^{-5}	4.76

续表

名　称	化　学　式	$K_a^\ominus$		$pK_a^\ominus$
草酸	$H_2C_2O_4$	$K_{a1}^\ominus$	5.9×10^{-2}	1.23
		$K_{a2}^\ominus$	6.46×10^{-5}	4.19
酒石酸	$HOOC(CHOH)_2COOH$	$K_{a1}^\ominus$	1.04×10^{-3}	2.98
		$K_{a2}^\ominus$	4.57×10^{-5}	4.34
苯酚	C_6H_5OH		1.02×10^{-10}	9.99
抗坏血酸	O═CC(OH)═C(OH)CHCHOHCH$_2$OH（环：└──O──┘）	$K_{a1}^\ominus$	5.0×10^{-5}	4.10
		$K_{a2}^\ominus$	1.5×10^{-10}	9.82
柠檬酸	$HOC(CH_2COOH)_2COOH$	$K_{a1}^\ominus$	7.24×10^{-4}	3.14
		$K_{a2}^\ominus$	1.70×10^{-5}	4.77
		$K_{a3}^\ominus$	4.07×10^{-7}	6.39
苯甲酸	C_6H_5COOH		6.45×10^{-5}	4.19
邻苯二甲酸	$C_6H_4(COOH)_2$	$K_{a1}^\ominus$	1.30×10^{-3}	2.89
		$K_{a2}^\ominus$	3.09×10^{-6}	5.51

附表 C-2　弱碱的解离常数

名　称	化　学　式	$K_b^\ominus$		$pK_b^\ominus$
氨水	$NH_3\cdot H_2O$		1.79×10^{-5}	4.75
甲胺	CH_3NH_2		4.20×10^{-4}	3.38
乙胺	$C_2H_5NH_2$		4.30×10^{-4}	3.37
二甲胺	$(CH_3)_2NH$		5.90×10^{-4}	3.23
二乙胺	$(C_2H_5)_2NH$		6.31×10^{-4}	3.2
苯胺	$C_6H_5NH_2$		3.98×10^{-10}	9.40
乙二胺	$H_2NCH_2CH_2NH_2$	$K_{b1}^\ominus$	8.32×10^{-5}	4.08
		$K_{b2}^\ominus$	7.10×10^{-8}	7.15
乙醇胺	$HOCH_2CH_2NH_2$		3.2×10^{-5}	4.50
三乙醇胺	$(HOCH_2CH_2)_3N$		5.8×10^{-7}	6.24
六次甲基四胺	$(CH_2)_6N_4$		1.35×10^{-9}	8.87
吡啶	C_5H_5N		1.80×10^{-9}	8.70

常见难溶电解质的溶度积(298.15 K，离子强度 $I=0$)

附表 D-1 常见难溶电解质的溶度积(298.15 K，离子强度 $I=0$)

化学式	$K_{sp}^{\ominus}$	$pK_{sp}^{\ominus}$	化学式	$K_{sp}^{\ominus}$	$pK_{sp}^{\ominus}$
AgBr	5.35×10^{-13}	12.27	CaF_2	3.45×10^{-11}	10.46
Ag_2CO_3	8.46×10^{-12}	11.07	CdS	8.0×10^{-27}	26.10
AgCl	1.77×10^{-10}	9.75	CoS(α)	4.0×10^{-21}	20.40
Ag_2CrO_4	1.12×10^{-12}	11.95	CoS(β)	2.0×10^{-25}	24.70
AgI	8.52×10^{-17}	16.07	$Cr(OH)_3$	6.3×10^{-31}	30.20
AgOH	2.0×10^{-8}	7.71	CuBr	6.27×10^{-9}	8.20
Ag_2S	6.3×10^{-50}	49.20	CuCl	1.72×10^{-7}	6.76
$Al(OH)_3$(无定形)	1.3×10^{-33}	32.89	CuI	1.27×10^{-12}	11.90
$BaCO_3$	2.58×10^{-9}	8.59	CuS	6.3×10^{-36}	35.20
BaC_2O_4	1.6×10^{-7}	6.79	Cu_2S	2.5×10^{-48}	47.60
$BaCrO_4$	1.17×10^{-10}	9.93	CuSCN	1.77×10^{-13}	12.75
$BaSO_4$	1.08×10^{-10}	9.97	$FeC_2O_4\cdot2H_2O$	3.2×10^{-7}	6.50
$CaCO_3$	3.36×10^{-9}	8.47	$Fe(OH)_2$	4.87×10^{-17}	16.31
$CaC_2O_4\cdot H_2O$	2.32×10^{-9}	8.63	$Fe(OH)_3$	2.79×10^{-39}	38.55
FeS	6.3×10^{-18}	17.20	$PbCO_3$	7.4×10^{-14}	13.13
Hg_2Cl_2	1.43×10^{-18}	17.84	PbC_2O_4	4.8×10^{-10}	9.32
Hg_2I_2	5.2×10^{-29}	28.72	$PbCrO_4$	2.8×10^{-13}	12.55
HgS(红)	4.0×10^{-53}	52.40	PbF_2	3.3×10^{-8}	7.48
HgS(黑)	1.6×10^{-52}	51.80	PbI_2	9.8×10^{-9}	8.01
$MgCO_3$	6.82×10^{-6}	5.17	$Pb(OH)_2$	1.43×10^{-20}	19.84
$MgC_2O_4\cdot2H_2O$	4.83×10^{-6}	5.32	PbS	8.0×10^{-28}	27.10
MgF_2	5.16×10^{-11}	10.29	$PbSO_4$	2.53×10^{-8}	7.60
$MgNH_4PO_4$	2.5×10^{-13}	12.60	$SrCO_3$	5.60×10^{-10}	9.25
$Mg(OH)_2$	5.61×10^{-12}	11.25	$SrSO_4$	3.44×10^{-7}	6.46
$Mn(OH)_2$	1.9×10^{-13}	12.72	$Sn(OH)_2$	5.45×10^{-27}	26.26
MnS	2.5×10^{-13}	12.60	$Sn(OH)_4$	1.0×10^{-56}	56.00
$Ni(OH)_2$	5.48×10^{-16}	15.26	$Zn(OH)_2$(无定形)	3×10^{-17}	16.5
NiS(α)	3.2×10^{-19}	18.49	ZnS(α)	1.6×10^{-24}	23.80
NiS(β)	1.0×10^{-24}	24.00	ZnS(β)	2.5×10^{-22}	21.60

附录 E

常见氧化还原电对的标准电极电势 $\varphi^{\ominus}$（298.15 K）

附表 E-1　在酸性溶液中常见氧化还原电对的标准电极电势 $\varphi^{\ominus}$(298.15 K)

	电　对	电极反应	$\varphi^{\ominus}$/V
Ag	AgBr/Ag	$AgBr+e \rightleftharpoons Ag+Br^-$	0.07133
	AgCl/Ag	$AgCl+e \rightleftharpoons Ag+Cl^-$	0.22233
	AgI/Ag	$AgI+e \rightleftharpoons Ag+I^-$	−0.15224
	Ag_2S/Ag	$Ag_2S+2e \rightleftharpoons 2Ag+S^{2-}$	−0.691
	AgCN/Ag	$AgCN+e \rightleftharpoons Ag+CN^-$	−0.017
	Ag_2SO_4/Ag	$Ag_2SO_4+2e \rightleftharpoons 2Ag+SO_4^{2-}$	0.654
	Ag^+/Ag	$Ag^++e \rightleftharpoons Ag$	0.7996
Al	Al^{3+}/Al	$Al^{3+}+3e \rightleftharpoons Al$	−1.662
As	H_3AsO_4/$HAsO_2$	$H_3AsO_4+2H^++2e \rightleftharpoons HAsO_2+2H_2O$	0.560
Au	$[AuCl_4]^-$/Au	$[AuCl_4]^-+3e \rightleftharpoons Au+4Cl^-$	1.002
	Au^{3+}/Au	$Au^{3+}+3e \rightleftharpoons Au$	1.498
Ba	Ba^{2+}/Ba	$Ba^{2+}+2e \rightleftharpoons Ba$	−2.912
Br	HBrO/Br_2	$2HBrO+2H^++2e \rightleftharpoons Br_2+2H_2O$	1.596
	Br_2/Br^-	$Br_2(l)+2e \rightleftharpoons 2Br^-$	1.066
	BrO_3^-/Br_2	$2BrO_3^-+12H^++10e \rightleftharpoons Br_2+6H_2O$	1.482
Ca	Ca^{2+}/Ca	$Ca^{2+}+2e \rightleftharpoons Ca$	−2.868
Cd	Cd^{2+}/Cd	$Cd^{2+}+2e \rightleftharpoons Cd$	−0.4030
Cl	Cl_2/Cl^-	$Cl_2(g)+2e \rightleftharpoons 2Cl^-$	1.35827
	ClO_4^-/Cl_2	$2ClO_4^-+16H^++14e \rightleftharpoons Cl_2+8H_2O$	1.39
	ClO_3^-/Cl^-	$ClO_3^-+6H^++6e \rightleftharpoons Cl^-+3H_2O$	1.451
	HClO/Cl_2	$2HClO+2H^++2e \rightleftharpoons Cl_2+2H_2O$	1.611
	$HClO_2$/HClO	$HClO_2+2H^++2e \rightleftharpoons HClO+H_2O$	1.645
	ClO_3^-/Cl_2	$ClO_3^-+6H^++5e \rightleftharpoons 1/2Cl_2+3H_2O$	1.47
	HClO/Cl^-	$HClO+H^++2e \rightleftharpoons Cl^-+H_2O$	1.482
C	CO_2/$H_2C_2O_4$	$2CO_2+2H^++2e \rightleftharpoons H_2C_2O_4$	−0.481
Co	Co^{3+}/Co^{2+}	$Co^{3+}+e \rightleftharpoons Co^{2+}$	1.92
	Co^{2+}/Co	$Co^{2+}+2e \rightleftharpoons Co$	−0.28

续表

	电 对	电极反应	$\varphi^{\ominus}$/V
Cr	Cr^{3+}/Cr	$Cr^{3+}+3e \rightleftharpoons Cr$	−0.744
	Cr^{3+}/Cr^{2+}	$Cr^{3+}+e \rightleftharpoons Cr^{2+}$	−0.407
	$Cr_2O_7^{2-}/Cr^{3+}$	$Cr_2O_7^{2-}+14H^{+}+6e \rightleftharpoons 2Cr^{3+}+7H_2O$	1.232
Cs	Cs^{+}/Cs	$Cs^{+}+e \rightleftharpoons Cs$	−3.026
Cu	Cu^{+}/Cu	$Cu^{+}+e \rightleftharpoons Cu$	0.521
	Cu^{2+}/Cu^{+}	$Cu^{2+}+e \rightleftharpoons Cu^{+}$	0.153
	Cu^{2+}/Cu	$Cu^{2+}+2e \rightleftharpoons Cu$	0.3419
	Cu^{2+}/CuI	$Cu^{2+}+I^{-}+e \rightleftharpoons CuI$	0.86
	$Cu^{2+}/[Cu(CN)_2]^{-}$	$Cu^{2+}+2CN^{-}+e \rightleftharpoons [Cu(CN)_2]^{-}$	1.103
F	F_2/F^{-}	$F_2+2e \rightleftharpoons 2F^{-}$	2.866
	F_2/HF	$F_2(g)+2H^{+}+2e \rightleftharpoons 2HF$	3.503
Fe	Fe^{3+}/Fe	$Fe^{3+}+3e \rightleftharpoons Fe$	−0.037
	Fe^{2+}/Fe	$Fe^{2+}+2e \rightleftharpoons Fe$	−0.447
	Fe^{3+}/Fe^{2+}	$Fe^{3+}+e \rightleftharpoons Fe^{2+}$	0.771
H	H^{+}/H_2	$2H^{+}+2e \rightleftharpoons H_2$	0.0000
	H_2/H^{-}	$1/2H_2+e \rightleftharpoons H^{-}$	−2.23
Hg	Hg_2Cl_2/Hg	$Hg_2Cl_2+2e \rightleftharpoons 2Hg+2Cl^{-}$	0.26808
	Hg^{2+}/Hg_2^{2+}	$2Hg^{2+}+2e \rightleftharpoons Hg_2^{2+}$	0.920
	Hg_2^{2+}/Hg	$Hg_2^{2+}+2e \rightleftharpoons 2Hg$	0.7973
	Hg^{2+}/Hg	$Hg^{2+}+2e \rightleftharpoons Hg$	0.851
I	I_2/I^{-}	$I_2+2e \rightleftharpoons 2I^{-}$	0.5355
	I_3^{-}/I^{-}	$I_3^{-}+2e \rightleftharpoons 3I^{-}$	0.536
	IO_3^{-}/HIO	$IO_3^{-}+5H^{+}+4e \rightleftharpoons HIO+2H_2O$	1.14
	IO_3^{-}/I_2	$2IO_3^{-}+12H^{+}+10e \rightleftharpoons I_2+6H_2O$	1.195
	H_5IO_6/IO_3^{-}	$H_5IO_6+H^{+}+2e \rightleftharpoons IO_3^{-}+3H_2O$	1.601
K	K^{+}/K	$K^{+}+e \rightleftharpoons K$	−2.931
Li	Li^{+}/Li	$Li^{+}+e \rightleftharpoons Li$	−3.0401
Mg	Mg^{2+}/Mg	$Mg^{2+}+2e \rightleftharpoons Mg$	−2.372
Mn	Mn^{2+}/Mn	$Mn^{2+}+2e \rightleftharpoons Mn$	−1.185
	MnO_4^{-}/MnO_4^{2-}	$MnO_4^{-}+e \rightleftharpoons MnO_4^{2-}$	0.558
	MnO_4^{-}/MnO_2	$MnO_4^{-}+4H^{+}+3e \rightleftharpoons MnO_2+2H_2O$	1.679
	MnO_4^{-}/Mn^{2+}	$MnO_4^{-}+8H^{+}+5e \rightleftharpoons Mn^{2+}+4H_2O$	1.507
	Mn^{3+}/Mn^{2+}	$Mn^{3+}+e \rightleftharpoons Mn^{2+}$	1.5415
	MnO_2/Mn^{2+}	$MnO_2+4H^{+}+2e \rightleftharpoons Mn^{2+}+2H_2O$	1.224
Ni	Ni^{2+}/Ni	$Ni^{2+}+2e \rightleftharpoons Ni$	−0.257

续表

	电　对	电极反应	$\varphi^{\ominus}$/V
N	NO_3^-/N_2O_4	$2NO_3^- + 4H^+ + 2e \rightleftharpoons N_2O_4 + 2H_2O$	0.803
	NO_3^-/HNO_2	$NO_3^- + 3H^+ + 2e \rightleftharpoons HNO_2 + H_2O$	0.934
	NO_3^-/NO	$NO_3^- + 4H^+ + 3e \rightleftharpoons NO + 2H_2O$	0.957
	HNO_2/NO	$HNO_2 + H^+ + e \rightleftharpoons NO + H_2O$	0.983
O	O_2/H_2O_2	$O_2 + 2H^+ + 2e \rightleftharpoons H_2O_2$	0.695
	O_2/H_2O	$O_2 + 4H^+ + 4e \rightleftharpoons 2H_2O$	1.229
	H_2O_2/H_2O	$H_2O_2 + 2H^+ + 2e \rightleftharpoons 2H_2O$	1.776
	O_3/O_2	$O_3 + 2H^+ + 2e \rightleftharpoons O_2 + H_2O$	2.076
Pb	$PbSO_4/Pb$	$PbSO_4 + 2e \rightleftharpoons Pb + SO_4^{2-}$	−0.3588
	$PbCl_2/Pb$	$PbCl_2 + 2e \rightleftharpoons Pb + 2Cl^-$	−0.2675
	Pb^{2+}/Pb	$Pb^{2+} + 2e \rightleftharpoons Pb$	−0.1262
	$PbO_2/PbSO_4$	$PbO_2 + SO_4^{2-} + 4H^+ + 2e \rightleftharpoons PbSO_4 + 2H_2O$	1.6913
	PbO_2/Pb^{2+}	$PbO_2 + 4H^+ + 2e \rightleftharpoons Pb^{2+} + 2H_2O$	1.455
Sn	Sn^{2+}/Sn	$Sn^{2+} + 2e \rightleftharpoons Sn$	−0.1375
	Sn^{4+}/Sn^{2+}	$Sn^{4+} + 2e \rightleftharpoons Sn^{2+}$	0.151
S	S/H_2S	$S + 2H^+ + 2e \rightleftharpoons H_2S(aq)$	0.142
	$S_2O_3^{2-}/S$	$S_2O_3^{2-} + 6H^+ + 4e \rightleftharpoons 2S + 3H_2O$	0.5
	$S_2O_8^{2-}/SO_4^{2-}$	$S_2O_8^{2-} + 2e \rightleftharpoons 2SO_4^{2-}$	2.010
Zn	Zn^{2+}/Zn	$Zn^{2+} + 2e \rightleftharpoons Zn$	−0.7618

附表 E-2　在碱性溶液中常见氧化还原电对的标准电极电势 $\varphi^{\ominus}$(298.15 K)

	电　对	电极反应	$\varphi^{\ominus}$/V
Ag	Ag_2O/Ag	$Ag_2O + H_2O + 2e \rightleftharpoons 2Ag + 2OH^-$	0.342
	$[Ag(CN)_2]^-/Ag$	$[Ag(CN)_2]^- + e \rightleftharpoons Ag + 2CN^-$	−0.31
As	AsO_4^{3-}/AsO_2^-	$AsO_4^{3-} + 2H_2O + 2e \rightleftharpoons AsO_2^- + 4OH^-$	−0.71
Br	BrO_3^-/Br^-	$BrO_3^- + 3H_2O + 6e \rightleftharpoons Br^- + 6OH^-$	0.61
	BrO^-/Br^-	$BrO^- + H_2O + 2e \rightleftharpoons Br^- + 2OH^-$	0.761
Cl	ClO^-/Cl^-	$ClO^- + H_2O + 2e \rightleftharpoons Cl^- + 2OH^-$	0.81
Cr	CrO_4^{2-}/CrO_2^-	$CrO_4^{2-} + 4H_2O + 3e \rightleftharpoons Cr(OH)_4^- + 4OH^-$	−0.13
Co	Co^{3+}/Co^{2+}	$Co(OH)_3 + e \rightleftharpoons Co(OH)_2 + OH^-$	0.17
	$[Co(NH_3)_6]^{3+}/[Co(NH_3)_6]^{2+}$	$[Co(NH_3)_6]^{3+} + e \rightleftharpoons [Co(NH_3)_6]^{2+}$	0.108
H	H_2O/H_2	$2H_2O + 2e \rightleftharpoons H_2 + 2OH^-$	−0.8277
Ni	$Ni(OH)_2/Ni$	$Ni(OH)_2 + 2e \rightleftharpoons Ni + 2OH^-$	−0.72
N	NO_3^-/NO_2^-	$NO_3^- + H_2O + 2e \rightleftharpoons NO_2^- + 2OH^-$	0.01
Mn	$Mn(OH)_2/Mn$	$Mn(OH)_2 + 2e \rightleftharpoons Mn + 2OH^-$	−1.56
	MnO_4^-/MnO_2	$MnO_4^- + 2H_2O + 3e \rightleftharpoons MnO_2 + 4OH^-$	0.595

续表

电对		电极反应	$\varphi^\ominus$/V
O	O_2/HO_2^-	$O_2+H_2O+2e \rightleftharpoons HO_2^-+OH^-$	−0.076
	O_2/OH^-	$O_2+2H_2O+4e \rightleftharpoons 4OH^-$	0.401
	H_2O_2/OH^-	$H_2O_2+2e \rightleftharpoons 2OH^-$	0.88
	O_3/OH^-	$O_3+H_2O+2e \rightleftharpoons O_2+2OH^-$	1.24
Sn	$HSnO_2^-/Sn$	$HSnO_2^-+H_2O+2e \rightleftharpoons Sn+3OH^-$	−0.909
	$[Sn(OH)_6]^{2-}/HSnO_2^-$	$[Sn(OH)_6]^{2-}+2e \rightleftharpoons HSnO_2^-+3OH^-+H_2O$	−0.93
S	$S_4O_6^{2-}/S_2O_3^{2-}$	$S_4O_6^{2-}+2e \rightleftharpoons 2S_2O_3^{2-}$	0.08
	SO_4^{2-}/SO_3^{2-}	$SO_4^{2-}+H_2O+2e \rightleftharpoons SO_3^{2-}+2OH^-$	−0.93
	SO_3^{2-}/S	$SO_3^{2-}+3H_2O+4e \rightleftharpoons S+6OH^-$	−0.59
	$SO_3^{2-}/S_2O_3^{2-}$	$2SO_3^{2-}+3H_2O+4e \rightleftharpoons S_2O_3^{2-}+6OH^-$	−0.571
	S/S^{2-}	$S+2e \rightleftharpoons S^{2-}$	−0.47627
Zn	$[Zn(CN)_4]^{2-}/Zn$	$[Zn(CN)_4]^{2-}+2e \rightleftharpoons Zn+4CN^-$	−1.34
	ZnO_2^{2-}/Zn	$ZnO_2^{2-}+2H_2O+2e \rightleftharpoons Zn+4OH^-$	−1.215

附录 F

常见配离子的稳定常数

附表 F-1　常见配离子的稳定常数

配位体	金属离子	n	$\lg\beta_n$
NH_3	Ag^+	1,2	3.24,7.05
	Cu^{2+}	1,…,4	4.31,7.98,11.02,13.32
	Ni^{2+}	1,…,6	2.80,5.04,6.77,7.96,8.71,8.74
	Zn^{2+}	1,…,4	2.37,4.81,7.31,9.46
F^-	Al^{3+}	1,…,6	6.10,11.15,15.00,17.75,19.37,19.84
	Fe^{3+}	1,2,3	5.28,9.30,12.06
Cl^-	Hg^{2+}	1,…,4	6.74,13.22,14.07,15.07
CN^-	Ag^+	2,3,4	21.1,21.7,20.6
	Fe^{2+}	6	35
	Fe^{3+}	6	42
	Ni^{2+}	4	31.3
	Zn^{2+}	4	16.7
$S_2O_3^{2-}$	Ag^+	1,2	8.82,13.46
	Hg^{2+}	2,3,4	29.44,31.90,33.24
OH^-	Al^{3+}	1,4	9.27,33.03
	Bi^{3+}	1,2,4	12.7,15.8,35.2
	Cd^{2+}	1,…,4	4.17,8.33,9.02,8.62
	Cu^{2+}	1,…,4	7.00,13.68,17.00,18.50
	Fe^{2+}	1,…,4	5.56,9.77,9.67,8.58
	Fe^{3+}	1,2,3	11.87,21.17,29.67
	Hg^{2+}	1,2,3	10.6,21.8,20.9
	Mg^{2+}	1	2.58
	Ni^{2+}	1,2,3	4.97,8.55,11.33
	Pb^{2+}	1,2,3,6	7.82,10.85,14.58,61.00
	Sn^{2+}	1,2,3	10.60,20.93,25.38
	Zn^{2+}	1,…,4	4.40,11.30,14.14,17.66
EDTA	Ag^+	1	7.32
	Al^{3+}	1	16.11
	Ba^{2+}	1	7.78
	Bi^{3+}	1	22.8
	Ca^{2+}	1	11.0

续表

配位体	金属离子	n	$\lg\beta_n$
EDTA	Cd^{2+}	1	16.4
	Co^{2+}	1	16.31
	Co^{3+}	1	36.00
	Cr^{3+}	1	23
	Cu^{2+}	1	18.70
	Fe^{2+}	1	14.33
	Fe^{3+}	1	24.23
	Hg^{2+}	1	21.80
	Mg^{2+}	1	8.64
	Mn^{2+}	1	13.8
	Ni^{2+}	1	18.56
	Pb^{2+}	1	18.3
	Sn^{2+}	1	22.1
	Zn^{2+}	1	16.4

注:表中数据是在 20～25 ℃、$I=0$ 的条件下获得的。